广东电网
应急管理实务

广东电网有限责任公司应急及检修管理中心　组编

中国电力出版社
CHINA ELECTRIC POWER PRESS

内 容 提 要

本书以“三体系、一机制”为主线，以南方电网有限责任公司应急管理基本要求为基础，充分结合广东电网有限责任公司应急管理实战经验，从理论基础、方法指导及案例学习等方面讲述应急管理基本方法及要求。重在提升公司应急专业管理人员理论水平，同时为电力行业应急管理提供方法指导。

图书在版编目（CIP）数据

广东电网应急管理实务 / 广东电网有限责任公司应急及检修管理中心组编．—北京：中国电力出版社，2019.10

ISBN 978-7-5198-3801-0

Ⅰ．①广…　Ⅱ．①广…　Ⅲ．①电力工业–突发事件–安全管理　Ⅳ．①TM08

中国版本图书馆 CIP 数据核字（2019）第 246521 号

出版发行：中国电力出版社
地　　址：北京市东城区北京站西街 19 号（邮政编码 100005）
网　　址：http://www.cepp.sgcc.com.cn
责任编辑：岳　璐　赵云红
责任校对：黄　蓓　马　宁
装帧设计：张俊霞
责任印制：石　雷

印　　刷：北京博图彩色印刷有限公司
版　　次：2019 年 12 月第一版
印　　次：2019 年 12 月北京第一次印刷
开　　本：787 毫米×1092 毫米　16 开本
印　　张：16.75
字　　数：312 千字
印　　数：0001—1000 册
定　　价：68.00 元

《广东电网应急管理实务》

编委

潘岐深　王　磊　申　原　毕明利　刘秉军　杨志红

郑松源　李红发　李均甫　邱万亿　余小宝　张壮领

张宝星　莫一夫　陈永祥　陈彩娜　郤　彬　郑文杰

李　华　赵国雄　胡晶晶　翁智隆　黄强伟　梁永超

董超强　鲁跃峰　雷俊方

前言

电能给城市带来光明，给现代生活带来便捷，给经济发展注入强劲动力。电网的安全运行时刻面临自然灾害、事故灾难等各种挑战。近年来，我国地震、台风、洪涝、暴雪等自然灾害经常发生。经统计，2010～2018 年每年十大自然灾害中，对电网造成较严重影响的台风、地震、洪涝、冰冻等所占比重达 87%。广东电网处于沿海地区，台风、冰灾、雷电、暴雨等各种自然灾害频发。2010～2018 年，对广东造成较大影响的台风多达 11 次。

广东电网有限责任公司以强化“三体系、一机制”建设为应急管理主线，以“提高现场指挥能力、提高队伍执行能力、提高装备适应能力、提高灾害预评估能力、提高灾情勘查能力”五个能力建设为目标，积极开展应急管理提升工作，并在抗击台风应急处置过程中积累了丰富的实践经验，为总结并推广广东电网有限责任公司应急管理及现场抢修经验、形成广东电网有限责任公司应急管理系统的培训课程体系奠定了坚实的基础。

本书以“三体系、一机制”为主线，以中国南方电网有限责任公司应急管理基本要求为基础，充分结合广东电网有限责任公司应急管理实战经验，从理论基础、方法指导及案例学习等方面讲述应急管理基本方法及要求。重在提升广东电网有限责任公司应急专业管理人员理论水平，同时为电力行业应急管理提供方法指导。

编　者

2019 年 9 月

目 录

第一章

应急管理概述

第一节　国内外应急管理趋势

随着国内外减灾和应急管理战略的不断调整和发展，应急管理工作正朝着更加突出预防和准备的方向发展，更加重视突发事件的专业管理和精度管理，不断完善应急管理的制度设计，加快推进应急管理的“体系能力”建设，努力提升应急管理的效率和效能。

一、应急管理发展趋势

（一）组织管理的一元化

组织管理的一元化是指将应急管理工作纳入国家的整体安全战略和框架中，促进自然灾害、人为技术事故、国防、网络安全、民防等管理体系的兼容或归并，构建统一领导、权威高效、平灾结合、平战结合的一元化的应急管理组织体系。如 2003 年，美国组建的国土安全部整合了包括联邦应急管理署在内的 8 个联邦部门的 22 个机构，拥有近 17 万名编制人员；整合后，该部在联邦层面既负责自然灾害管理，也负责包括人为灾难事故管理，还承担美国的网络安全、边境安全等其他管理职责。1994 年，俄罗斯建立了直接对总统负责的“民防、紧急状态和消除后果部”（简称紧急情况部），该部直辖 40 万人的应急救援部队，不但负责技术性突发事件和灾难类的预防和救援工作，同时也承担人防、排雷等军事任务。2010 年 5 月，英国卡梅伦内阁建立了国家安全委员会及其办事机构——国家安全秘书处，英国将其应急管理中枢机构——内阁国民紧急事务秘书处（CCS）纳入国家“大国家安全”管理框架中，内阁国民紧急事务秘书处成为国家安全秘书处下辖的五大机构之一。

（二）风险管理的职能化

近年来，加强突发事件的风险管理逐步成为应急管理机构的重要职责。科学的风险分析与评估，可以为应急管理工作提供前瞻性、基础性、战略性的支撑，有助于确立政府应急管理工作的重点和难点，确保有限的公共资源投入到更紧迫、更急需的地方和领域。如 2008 年，美国国土安全部成立风险管理与分析办公室（RMA），该部门下设风险治理和支持处、风险分析处等部门。2011 年 11 月，风险管理与分析办公室开始应用国家战略风险评估工具进行国家战略风险评估，开发了自然、技术事故、反人类行为引发的重特大突发事件的专用风险分析表和工具。2009 年，德国联邦政府专门成立了“联邦风险分析与公民保护”指导委员会，包括内政部、环境部、卫生部、交通部、经济与技术部等与公共安全相关的所有联邦部门都是该委员会的成员单位，该委员会由联邦内政部部长牵头负责。

（三）能力建设的科学化

应急管理工作是一项科学化、专业化、综合性非常强的工作。随着公众对应急服务需求的不断提高，无论是应急管理者的个体能力，还是应急管理组织机构自身的能力都需要规范化，才能更好地履行职责和完成任务。在此背景下，能力建设从原本是相对比较空泛的词语逐步在应急管理中被细化、量化和规范化。例如，美国逐步明确了“能力”的概念和具体内容，在 2011 年发布的《应急准备目标》中明确提出：“能力提供了从特定情况下的一个或多个关键任务绩效到绩效目标领域中的实现一种使命或功能的途径”；另外，美国还把 37 项“目标能力”进一步精简为 31 项“核心能力”，其中包含计划、公共信息和预警、工作协调 3 项通用任务能力，还包含在预防、保护、减缓、响应、恢复等阶段的 28 项具体能力。

（四）业务管理的标准化和持续化

当前，德国、美国、欧盟、国际标准化组织等国家和国际组织都在加强应急管理整个体系的标准化建设。例如，德国联邦政府制定了《现场操作指挥规章（DV10）》，德国国防军、警察、医疗急救、消防、技术救援（THW）等部门共同使用这一标准化的现场指挥框架，该框架中明确了专门的指挥官，还包括 S1（人事/内部事务）、S2（灾情）、S3（救援）、S4（后勤）、S5（新闻和媒体工作）和 S6（信息和通信）等标准编组，并根据实际情况扩充或减少标准编组。2002 年，国际标准化组织专门建立了公共安全委员会（ISO/TC 223），其主要包括公共安全管理框架（WG1）、术语（WG2）、应急管理（WG3）、抗逆力与持续性（WG4）等工作组，该技术委员会正在大力推进国际应急管理的标准化工作。政府业务持续管理（BCM）最初在信息技术领域应用，以促进现代企业在突发事件发生时能够保障关键业务的持续运行。2002 年，英国内阁国民紧急事务秘书处大力推进政府和全社会的业务持续管理工作，以确保在重特大突发事件应对中维持相关部门的关键功能并提供重要的基础服务，并促进政府关键业务系统和进程在商定时限内的复苏。目前，业务持续性理念和做法还在加拿大、美国、日本等国的应急预案、关键基础设施保护等领域广泛应用。

（五）应急保障的社会化

由于突发事件常常在特定的时间和空间内需要大规模的人员和资源的支持，而此时仅靠政府自身的保障力量很难满足实际要求，这也在客观上要求应急管理保障的社会化，以减轻政府在重特大突发事件应对中对资源需求的巨大压力，也有利于公共资源的科学配置、储备和合理分配。例如，日本的很多企业在加强自身防灾体系建设的同时，通过行业协会参与应急保障服务工作；在物资储备方面，通过事先与政府签订合作协议的方式，进行储备或提供救援物资支持，以帮助政府分散风险、减轻重大突发事件应对时的资源保障需求压力。

（六）“教”“练”“战”“改”的一体化

“教”是指应急管理的教学培训工作，“练”是指应急演练工作，“战”是指实际的应急处置工作，“改”是指对应急管理的问题和教训的查找、总结和改正。应急管理教学培训工作、演练工作、实际处置工作、问题和教训的总结和改正工作应该是一个相辅相成、有机统一、不断累进的系统。从科学应对突发事件的全局来看，其“教”“练”“战”“改”的一体化体现在以下方面：一是必须要立足于应急管理工作的实际，从培训对象的具体岗位和能力需求出发，开展教学培训工作；二是应急演练是检验应急管理组织和人员的培训效果的重要手段与方法；三是应急演练和教学培训必须紧紧围绕实际工作，才可能产生实际功效；四是要及时查找自身演练和实际工作的不足，还要重视借鉴国际经验和教训。例如，2011 年 3 月，日本大地震后，美国政府深刻汲取日本政府应对中的教训，奥巴马总统签发了《总统政策第 8 号指令》，审查和修订了所有应急管理工作文件，使其国土安全综合管理能力得到大幅跃升。

二、国家应急管理发展历程

在 2003 年“非典”疫情滞后，中国形成了“一案三制”（应急预案、应急体制、应急机制、应急法制）为核心的应急管理体系，2003 年 10 月，党的十六届三中全会通过的《中共中央关于完善社会主义市场经济体制若干问题的决定》强调：要建立健全各种预警和应急机制，提高政府应对突发事件和风险的能力。理论和实践的需要，使得 2003 年成为我国全面加强应急管理研究的起步之年。

2004 年 3 月 14 日，第十届全国人民代表大会通过《中华人民共和国宪法修正案》，将“紧急状态”入宪。

2005 年 8 月 7 日，国务院发布《国家突发公共事件总体应急预案》，按照“立法滞后，预案先行”“横向到边，纵向到底”两大原则建立起了应急预案体系。

国务院《关于加强安全生产应急管理工作的意见》（国发〔2006〕24号）中提出“推进国家应急平台体系建设。要统筹规划建设具备监测监控、预测预警、信息报告、辅助决策、调度指挥和总结评估等功能的国家应急平台。加快国务院应急平台建设，完善有关专业应急平台功能，推进地方人民政府综合应急平台建设，形成连接各地区和各专业应急指挥机构、统一高效的应急平台体系。应急平台建设要结合实际，依托政府系统办公业务资源网络，规范技术标准，充分整合利用现有专业系统资源，实现互联互通和信息共享，避免重复建设。积极推进紧急信息接报平台整合，建立统一接报、分类分级处置的工作机制”。

2006年9月国家安全生产监督管理总局提出《关于加强安全生产应急管理工作的意见》（安监总应急〔2006〕196号），2006年10月又提出《国家安全生产平台体系建设指导意见》，对国家安全生产应急管理工作和应急平台体系建设提出了指导意见和基本原则要求。

2007年8月30日发布《中华人民共和国突发事件应对法》，不同于以往的安全生产法、防震减灾法、防汛条例等单一灾种、单一领域的法律法规，突发事件应对法是在对灾害应对普遍规律认识的基础上制定的灾害事件预防、控制、减轻和消除的综合性法规，体现了我国应急管理观念和水平逐步向更高层次发展。

2013年10月25日，国务院办公厅印发了《突发事件应急预案管理办法》，明确了应急预案的概念和管理原则，规范了应急预案的分类和内容、应急预案的编制程序，建立了应急预案的持续改进机制，强化了应急预案管理的组织保障。

2014年12月24日，国务院正式对外发布了《加快应急产业发展的指导意见》，明确了应急产业发展的总体要求、主要任务和政策措施，提出到2020年应急产业规模显著扩大，应急产业体系基本形成，为防范和处置突发事件提供有力支撑，成为推动经济社会发展的重要动力。

2014年颁布《中华人民共和国安全生产法》，2015年国有资产监督管理委员会颁布《企业安全生产应急管理九条规定》，对应急管理工作进行了重新审视并通过立法形式予以强化。

三、美国应急管理发展现状

（一）美国应急管理

1.“9.11”事件后美国应急救援机制

“9.11”事件后，出于反恐斗争的需要，美国进一步完善了应急救援机制，加强了防范和协调能力，提高了快速反应能力，其主要特征是：

（1）组织体系严密，机构完备。“9.11”事件后，美国在全国上下建立了紧急救援组织机构。2003 年 3 月，美国新成立了联邦国土安全部，其目的是确保边境和运输安全、保护国家主要基础设施。综合分析情报，准备、培训、武装第一线的应急救援人员，管理紧急情况。联邦国土安全部下辖联邦调查局、紧急事务管理署、环境保护署、移民局、海岸警卫队等 22 个部门。紧急事务管理署统一管理全国的防灾救灾工作，其署长兼任联邦国土安全部副部长，并直接对总统负责。紧急事务管理署共有专业人员 2600 多人，后备人员 4000 人。同时，在全国设立了 10 个分局，每个分局负责 3～7 个州的紧急事务救援工作。各州、市、郡都设立了紧急事务救援办公室，并在各地配备了许多合作救援机构和地震、医疗、消防、交通等各种相应的紧急救援分队。

（2）紧急事务处理方案周密，职责分工明确。美国联邦政府确立了紧急事务救援工作“国内防恐、加强外部攻击防卫、减低灾难损失”三大目标和“预防、准备、响应、恢复”四个实施阶段。同时，要求按级处理相应的紧急事件，凡本级能处理的必须由本级处理，本级不能处理的由上级机构协调处理。

（3）合理配置救灾资源，充分发挥救援力量的合力。美国联邦政府在紧急救援工作中一方面实行分级管理制度，各级由各级的救援预案、指挥机构和救援队伍负责本级的救援工作。另一方面，积极做好人员和装备器材的储备，实现救援资源的合理配置，遇到重大事件和灾害时，在全国范围内统一调度人员和装备器材，充分发挥救援力量的合力。

（4）注重培训和宣传教育。美国联邦政府在各州、市、郡建立了培训中心或培训基地。采取循环培训的方式，每年都对从事紧急救援工作的人员进行两级的强化培训，同时对一些自愿参加者也进行培训，不断提高全联邦的应急救援能力。联邦各级应急救援机构经常向国民印发各类宣传资料，做到家喻户晓、人人防范，形成了全民族共同应对紧急事件的强大合力。

2. 美国电力应急管理模式

美国国土安全部的联邦应急管理署（FEMA）是国家突发事件应急管理的职能机构，其职责中的重要一项是大面积停电的应急管理。FEMA 作为美国国家应急管理的领导机构，负责制订联邦应急计划，该计划明确地规定了各联邦部门在各类突发事件下的具体责任。同时，FEMA 作为应急工作中的协调机构，负责领导全国范围内抵抗灾难的应急管理程序，通过预防、准备、响应和恢复 4 个环节，倡导全面和主动的应急管理，从而最大限度地减少突发事件的影响。此外，FEMA 还及时地向社会各界发布突发事件预警、损失和救援等信息，以维护社会稳定。

除 FEMA 外，美国能源部电力输送和能源可靠性办公室（OE）、联邦能源监管委员会（FERC）以及北美电力可靠性委员会（NERC）、美国最大的电力运营商（PJM）都在积极协调配合电力系统应急管理工作，并且都发挥了很重要的作用。

其中，OE 主要负责推进电网的现代化工作，通过降低基础设施的风险性和脆弱性来提高抗击灾害的能力。OE 还注重提高设备操作人员的应急处理能力，加强其技术培训。OE 给电力系统应急管理工作提供强有力的技术支撑。FERC 主要负责对应急组织体系、应急标准等进行监督和评估的工作，并提出相应的改进建议。NERC 的主要功能：一方面是调整在保护核心基础设施的工作中各电力部门之间的角色关系，另一方面其本身还能作为共享和分析电力系统信息的平台。它为关键基础设施保护制定了 8 项标准，为应急响应制定了 9 项标准，如应急运行计划、可靠性协调和系统恢复计划等。总的来说，NERC 在制定标准方面有很重要的作用。PJM 作为世界上最大的电力企业之一，负责集中调度美国目前最大、最复杂的电力控制区，承担了执行各类应急响应标准、预防事故和应急演练等工作。同时，PJM 注重对需求侧响应的研究，及时为重要用户配备备用电源。在美国应急管理体系中，标准的应急指挥体系（incident command system，ICS）是一个重要组成部分。ICS 是一个实施应急指挥的工具，具有标准化、弹性化的结构，即不论事件大小、事件类型，还是事前计划、事发应对都可以普遍适用。

案例：美国突发事件应急指挥体系 ICS

在美国应急管理体系（NIMS）中，标准的应急指挥体系是一个重要组成部分。标准的应急指挥体系是一个实施应急指挥的工具，具有标准化、弹性化的结构，即不论事件大小、事件类型，还是事前计划、事发应对都可以普遍适用。起初 ICS 的思想源于美国军方指挥方法，20 世纪 70 年代早期，用于管理森林火灾，并处理如下问题：太多的应急响应人员向管理者报告，应急响应的组织结构各异，缺乏可靠的事故信息，不充足或不兼容的通信，缺乏机构间协调计划的组织机构，权力不清，机构间术语不同，事故目标不清或不明。

后经不断改良完善，该体系可以广泛应用于：火灾及各类危险品引发的事故和特大伤亡事故，大范围搜救和营救任务，漏油事故的应对和恢复工作，各种交通事故，可预料的事件如庆典、游行和音乐会等。

一、ICS 特征

（1）通用的术语。

（2）模块化的组织。就是指自上而下的组织模式，由上而下意味着突发事件的初期，现场指挥功能是由第一位到达现场的官员或资深应急管理人员担任，随着突发事件的逐渐发展和演变，指挥官开始成立其他部门，如计划部、作业部等。

（3）目标式管理。

（4）整合的通信。

（5）一元化的指挥。就是指突发事件的应急指挥中，每个应急管理人员仅向一位指定的人员负责。

（6）统一的指挥框架。就是指与突发事件相关的多个单位，即使在地理上属于不同的区域，或者在功能上属于不同的单位，都必须为了完成共同目标而行动。这样并不意味着每个参与应急管理的单位丧失了本身的职责，而是在共同目标的指引下，多部门联合行动，使资源发挥最大的效能。尤其当突发事件涉及多个行政区域、行政区域内涉及多个单位或涉及多个行政区域和单位时，统一的指挥框架可以有助于提高应对突发事件的效能。

（7）统一的突发事件行动计划。

（8）适当的控制幅度。这是指一位部门主管人员可以有效地掌控的人数。突发事件应急现场指挥中，任何部门主管人员控制的幅度是在 3～7 个救灾资源之间，而以 5 个为最佳，若是数目增加或减少，救灾指挥官应重新考虑整个组织结构。

（9）救灾所需特定的设施。第一，一个可供应急现场指挥官、指挥人员和一般人员等人员统筹管理全部事故作业的紧急事件现场指挥所；第二，一个可暂时停留应急资源的集结区；第三，其他一些在突发事件中因地理上分散、需要大量救灾资源或专业的救灾资源等所指派的设施。

（10）适当的资源管理。在任何突发事件的应对中，有效地管理各项应急资源是十分重要的。应急资源包括所有的参与人员和针对突发事件准备的主要设备（设备应包括相关的操作和维护人员）。在突发事件的处理中，应急资源的状态由负责应急资源的管理人员统筹管理与补充，并根据突发事件应急指挥体系组织的规模等级而定。

（11）指挥链与指挥的统一性。指挥链是指在突发事件的应急管理中当局的命令传达线，指挥的统一性意味着所有的个体都将在事件现场向一位被指派的监督者报告。这个原则使得报告的关系更加清晰，减少了由多头、冲突的指导带来的混乱。

（12）责任。在突发事件的管理中，每个个体在所有层级权限下与个人功能领域内应尽到责任。报到、事件行动计划。指挥的统一性、个人责任、控制幅度与资源跟踪等都是责任准则。

（13）派遣/调度。只有当接到请求或是合适的当局通过已制定的资源管理系统进行分配时，资源才应该有所派遣，那些可以利用但并未被请求的资源要防止无约束地调度。

（14）信息与情报管理。突发事件的应急管理机构应该建立一个搜集、分析、评估、分享以及管理突发事件相关的信息与情报程序。

二、突发事件应急指挥体系（ICS）的组织功能与构成

1. 突发事件应急指挥体系（ICS）的组织功能

突发事件应急指挥体系（ICS）的组织功能主要是基于以下五项工作建立的：

第一，指挥，即制定应急管理的目标和优先级别，对于要处理的突发事件负大部分的责任；

第二，作业，即以实际的行动来完成应急管理的计划；

第三，计划，即对所有的信息进行收集和评估，研究制定达到应急管理目标的行动计划；

第四，后勤，即为各项应急管理行动提供所需的应急资源和其他服务；

第五，财务，即为各项应急管理行动提供经费和财务分析，并监督各行动的花费。

在这五项组织功能中，指挥处于核心的地位，其他四项工作都为指挥服务。

2. 突发事件应急指挥体系（ICS）的人员构成

（1）现场指挥官与指挥人员。

1）现场指挥官：负责指挥、协调本单位管辖范围内的应急处置工作，调动本单位应急队伍、应急装备及物资开展抢修复电，协调支援应急队伍的对接工作。

a. 现场指挥官到达现场前，及时了解有关情况，抓紧掌握突发事件基本情况，包括属地单位先期处置情况，事发地地理信息、气象条件、应急物资装备、应急队伍、危险源，有关典型案例，上级领导批示指令等，在此基础上形成初步处置方案。特别是要与临时履行现场指挥官职责的现场负责人保持密切联系，并给予指导和建议。迅速调用救援力量和应急物资，指令相关专业负责人立即赶赴现场，指令有关单位派出应急救援队伍、运送应急装备物资到突发事件现场集结，并预置应急救援力量做好参加应急处置工作准备。

b. 现场指挥官到达突发事件现场后，深入现场实地察看情况，听取各有关单位情况汇报，组织有关单位和专家进行会商，传达和落实上级批示精神；完善初步处置方案，部署应急处置任务。实地督查应急处置方案落实情况，向上级汇报现场最新情况、处置方案、处置情况。

2）指挥人员：

第一，新闻官是桥梁，负责设立新闻发布中心，定期发布信息，把有关的信息传递给媒体，让媒体有效并正确地将应急管理的活动传播给大众，确保媒体记者的安全，避免让记者到处采访，协助媒体采访到正面的信息等。

第二，安全官，负责监控突发事件现场的安全状况，拟定有关的预防与保护措施，以确保所有参与应急管理人员的安全。

第三，联络官，当突发事件涉及多个政府机关或多个行政区域时，相关单位或区域会派出人员代表其参与突发事件的处理与联络工作，联络官要担负起不同单位或区域人员的接洽、报到、联络和登记等相关工作。

（2）一般人员。一般人员指的是作业组、计划组、后勤组与财务组的人员，每组的领导者称组长，在处理涉及多个部门的突发事件时，每个组除组长以外可以有一个或多个副组长，在每个应急管理周期内只能任命一位组长，组长通常由主要资源派遣所属单位的人员担任，其他各相关单位的人员一般被指派为副组长，从而有利于各单位之间的协调与合作。此外，每个组还可以根据需要配置一定的普通工作人员。

3. 突发事件应急指挥体系（ICS）的基本组织结构

突发事件应急指挥体系（ICS）的基本组织采取可扩展的树状结构，根据突发事件的规模，组织结构可以自由扩编，以便满足较大规模突发事件的需要，具有很强的灵活性。

4. 突发事件应急指挥体系（ICS）的多重事件组织结构

多重事件是指两个或更多的单独突发事件发生在同一区域。当突发事件处于不同类型或者类似资源的需求时，通常以单独突发事件应急指挥体系（ICS）进行处理或通过应急行动中心协调。如果事件现场指挥需要横跨多重部门，应建立统一现场指挥。这样每个涉及部门在现场指挥时都有适当代表。现场指挥不能与应急作业中心的功能混淆，现场指挥监督事故管理，而应急作业中心协调支持功能并提供资源支持。

（二）英国应急管理

1.“金、银、铜”应急处置机制

由于历史的原因，英国的警察、消防、医护等主要应急部门内部和相互之间的独立性很强，在很长的时期内存在命令程序、处置方式不同和通信联络不畅、缺乏协作配合等突出问题。“金、银、铜”应急处置机制既是一种应急处置运行模式，又是一个应急处置工作系统。一方面，根据事件性质和大小，规定形成不同的“金、银、铜”组织结构；另一方面，确定应急处置“金、银、铜”三个层级，各层级组成人员和职责分工各不相同，通过逐级下达命令的方式共同构成一个应急处置工作系统。为保证通信畅通，政府统一购买通信装备、提供无线通信频道。

（1）金层级主要解决“做什么”的问题，由应急处置相关政府部门（必要时包括军方）的代表组成，无常设机构，但明确专人、定期更换，以召开会议的形式运作。该层级负责从战略层面对突发公共事件进行总体控制，制定目标和行动计划下达给银层级。并重点考虑以下因素：事件发生的原因；事件可能对政治、经济、社会等方面产生的影响；需要采取的措施和手段，以及对环境等产生的影响；与媒体的关系等。金层级可直接调动包括军队在内的应急资源，通常远离事件现场实施远程指挥，由于成员很难短时间集中到一起，一般采用视频会议、电话等通信手段进行沟通和决策。

（2）银层级主要解决“如何做”的问题，由事发相关部门的负责人组成，同样是制定专人、定期更换，可直接管控所属应急资源和人员。该层级负责战术层面的应急管理，根据金层级下达的目标和计划，对任务进行分配，很简洁地向铜层级下达命令（What、Where、When、Who、How 等），并可根据不同阶段处置任务和特点的不同，任命相关部门人员分阶段牵头负责。

（3）铜层级负责具体实施应急处置任务，由在现场指挥处置的人员组成，直接管理应急资源的运用。该层级执行银层级下达的命令，决定正确的处置和救援方式，在合适的时间、以合适的方式做合适的事情。

2. 依托紧急事务规划学院（EPC），强化综合性应急管理培训

英国应急管理培训体系由三部分组成：一是 CCS 所属的紧急事务规划学院（EPC），主要培训如何协调应对突发公共事件；二是政府部门设立的专业培训学院，主要培训本系统内如何应对突发公共事件；三是私利培训机构。其中，EPC 作为英国最权威、最有影响的应急管理培训机构，具有全国制定应急管理培训标准的地位和作用。

（三）加拿大电力应急管理

加拿大政府将应急管理工作纳入保护核心基础设施的统筹规划之中，负责这项工作的主要部门是国家公共安全和应急准备部（PSEPC）。

安大略独立电力系统营运公司（IESO）承担了电力系统应急的主要工作，负责监督和指导整个安大略省电力系统的应急准备工作。建立可靠性标准是IESO开展电力事故的应急管理工作的主要方式。另外，IESO 还格外重视各应急部门间的协调，当电力系统发生突发事件时，IESO 与政府部门积极协调配合，将最新的信息通过各种渠道及时向公众发布。此外IESO要求电力市场企业必须建立一套完善的潜在事故应急计划，并每年举行演习来验证其实用性。

（四）澳大利亚电力应急管理

澳大利亚的应急管理侧重于对重要基础设施的保护、信息网络的搭建、应急恢复等几个方面。为了应对恐怖袭击等突发事件，澳大利亚政府组建了包括电力系统小组在内的若干个能源基础设施保障咨询组，旨在加强对于核心基础设施的保护力度。同时，政府还专门建立了可信信息共享网络，以便了解和共享可能对重要基础设施造成影响的信息。

在澳大利亚，由国家电力市场公司（NEMMCO）负责保障五个州电力系统稳定而安全地运行。NEMMCO十分注重系统发生大面积停电事件后黑启动的管理，并根据电力法修正案的要求，制定了《黑启动导则》，包含发电公司导则和供电公司导则两部分。根据该导则的要求，无论是发电商还是运营商，都必须制定自己的黑启动方案，并及时对方案进行评估和修正。其中电网运营商的黑启动方案对保安电源的维护、紧急通信、同期装置的可用性、重要用户的特殊要求、输电商和配电商转移负荷的能力等都做了明确的规定和详细的说明。

第二节 术语与定义

1. 突发事件

突然发生，造成或者可能造成人员伤亡、电力供应中断、财产损失、环境破坏、严重社会影响，需要采取应急处置措施予以应对的紧急事件。

突发事件分为自然灾害、事故灾难、公共卫生事件和社会安全事件四类，各类突发事件按照其严重程度和影响范围分为四级，由高到低依次为特别重大、重大、较大和一般。

（1）自然灾害。主要包括水旱灾害、气象灾害、地震灾害、地质灾害、海洋灾害、生物灾害和森林草原火灾等。

（2）事故灾难。主要包括工矿商贸等企业的各类安全事故、交通运输事故、公共设施和设备事故、环境污染和生态破坏事件等。

（3）公共卫生事件。主要包括传染病疫情、群体性不明原因疾病、食品安全和职业危害、动物疫情，以及其他严重影响公众健康和生命安全的事件。

（4）社会安全事件。主要包括恐怖袭击事件、民族宗教事件、经济安全事件、涉外突发事件和群体性事件等。

2. 应急预警

为预防和应对突发事件，对突发事件征兆和趋势进行监测、识别、分析与评估，预测突发事件发生的时间、空间、强度、可能造成的后果，预先发出警示的过程。

3. 应急响应

应急响应是指对突发事件进行跟踪、处置、恢复的过程。

4. 应急预案

针对可能发生的突发事件，为保证迅速、有序、有效地开展应急行动，降低突发事件损失，预先制定的行动方案。应急预案分为总体应急预案、部门预案、专项应急预案、现场处置方案四类。

5. 应急指挥平台

开展突发事件应急指挥的各类系统、场所及场所设备的总称，包括应急指挥基础环境及相关设备，应急指挥信息管理系统等。

6. 应急演练

针对突发事件风险和应急保障工作要求，由相关应急人员在预设条件下，按照应急预案规定的职责和程序，对预测与预警、应急响应与处置、应急救援、应急保障与联动等内容进行应对训练。

7. 应急联动

通过联合各种应急力量和资源，实现突发事件应急处置的跨系统、跨单位联合行动。

8. 应急设备

专用于应对各类突发事件，开展抢修复电所需要的各类设备物资。

9. 应急装备

应对各类突发事件的所使用的应急指挥和通信、交通运输、工程装备、应急发电设备、应急照明、生命探测救助、个人防护及工器具、生活保障、防灾减灾等装备。

10. 应急耗材

应对各类突发事件所使用的生命救助、个人防护、生活保障、防灾减灾等材料物资。

11. 应急指挥信息管理系统

支持应急办公室日常管理以及突发事件发生时辅助应急指挥的管理信息系统。

第三节　应急管理工作的目标和原则

一、应急管理工作目标

国家在经历了2003年的“非典”事件、2008年“汶川大地震”等特大应急事件后，加强了应急管理工作，使得应急管理工作朝着更加突出预防和准备的方向发展，更加重视突发事件的专业和精度管理，不断完善应急管理的制度设计，推动应急决策的制度化、规范化与程序化。加快推进应急管理的“体系能力”建设，努力提升应急管理的效率和效能，最终实现“主动反应”和“制度化反应”。到2020年，建成与有效应对公共安全风险挑战相匹配、与全面建成小康社会要求相适应、覆盖应急管理全过程、全社会共同参与的突发事件应急体系，应急管理基础能力持续提升，核心应急救援能力显著增强，综合应急保障能力全面加强，社会协同应对能力明显改善，涉外应急能力得到加强，应急管理体系进一步完善，应急管理水平再上新台阶。

二、应急管理工作原则

应急管理工作涵盖突发事件发生的前、中、后各过程，包括为应对突发事件而采取的预先防范措施、事发时采取的应对行动、事发后采取的各种善后及减少损害的措施。国家相关部委对于应急管理工作的总体工作原则，有比较清晰的方向和要求，如国家发展改革委在《中央企业应急管理暂行办法》里明确规定中央企业应急管理工作必须坚持“预防为主、预防与处置相结合”的原则。同时应急管理工作一般应遵循“统一领导、综合协调、分类管理、分级负责、属地为主、平战结合”等工作原则，各级政府、企事业单位虽在应急管理工作原则上的说法上会存在不统一，但究其含义、意义则是一致的。

1. 预防为主，预防与应急相结合的总体原则

“预防为主、预防与应急相结合”是我国各级政府、企事业单位应对突发事件的基本工作方针、应急管理总体原则。突发事件对组织内部的平衡产生着巨大的威胁或损害，如2015年的台风“彩虹”对广东省湛江市及其周边城市造成了巨大损害，除了狂风暴雨导致许多树木被拦腰折断外，大部分住宅区、办公区受强台风“彩虹”影响，出现了

水电供应中断的情况，全城交通几乎瘫痪。所以对于突发事件应力争将其控制在萌芽与苗头之中，即以“预防为主”，这是最主动、积极的应急管理态度。对于已经发生的突发事件，则要抓住机会和条件，尽快、妥善、科学地进行应急处理，扭转突发事件发展态势，力争使突发事件持续时间最短、造成的损害最小，这就是“预防与应急相结合”。

因此，加强和规范 “预防为主、预防与应急相结合”原则要求，可以提高防范和处置各类突发事件的能力，最大限度地预防和减少突发事件及其造成的损害和影响，保障人民群众生命财产安全，维护国家安全和社会稳定。

预防为主，预防与应急相结合需要做到：

第一，一切突发事件的应对工作，都必须把预防和减少突发事件的发生放在首位，防患于未然。据此，要展开对各类突发事件风险的普查和监控，促进各行业、各领域安全防范措施的落实，加强突发事件的信息报告和预警工作，积极开展安全防范知识和应急知识的普及。

第二，在做好各项预防工作的同时，必须做好各项应急准备，牢固树立忧患意识。要完善预案体系，推进应急平台建设，提高应急管理能力，加强应急救援队伍建设和应急演练，加强各类应急资源管理。

第三，全力做好应急处置和善后工作。突发事件发生后，要立即采取措施，控制事态发展，减少人员伤亡和财产损失，防止发生次生、衍生突发事件。应急结束后，要及时组织受影响地区恢复正常的生产、生活和社会秩序。

2.“统一领导、综合协调、分类管理、分级负责、属地为主、平战结合”的工作原则

（1）“统一领导”是应急管理的首要工作原则，也是突发事件的应急管理不同于其他管理的主要特点。突发事件应急管理往往需要在短期内做出统一的决策，因此要求管理权相对集中，实行统一集中的决策。国家在 2008 年“5·12 汶川大地震”的应急处置中，充分体现了“统一领导”应急管理的优越性，充分发挥了宏观协调、有效组织和整合资源的作用，在最短时间内达到社会资源的最大限度的整合与协调。

（2）“综合协调”与“统一领导”实际上是同一个问题的不同表达方式，也可以理解为统一领导的手段。参与应急管理工作的机构众多、职能各异，在突发事件应急管理条件下，日常工作中可能缺乏联系的一些部门（单位），需要在短期内按照共同目标，开展有效的合作，综合协调工作变得比日常工作更为重要。“综合协调”既包括了应急管理中负有责任的地区、部门、单位之间的协调联动，又包括了政企、军地之间的协调联动，这种横向关系要求特别注意发挥好各方面的积极性，实现信息互通、资源共享、协调配合、高效联动。

（3）“分类管理、分级负责”是指按自然灾害、事故灾难、公共卫生事件和社会安全事件四类突发事件的不同特征，划分各部门之间的职责，实施相应的应急管理工作，通过细化分工提高应急处置的有效性。

“分类管理”的目的是专业应对，对于不同种类的突发事件，各级单位都有相应的应急指挥机构及应急管理部门进行统一管理。具体包括：根据不同类型的突发事件特征，确定相应的管理规划，明确分类分级标准，开展预防和应急准备、监测与预警、应急处置与救援、事后恢复与重建等一系列对应活动。一类突发事件往往由一个部门牵头负责、其他相关部门协助，如防风防汛、反恐等应急处置工作的专业应急管理部门分别由安监、办公室负责，相关部门参加，协调应对。

而“分级负责”主要是由于各级单位所管理的区域不同，掌握资源的差异，应急能力和侧重点不同，一般而言，越是高层级的政府、单位，应对能力就越强；并根据突发事件的影响范围和突发事件的级别不同，确定突发事件应对工作由不同层级的单位负责，分别由各级单位应急管理机构启动相应的应急管理响应机制。如玉树地震发生后，国务院回良玉副总理为总指挥的抗震救灾指挥部启动并奔赴灾区，青海省及其受灾市、县、乡各级政府在第一时间启动应急响应，各司其职开展救灾工作，这对于取得抗震救灾的胜利发挥了决定性的作用。

（4）“属地为主”有利于发挥属地单位的积极性，强化属地单位的应急管理职责，明确地方管理单位的主体责任、其他有关部门及相关单位协调配合的管理要求，增加“属地管理”应急管理人员的责任感和紧迫感，切实履行职责，对于迅速、有效地处理突发事件发挥着重要的作用；另一方面“属地为主”也能突显具有充分的应急信息优势，在制定一些决策方面比上级单位更能符合实际。如 2015 年发生超强台风“彩虹”前后，受灾的沿海地区铁路、公路、民航、通信、电力、输油气管道等管理单位按照“属地为主”工作原则，迅速组织并整合当地资源开展各项应急处置工作，抗灾能力明显提高。

（5）“平战结合”既是应急管理、建设的一个重要命题，又是日常与非日常应急管理中一个必须遵循的重要工作原则。“平战结合”有两层的含义：第一，在社会发展中，各级政府、企事业单位应该具有深刻的危机意识，将常态管理与应急管理两者统一、协调起来，本着“预防为主”的总体原则，力争在常态管理中使潜在的危机消弭于无形或为成功地应对、处置突发事件奠定良好的基础，简言之，就是实现常态与应急状态的一体化。比如，电网公司为了确保电网的安全稳定运行，在制订电网规划时，就要将抵御自然灾害的能力作为一个重要因素来加以考虑。第二，“平战结合”也从系统的观点出发，既考虑日常工作的需求，又要考虑应急状态下的需求，以便在日常与应急紧急状态下都能够迅速整合各种可动员的资源，实现资源的有效、循环利用。

案例：各国防灾理念

美国：软件重于硬件、平时重于灾时、地方重于中央。

日本：① 依法防灾原则，即政府按照成文的法律法规、依法规而制定的应对举措处理危机；② 国民第一原则，即保护国民在灾害或危机状态下的生命、健康和财产是政府行政的重要职责；③ 地方自治原则，即国家严格依据法律行事，即使在紧急时期，也不能对地方进行干预。

英国：重预防，注长效。强调预防灾难是应急管理的关键，要求把应急管理与常态管理结合起来，尽可能降低灾难发生的风险。

澳大利亚：“4 个概念和 6 个原则”。4 个概念：一是全灾害方法，即同样的应急安排可以应用到各种灾害的应急处置中；二是综合的方法，即灾害应急管理应有预防、备灾、响应和恢复（PPRR）4 个基本要素；三是所有机构的方法，即防灾安排是基于所有相关机构、各级政府、非政府组织和社区间的积极的“伙伴关系”，许多不同的组织在执行“PPRR”的一个或多个管理要素中起着重要的作用；四是充分准备的社区。6 个原则：必须有一个防灾减灾操作机构，必须依法防灾减灾，必须制定支援抗灾的资源调配机构，必须具备有效的信息管理机制，实时启动应急方案，有效进行防灾减灾。

泰国：只有将灾难减除因素考虑在内，发展才会产生可持续性；灾难减除必须是一个多学科的过程，它贯穿于发展的所有部门；灾难减除要比灾难救助和灾后恢复具有更好的成本效益。

三、电力企业应急管理体系建设重点任务

（一）应急指挥和管理体系建设

进一步建立健全应急指挥和管理组织体系，电力企业各级单位均要设置应急指挥机构，明确办事机构，全面领导和组织开展应急工作，形成企业主要领导全面负责、分管领导具体负责、有关部门分工负责、办事机构协调落实的应急指挥组织体系。规

范和加强各级单位安监部配置专（兼）职应急管理人员要求，常态化开展应急管理和应急体系建设工作。加强与政府有关部门、社会机构等建立紧急联动、相互支援机制，与气象、地质、消防、交通等部门建立预警信息沟通机制，与重要用户建立预警通报机制。

（二）应急标准体系建设

研究国内外应急管理先进理论，按照基本确立、全面完善、巩固提高三个阶段，研究制订包括管理、技术和工作三类标准的标准体系框架，依靠框架开展标准体系建设。组织编制相关标准，开展培训和宣贯，建立相关考核办法，考核、评价应急标准体系建设执行情况，使应急工作有章可循、有法可依，健康持续发展。

（三）应急预案体系建设

不断健全预案体系，逐步完善应急预案，使之更科学、更简洁、更具可操作性。不断健全预案体系制定相关标准的规定，规范预案编制、修订、评审和备案工作。提高预案管理水平，实现预案的信息化管理。

（四）培训演练体系建设

加强应急培训基地建设，加强应急培训师资队伍的建设和管理，组织编制有针对性的应急培训教材；加强对应急培训工作的管理和考核，建立全员应急培训和演练制度，加强应急骨干人员的专业救援技能培训；组织开展多种形式的应急演练。建立健全应急培训演练管理制度，编制应急培训大纲，制订培训计划，加强与社会专业应急培训机构协作、交流学习。加强应急演练管理，建立合理的培训演练考评制度，促进培训演练规范、安全、节约、有序地开展。进一步完善应急培训基地、学校、培训中心教学功能，增强应急培训课程及应急演练功能，满足本区域应急培训所需。

（五）应急队伍能力建设

组建并不断完善省、地、县三级应急队伍建设制订各级应急队伍建设及管理标准规范；开展应急理论、知识、技能等培训；提高队伍装备水平；从实战出发组织演练。组建各级应急专家队伍，建立应急专家参与应急工作的长效机制。建立应急救援基干队伍，为灾害应急救援保驾护航。建立社会应急抢修资源协作机制，畅通与政府互相支援的渠道。

（六）综合保障能力建设

建设覆盖各级指挥中心到应急处置现场的应急通信系统。建设分散管理、统一调度的应急电源系统。建立现场生活、医疗保障的后勤保障系统等。

（七）舆情应对能力建设

规范信息披露工作标准，重视主流媒体作用，建立与主流媒体的合作机制，建立常态信息披露机制，逐级推进新闻发言人制度。与媒体保持良好合作关系，建立媒体资源数据库，信息披露渠道畅通。建立舆情监测机制，构建舆情应对引导、新闻预警工作常态机制。

（八）恢复重建能力建设

研究应急能力评估技术、评估手段和方法，建立健全科学、完备的应急能力评估体系，提高企业自身应急能力；强化灾害快速反应能力，及时掌握设备受损情况；加强灾后生产经营秩序恢复和灾后人员心理素质建设。建立健全各类突发事件灾害评估机制，规范灾害调查和现场恢复能力的评估程序、内容和方法，研究灾害调查评估的模型、标准体系和评估技术，为抢险救援和恢复重建提供依据。加强事发现场灾害恢复能力的建设，注重解决现场应急供电、应急通信保障等工作，确保快速恢复供电。

（九）预防预测和监控预警系统建设

利用各专业部门的监控系统，如雷电监控系统、微气象监控系统、线路在线监测等，对电网运行环境进行实时监测；加强与政府应急、气象、水利、地震地质等专业部门建立信息沟通机制，实现对突发事件的在线监测，并对电网影响进行实时分析，提前做好防范和准备，迅速提出有效的控制、解决方案，降低灾害对电网的影响和破坏，提高突发事件监测和预警能力。

（十）应急信息系统建设

推进应急指挥平台建设，实现快速、及时、准确地收集突发事件等信息，实现指挥中心与现场的高速沟通及指令的快速上传下达，规范突发事件信息的报送及统计分析，为应急指挥决策提供丰富的信息支撑和有效的辅助手段。在日常管理中实现应急预案、应急信息、应急工作计划、日常信息统计报送的信息化管理。

第二章

应急组织体系

第一节　应急组织体系概述

企业需建立自上而下的应急指挥体系，分别建立应急指挥中心及其办公室作为本单位应急管理议事机构，并根据应对突发事件需要建立现场指挥部、工作组等临时应急处置机构。各级行政主要负责人为本企业应急管理第一责任人，对应急管理工作负总责；各类突发事件分管负责人协助主要负责人开展相关应急管理工作，对本企业应急管理负直接责任。各级单位需将应急管理工作的责任和任务落实到具体岗位和人员。

案例： 广东电网有限责任公司应急组织体系结构示意图

广东电网有限责任公司应急组织体系结构示意图如图2－1所示。

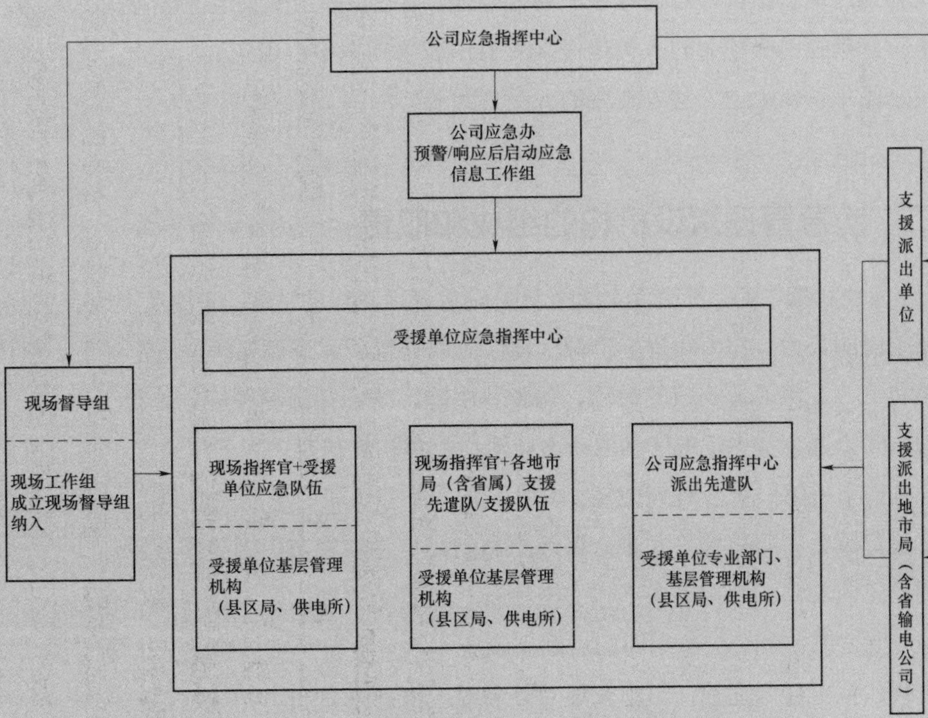

图2－1　广东电网有限责任公司应急组织体系结构示意图

第二节　应急管理议事机构的组成和职责

一、应急管理议事机构的组成

（一）应急指挥中心的组成

应急指挥中心由总经理担任总指挥，分管副总经理担任副总指挥，成员由副总工程师及办公室、营销部门、生产部门、基建部门、物资部门、信息部门、安全部门、运行部门负责人。

（二）应急办公室的组成

应急办公室由安监部门主要负责人担任主任角色，需要成立抢修协调小组、安全督导小组、物资保障小组、供电服务小组、通信保障小组、综合援助保障小组 6 个组。

（三）现场指挥部的组成

现场指挥部总指挥由总经理任命的人担任，副总指挥由受灾地区应急指挥中心总指挥及由应急指挥中心任命的人员担任（人员由应急指挥中心确定）。

应急信息工作组由应急办任命的人员为组长。

二、应急管理常设机构的组成和职责

（1）应急指挥中心。贯彻落实国家有关应急管理工作的法律、法规及上级有关规定，统筹系统内的人力、物力和资金资源，确保应急处置所需资源保障。决定红色、橙色应急预警和Ⅰ、Ⅱ级应急响应的启动、调整和解除，统一指挥相关应急处置工作。

（2）应急办公室。负责信息的动态监测，收集初始信息，视天气情况报送天气状况信息。召集相关部门会商研判预警、响应级别。统筹协调应急期间应急队伍支援和装备调拨。决定黄色、蓝色预警和Ⅲ、Ⅳ级应急响应信息的发布、调整和解除。

（3）安监部门。组织准备工作安全检查，负责抢修期间的安全督导工作。

（4）办公室。负责应急期间的后勤保障工作，负责新闻宣传和舆情引导工作，安排应急车辆，拟定新闻通稿，组织开展对外和对上级新闻发布。

（5）人力资源部门。负责相关待遇落实等工作，负责组织员工开展应急管理培训工作。

（6）计划部门。制定地区的建设方案，组织电网抗灾防灾规划设计。

（7）营销部门。制定并落实相关保障人员保障方案和工作计划，组织对用户开展安全检查，消除用电安全隐患。

（8）生产技术部门。核查、预安排和更新发布外部应急队伍名单，组织检查应急发电设备状态。组织开展特巡特维、风险评估和隐患排查整改工作，开展灾后电网设备抢修。

（9）基建部门。落实基建工程施工现场的防灾措施，配合调配基建工程物资开展抢修工作。

（10）物资部门。制定应急物资响应工作方案，做好应急物资采购、储备、调配及补货等工作。

（11）信息部门。组织做好网络与信息安全保障工作，组织应急相关支持系统的运行保障，提供网络与信息系统应急处置的技术支持。

（12）运行部门。进行风险分析，编制系统保障方案，统筹安排功能配置，落实防灾抗灾措施。根据风情调整电网运行方式，检查和维护自动化设施，检查和维护通信设施，检查和维护应急指挥中心设施，制定值班人员调整计划。

（13）财务部门。组织审核和下达各单位应急的相关预算，负责应急资金统筹落实和审批工作。

（14）科技部门。组建防灾减灾科技应用手段的联合团队，开展防灾减灾专项科技项目研发攻关，提升防灾减灾科研水平。

（15）审计部门。监督指导应急抢修项目审计工作，负责应急抢修现场审计咨询工作，为应急抢修相关单位提供管理咨询服务。

（16）党建部门。开展抗灾抢修复电的表扬立功等评先工作，规范党员突击队的组建，组织实施应急抢修现场的党建宣传工作。

（17）工会。负责监督抢修期间劳动保护措施的落实提出意见，负责抢修一线现场工作人员的慰问等工作。

（18）科学研究院。负责灾害综合监测系统、视频监控系统的运维工作，应急期间为应急指挥平台提供监测预警数据，提供相应技术支持。

（19）工程部门。配合现场工作组开展应急工作，根据应急指挥中心指令完成抢修任务。

（20）通信部门。配合做好现场工作组的通信技术保障，根据应急指挥中心指令执行电力通信受损设备应急抢修工作。

（21）受灾地区。做好外来支援队伍驻地选址、食宿、安保等对接工作。加强与受影响人员沟通与协调，提供服务和保障。承担灾区应急处置工作的主要任务，是灾情勘察及设备抢修复电的责任主体。

三、应急处置临时机构的组成和职责

应急救灾前期需成立现场指挥部、应急信息工作组、督导组、先遣队 4 个临时机构。

各机构职责：

（1）现场指挥部：代表应急指挥中心在现场指导、协调应急处置工作，制度应急抢修复电目标。

（2）应急信息工作组：要求运行、营销、生产、安监、物资、新闻、现场工作组等专业做好信息报送工作。

（3）督导组：接受应急指挥中心的工作指令和任务，并根据要求向应急指挥中心汇报督导工作情况，协助被督导单位解决有关应急工作的问题。

（4）先遣队：负责组建抢修复电组，明确人员分工。明确抢修组先遣部队人员名单和工作任务。每支先遣队包括安监、设备、物资、办公后勤、基建、通信保障等专业管理人员以及部分专业抢修人员约 20 人左右。直属供电局先遣队接受支援单位应急指挥中心的工作安排；负责协助受支援单位开展灾情初步勘察工作；与受支援单位一起向公司应急指挥中心提出后续抢修队伍需求、装备调用、物资调配、后勤保障等建议；搭建本单位现场指挥部办公室；接受抢修任务；为后续应急队伍提供后勤保障等。

第三节　应　急　专　家

一、专业分类

应急专家分为自然灾害类、事故灾难类、公共卫生类、社会安全类和综合管理类。按照专业可划分，又可分为安全管理、预案演练、抢修技术、物资装备、客户服务、新闻后勤、工程管理类。

二、职责

各专业领域应急管理人员，是指导、处置重大突发事件的技术保障团队，是向应急指挥中心提供应急处置决策支持的专业团队。专家组的职责是为应急管理工作提供技术支持，为重大突发事件应急处置提供决策建议，参与风险隐患评估、应急预案审议、应急宣传和培训等工作，及时为科学防范突发事件提供专家意见，全方位为应急管理体系出谋献策。

三、应急专家组管理

（一）专家组的组建实行聘任制，由应急指挥中心履行专家聘任手续，每届任期3年

聘任程序为：

（1）推荐。各直属单位推荐专家人选。

（2）审批。应急指挥中心综合评审专家的资格条件、专业背景、履职能力，确定拟聘专家名单，并组织应急指挥中心有关业务部门复核，按程序履行审批手续。

（3）公示。在应急指挥中心网站公示拟聘专家名单及个人相关信息资料，时间为7个自然日。

（4）聘任。公示合格的专家由应急指挥中心颁发专家聘任书和专家证，报地方政府应急主管部门备案。

（二）专家选聘条件

专家应具有高级以上技术职称和本专业10年以上工作经验，在本专业范围具备省市领先的科研和技术水平，具有坚实的专业基础知识，较为丰富的实践经验，以及较强的理论思考和决策咨询能力；热爱应急管理工作，有强烈的使命感和责任心；身体健康，年龄适宜，在精力和时间上能够适应应急管理工作的需要。

（三）专家组的运作实行任务制

专家接到应急指挥中心的任务通知后，应如期抵达执行任务。执行任务时，应当主动出示指派函件和专家证。专家有权了解与任务有关的情况，进入有关现场工作，调阅相关文件及技术资料。工作任务结束后2周内，应向应急指挥中心提交任务执行情况的书面报告。应急指挥中心商请专家执行任务时，一般应将有关情况提前通知其所在单位。

（四）决策咨询制度

专家应充分发挥专业优势，为公司各级单位安全生产应急管理工作提供重要的决策

咨询服务；在突发事件应急处置时，专家组应及时分析突发事件的特征、影响程度、发展趋势，从技术的角度向现场指挥机构提出处置要点及防护措施等意见建议。对专家组提出的有关应急管理的重要建议，应急指挥中心将及时组织研究并给予回复。

（五）专家会议制度

专家组每年召开一次由相关专家参加的工作会议，遇有重大问题和重要工作需要研究时可临时召开。专家组会议的主要任务是：总结工作，交流经验，部署任务，完善机制，表彰先进，研讨电力行业应急实践、理论和技术课题等，相关专家应按照应急指挥中心通知的主要议题和议程认真做好参加会议的准备。专家组会议由应急办组织、专家组组长主持。

（六）解聘退出制度

专家因身体健康、工作变动等原因不能继续履行职责时，由本人提出申请，经批准后退出专家组；专家连续 1 年无正当理由不参加专家组正常活动或无故不接受指派任务的，视为自动退出；对违反国家法律、法规或标准的专家将给予解聘。对退出和被解聘的专家，应急办通报其所在单位并予以公告。

（七）保密工作制度

专家（含退出或被解聘的专家）应严格遵守保密制度，保守有关单位的商业和技术秘密，未经授权不得向任何人发布所承担任务的相关信息。对于违反保密规定的人员，将酌情给予批评、通报等处理，直至追究法律责任。未经应急指挥中心批准，专家不得擅自以专家组名义组织或参加各类活动。

四、应急专家队伍培训

（一）培训的目的

为提高应急专家的专业技术水平，熟悉应急技术和方法，促进专家将专业技术与应急管理相结合的能力，聘用机构有必要组织企业应急专家进行专业知识和评估理论知识的培训教育。

（二）培训的方式

可以根据专家的实际情况机及项目特点来选择培训的方式。培训的方式主要包括：按培训的时间分定期培训、不定期培训；按培训的阶段分日常培训和项目开展前培训；按培训的内容分为法律法规知识培训、专业技术培训、应急理论及管理和评估技术培训、管理和评估技巧培训；按培训组织部门分内部培训、外部培训。培训的形式可以聘请有相关专业知识和经验的专家授课，也可以采用集体讨论的形式。

（三）培训的内容

（1）法规标准培训：国家相关法律、法规、规章等；国家或行业标准规范等；国家及区域电网企业应急管理和评估工作标准规定等。

（2）应急理论知识及管理和评估技术培训：应急系统工程、应急原理、应急管理和评估技术等。

（3）专业技术培训：对专家进行专业技术培训主要目的是让专家不断学习和提高，定期组织专家到应急先进单位考察，避免专家知识老化等。

（4）电网企业应急管理评估技术方法培训：电网企业应急管理评估是一项专业性很强的工作，国家及区域电网企业监管机构对电网企业应急工作有一系列的要求和规定，与其他管理评估相比，有其独特的程序、方法和要求，在进行管理评估前必须进行电网企业应急管理评估技术方法培训。

第三章

应急预案体系

第一节 应急预案概述

一、应急预案定义

应急预案指面对突发事件如自然灾害、重特大事故、环境公害及人为破坏的应急管理、指挥、救援计划等。它是针对具体设备、设施、场所和环境，在安全评价的基础上，为降低事故造成的人身、财产与环境损失，就事故发生后的应急救援机构和人员，应急救援的设备、设施、条件和环境，行动的步骤和纲领，控制事故发展的方法和程序等，预先做出的科学而有效的计划和安排。

应急预案是法律法规的必要补充，是在法律规范内根据特定区域、部门、行业和单位应对突发事件的需要而制定的具体执行方案。《突发事件应对法》要求“突发事件应对工作实行预防为主、预防与应急相结合的原则”，应急预案就是从常态向非常态转变的工作方案，目的是在既有制度安排下尽量提高应急反应速度。

二、应急预案分类

应急预案应形成体系，企业各级单位应建立健全完善的应急预案体系，每级预案分别由一个总体应急预案、多个专项应急预案和现场处置方案组成。各级单位的总体应急预案、专项应急预案、现场处置方案之间应当相互衔接。

1. 综合应急预案

综合应急预案是从总体上阐述事故的应急方针、政策，应急组织结构及相关应急职责，应急行动、措施和保障等基本要求和程序，是应对各类事故的综合性文件。

2. 专项应急预案

专项应急预案是针对具体的事故类别（大面积停电、台风暴雨灾害、设备事故、突发新闻事件等）、危险源和应急保障而制定的计划或方案，是综合应急预案的组成部分，应按照应急预案的程序和要求组织制定，并作为综合应急预案的附件。专项应急预案应制定明确的救援程序和具体的应急救援措施。

3. 现场处置方案

现场处置方案是针对具体的装置、场所或设施、岗位所制定的应急处置措施。现场处置方案应具体、简单、针对性强。现场处置方案应根据风险评估及危险性控制措施逐一编制，做到事故相关人员应知应会，熟练掌握，并通过应急演练，做到迅速反应、正确处置。

案例：中国南方电网有限责任公司应急预案体系

中国南方电网有限责任公司预案体系由公司级、分子公司级、所属单位级和县级供电企业级应急预案组成。每级预案分别由一个总体应急预案、多个专项应急预案和现场处置方案组成，如图 3-1 所示。

1. 总体预案

定位——全局性的预案体系总纲，应急处置规范性文件。

应用——用于确定具体的工作原则，根本上规范应急处置行为。

2. 专项预案

定位——全局性的针对四类突发事件制定的应对方案。

应用——用于突发事件发生后，指导整个单位如何有序开展应急处置工作。

3. 专项预案应急操作手册

定位——专项预案的简化和细化，更加系统性和执行性的方案。

应用——快速提醒和确认集体主要应急处置工作内容和要求。

4. 部门预案

定位——单一部门承接专项预案和操作手册工作，进一步细化至部门各岗位的方案。

应用——只针对某一职能部门内部如何快速有效地开展应急处置工作。

5. 现场处置方案

应用——现场部门和人员用于开展先期处置和紧急应对。

6. 应急处置卡

定位——一个岗位应对最可能发生的危害人身、设备及大面积停电事故的事件直接指引。

应用——主要用于应急过程中或紧急时刻，指引如何应对及保障生命安全、紧急避免扩大事故的措施。

定位——面向突发事件某一单一现场的处置措施。

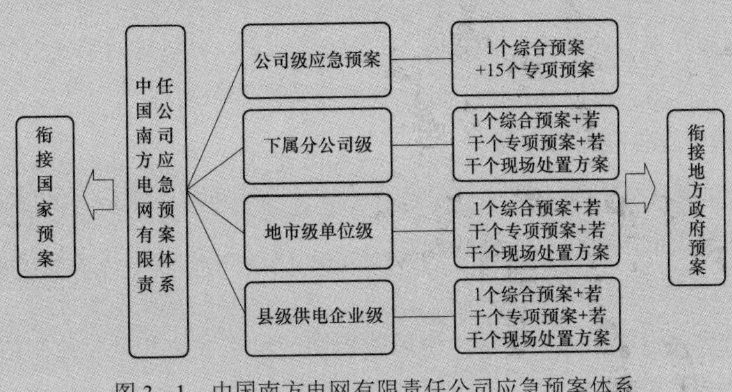

图 3－1　中国南方电网有限责任公司应急预案体系

三、应急预案的功能

应急预案要对应急组织体系与职责、人员、技术、装备、设施设备、物资、救援行动及其指挥与协调等预先做出具体安排，明确在突发事件发生之前、发生过程中以及刚刚结束之后，谁来做、做什么、何时做，以及相应的处置方法和资源准备等。所以，应急预案实际上是各个相关地区、部门和单位为及时有效应对突发事件事先制定的任务清单、工作程序和联动协议，以确保应对工作科学有序，最大限度地减少突发事件造成的危害。其主要功能包括：

（一）使应急管理有章可循

应急预案明确了应急救援的范围和体系，使应急准备和应急管理不再无据可依、无章可循。尤其是培训和演练，它们依赖于应急预案：培训可以让应急响应人员熟悉自己的责任，具备完成指定任务所需要的相应技能；演练可以检验预案和行动程序，评估应急人员的技能和整体协调性。

（二）有利于降低突发事件造成的损失

应急预案预先明确了应急各方的职责和响应程序，在应急力量和应急资源等方面做了大量准备，可以指导应急救援迅速、高效、有序地开展，将突发事件造成的人员伤亡、财产损失和环境破坏降低到最低限度。制定应急预案对突发事件发生后必须迅速解决的一些应急恢复问题也可以解决得比较全面和到位。

（三）能够为各类突发事件提供应急基础

通过编制基本应急预案，对那些无法预料的突发事件或事故，也可以起基本的应急指导作用，成为开展应急救援的“底线”。在此基础上，可以针对特定危害编制专项应急预案，有针对性地制定应急措施，进行专项应急准备和演练。

（四）有利于应急协调和沟通

当发生超过组织应急能力的重大事件时，便于不同单位、部门之间的协调和沟通，从而保证应急救援工作顺利、快速和有效。

（五）有利于提高风险防范意识

应急预案的编制过程实际上是一个风险识别、风险评价和风险控制措施设计的过程，而且这个过程需要各方参与。因此，应急预案的编制、评审以及发布宣传有利于各方了解可能存在的风险以及相应的应急措施，提高风险防控的意识和能力。

第二节　应急预案编制

一、编制的启动条件

应急预案编制是应急预案管理的起点，主要是通过一系列的程序和方法，在风险分析的基础上，制定出突发事件应对的文本。各级单位根据法律、法规、规章和上一级单位的应急预案，结合风险评估结果，组织编制本单位应急预案。总体应急预案、专项应急预案、现场处置方案之间应当相互衔接。

（1）各级单位应当针对本单位的组织结构、管理模式、生产规模和风险种类等特点，编制企业总体应急预案，作为应对各类突发事件的综合性文件。

（2）各级单位专业管理部门在参照上级预案体系的基础上，基于风险评估结果确定专项应急预案数量和名称，经应急办组织审核确认后，提交应急指挥中心批准。各现场责任部门应在承接本单位专项预案的基础上，根据现场风险评估结果，确定现场处置方案的数量和名称。应当针对本单位可能发生的自然灾害类、事故灾难类、公共卫生事件类和社会安全事件类等各类突发事件，以及不同类别的事故和风险，编制相应的专项应急预案，建立完善本单位专项应急预案群。

（3）各级单位应当根据生产现场或生产过程的风险评估结果，针对特定的场所、设备设施、工作过程和岗位，制定应对现场典型突发事件的具体情况组织编制现场处置方案。

（4）编写预案要处理好突发事件等级与应急响应等级的关系。突发事件分为特别重大、重大、较大和一般四级，应急响应分为Ⅰ、Ⅱ、Ⅲ、Ⅳ四级。

（5）统一预警等级并处理好与突发事件等级的关系。一般突发事件即将发生或者发生的可能性增大时，构成蓝色预警；较大突发事件即将发生或者发生的可能性增大时，构成黄色预警；重大突发事件即将发生或者发生的可能性增大时，构成橙色预警；特别重大突发事件即将发生或者发生的可能性增大时，构成红色预警。

（6）明确预警启动和响应启动条件。各级单位可参考上级专项预案明确的预警启动和响应启动条件，或在其基础上制订适合本单位的启动条件。

（7）明确预警和响应的发布权限。蓝色或黄色预警、Ⅳ级和Ⅲ级应急响应由专项预案管理部门负责人签发，橙色和红色预警、Ⅱ级和Ⅰ级响应由应急指挥中心总指挥或授权副总指挥签发。

（8）编制专项应急预案工作手册。各单位要在专项预案中明确应急组织机构各成员工作职责的基础上，将各级机构成员职责继续细化至各专项工作岗位，分别编制相应的工作手册，做到“一岗一册”，确保在应急响应启动时，预案中涉及的单位、人员均能清楚自己的工作任务和职责（明确第一步该做什么、第二步该做什么，一目了然）。

案例：广东电网有限责任公司各级单位突发事件响应启动条件

管辖范围内发生一般突发事件时，各级相关单位启动Ⅳ级或以上响应予以应对，公司可以不启动响应；发生较大突发事件时，相关县级供电单位启动Ⅰ级响应、相关地市级供电单位启动Ⅱ级或以上响应、公司启动Ⅲ级或以上响应予以应对；发生重大突发事件时，相关县级供电单位、地市供电单位启动Ⅰ级响应，公司启动Ⅱ级或以上响应；发生特别重大突发事件时，相关县级供电单位、地市供电单位、公司启动Ⅰ级响应予以应对。

二、应急预案内容

一个完整的应急预案应包括总则、组织指挥体系及职责、预警和预防机制、应急响应、后期处置、保障措施以及附则、附录等内容。

（一）总体应急预案内容

（1）总则：说明编制预案的目的、工作原则、编制依据、适用范围等。

（2）组织指挥体系及职责：明确各组织机构的职责、权利和义务，以突发事故应急响应全过程为主线，明确事故发生、报警、响应、结束、善后处理处置等环节的主管部门与协作部门；以应急准备及保障机构为支线，明确各参与部门的职责。

（3）预警和预防机制：包括信息监测与报告，预警预防行动，预警支持系统，预警级别及发布。

（4）应急响应：包括分级响应程序，信息共享和处理，通信，指挥和协调，紧急处置，应急人员的安全防护，人员的安全防护，相关力量动员与参与，事故调查分析、检测与后果评估，新闻报道，应急结束等要素。

（5）后期处置：包括善后处置、社会救助、保险、事故调查报告和经验教训总结及改进建议。

（6）保障措施：包括通信与信息保障，应急支援与装备保障，技术储备与保障，宣传、培训和演习，监督检查等。

（7）附则：包括有关术语、定义，预案管理与更新，国际沟通与协作，奖励与责任，制定与解释部门，预案实施或生效时间等。

（8）附录：包括相关的应急预案、预案总体目录、分预案目录、各种规范化格式文本，相关机构和人员通讯录等。

（二）专项预案的一般结构

1. 风险分析与事件分级

（1）事故类型与危害分析。分析存在的危险源及其风险性、引发事故的诱因、事故影响范围及危害后果，提出相应的事故预防和应急措施。

（2）适用范围与事件分级。规定应急预案适用的对象、范围，明确突发事件类型和分级标准等。突发事件分级标准应与总体预案的分级标准统一。

2. 组织机构及职责

明确突发事件应急响应的每个环节中负责应急指挥、处置、提供主要支持的机构、部门或人员，并确定其职责，清晰界定职责界面。

3. 应急响应

（1）预警。明确信息报告和接警、预警条件、预警程序、预警职责、预警解除条件。预警条件以突发事件发展趋势的预警信息为依据，把预警工作向前延伸，逐级提前预警，提高预警时效。

（2）信息报告。明确现场报警程序、方式和内容，相关部门24h应急通讯联络方式，信息报送以及向外救援方式等。

（3）应急响应。明确应急响应条件、程序、职责及响应解除条件等内容。根据应急响应的程序和环节，明确现场工作组的派驻方式、人员组成和主要职责，应急专业技术人员及专家的选派方式，应急救援队伍的协调和调度方式，以及与外部专家和救援队伍的联络与协调等。

明确预案中各响应部门的应急响应工作流程，绘制流程图，编制应急职能分解表。

4. 应急保障

（1）通信与信息。明确相关单位和人员的应急联系方式，并提供备用方案。建立应急通讯系统与配套设施，确保应急状态下信息畅通。

（2）物资与装备。明确应急救援物资、装备的配备情况，包括种类、数量、功能、存放地点等。明确应急救援物资、装备的生产、供应和储备单位的情况。

（3）应急队伍。明确应急队伍的专业、规模、能力、分布、联系方式等情况。

（4）应急技术。阐述应急救援技术方案、措施等内容。

（5）应急资金。明确应急资金的设立依据、额度标准和计划、审批等内容。

5. 附则

主要阐述名词与定义、预案的签署和解释、预案实施等内容。

6. 附件

专项预案的附件应和总体预案附件对应，在内容上比总体预案的附件更加详细和具体。除总体预案要求的附件以外，一般还应包括下述附件：

（1）专项应急组织机构及应急工作流程图；

（2）应急值班联系及通信方式；

（3）应急组织有关人员、专家联系电话及通信方式；

（4）上级、外部救援单位相关部门联系电话；

（5）政府相关部门联系电话；

（6）风险分析及评估报告；

（7）现场平面布置图和（或）工艺流程图；

（8）相关救援设施配置图和气象、互救信息等相关资料；

（9）应急联动单位的联系方式；

（10）医疗资源平面布置图及联系电话；

（11）周边区域道路交通、疏散路线、交通管制示意图；

（12）周边区域的单位、住宅、重要基础设施分布图及有关联系方式；

（13）应急响应工作流程图（含响应程序和应急职能分解表）。

案例：美国应急预案内容（FEMA）

一、应急预案

应急预案包括3个基本部分：

1. 基本行动预案

基本行动预案是一级政府或者权力机关实施应急管理的方法的总论，包括相关的政策/方案和程序。它要宣布实施应急管理行动的法律权威，概括行动预案面对的各种形势，解释一般的行动概念，分派应急规划和行动的责任。

2. 功能性附件

支持基本预案的若干功能性系统，代表了对突发事件应对和短期回复起关键作用的特别行动。这些附件要围绕广泛的任务而制定，每一个附件专注于一个重要的应急职责领域。功能性附件的数量和类型多少取决于需求/能力和组织。

3. 特定危险附录

它提供额外的详细信息，适用于在面临特种危险时某些特种职责的履行。它根据危险的特征和规章的要求，附在相关的功能性附件后。

二、基本预案

基本预案分为10个部分：

① 介绍性材料。颁发的文件、签字页、标题日期页、分发记录以及目录等。② 目的。③ 形势和设想。规定本预案使用的范围和情景，描述预案针对的危险、影响应对的社区特征以及预案制定的基本依据。④ 预警。规定预警系统对公众发布警报的责任和程序。⑤ 突发事件公共信息。规定在突发事件前中后都对公众发布信息的手段和方法。⑥ 疏散撤离。规定受紧急事态影响的人民向安全地区撤离的组织和实施

方法。⑦ 大众关爱。固定如何着落撤离者和其他受影响的人。⑧ 大众关爱。固定如何着落撤离者和其他受影响的人。⑨ 医疗卫生。规定对受突发事件影响的人民提供公共卫生和医疗服务的必要帮助。⑩ 资源管理。规定突发事件应对所需要的资源获得和分发的程序和方法。

除上述核心功能系统外，依据需要也可以考虑有选择性增加下列功能：损失评估、搜寻与救援、紧急事态服务、放射性保护、工程服务、农业服务、交通运输等。

三、编制流程

（一）成立预案编制小组

企业应当成立以主要负责人（或分管负责人）为组长，相关部门人员参加的应急预案编制小组，明确工作职责和任务分工，制定工作计划，组织开展应急预案编制工作。成立预案编制小组是将各有关职能部门、各类专业技术人员有效结合起来的方式，不仅可以有效保证应急预案的准确性、完整性和实用性，也能为各部门提供一个重要的协作与交流机会，统一组织的意见。

应急预案编写涉及面广、专业性强，需要安全、生产运行、后勤保障、技术服务等方面人员参与。此外还需要地方政府、相关部门以及区域外组织的参与。因此，编写组成员应熟悉本部门的基本信息，并有参加过突发事件的处置经验。

（二）开展风险辨识与评估

危险辨识和风险评估是应急预案编制的基础，是应急响应行动的依据。危险辨识是对潜在的各种危险、有害因素和事故类型进行系统的分析、归纳和全面的识别。风险评价是采用系统科学的方法确认系统存在的危险性，评估突发事件发生的可能性以及可能导致的破坏或伤害程度，根据其风险大小，采取相应的安全措施，已达到系统安全的过程。

1. 风险分析的任务

（1）识别一系列可能发生的风险。电力企业主要风险包括人员伤亡、电力供应中断、财产损失、环境破坏、严重社会影响等。

（2）确定风险发生的频率及造成的破坏。

（3）确定风险对辖区造成的影响。

（4）突出最有可能或最有破坏性的风险。

（5）确定面对风险时辖区的脆弱所在。

（6）确定制订各种预案的优先顺序。

案例：广东台风自然灾害风险

广东的地理位置和地质结构，决定广东面临的自然灾害种类繁多，各地区分布不平衡。且广东省毗邻南海，是自然灾害多发区，热带气旋、暴雨、强对流及其产生的次生灾害频繁发生。广东省海岸线总长度5782.5km，广东电网沿海11个地市局中低压线路共计41.5万km，2006～2016年登陆广东省的台风共计44次，其中12级以上的台风共计18次，如“彩虹”“威马逊”“天兔”“尤特”等强台风对广东电网尤其是中低压配网造成重大损失。以上危害源可能导致以下风险：

（1）电力生产建（构）筑物倒塌、水淹，造成人员伤亡和财产损失；

（2）电网电力设备、输电线路等供电设施故障或损毁，造成电力安全事故，引发大面积停电或电力供应中断事件，甚至中断对防风防汛设施的正常供电。

（三）应急能力评估

为了增强应急预案的实际操作性，企业应在全面调查和客观分析本单位应急队伍、装备、物资等情况以及可利用社会应急资源的基础上开展应急能力评估，以确定在实际应急处置过程中能够采取的措施。通常需要评估内容包括应急队伍、装备、物资、资金、能力、组织机构等。（附录3中国南方电网有限责任公司应急能力评估标准）

1. 应急队伍评估

评估主要包括内外部应急队伍的规模、专业类别、分布以及应急处置技能等。

2. 资源能力保障评估

评估主要包括应急装备的配置，应急物资的储存、分布情况，应急储备金的设立以及系统外应急资源的支援等情况。

3. 应急响应能力评估

评估主要包括对本区域设施、设备等的熟悉程度，应急指挥体系的构建，对不同事故的处置方法，应急资源的分析调配能力，应急支援的沟通协调能力等。

4. 组织机构评估

评估主要包括应急指挥中心、现场指挥工作组、应急信息工作组、督导组、先遣队等机构的组建完整性、规范性及协调能力。

案例：中国南方电网有限责任公司应急能力评估体系

中国南方电网有限责任公司应急能力评估体系见表3-1。

表3-1 中国南方电网有限责任公司应急能力评估体系

项目	应急准备评估			应急处置后评估
	应急基础准备评估	应急专项准备评估	应急整改评估	
评估内容	对应急体系建设和应急日常管理情况进行评估	对防风防汛、防地震灾害、防冰灯应急准备工作情况进行评估	对检查、总结、评估发现问题的整改落实进行评估	对某一突发事件的事前、事中、事后的应急工作开展情况进行评估
适用范围	省、地、县	省、地、县	省、地、县	省、地、县
评估目的	提升应急日常管理工作	加强灾前准备工作，提升应急处置的响应速度	督促应急事件整改落实	对突发事件的应急处置效果进行总结与评判

（四）建立应急救援组织体系

企业建立自上而下的应急指挥体系。各级单位应分别建立应急指挥中心及其办公室作为本单位应急管理议事机构，并根据应对突发事件需要建立现场指挥部、工作组等临时应急处置机构。各级单位行政主要负责人为本单位应急管理第一责任人，对本单位应急管理工作负总责；各类突发事件分管负责人协助主要负责人开展相关应急管理工作，对本单位应急管理负直接责任。各级单位需将应急管理工作的责任和任务落实到具体岗位和人员。

（五）编写应急预案

应急预案编制的要求：

（1）应急预案要有科学性，表述清晰准确，逻辑系统严密，措施严谨科学。应急预案应完整包括突发事件事前、事发、事中、事后各个环节，明确各个进程中所做的工作，谁来做、怎样做、何时做，逻辑结构要严谨；应急预案的编制应符合国家应急管理工作相关法律、法规及制度，并与上级单位应急预案、地方政府应急预案以及其他相关单位应急预案相衔接。要明确应急管理体系、组织指挥机构以及职责，确保工作统一高效。

（2）应急预案要有针对性，要从实际出发，发生突发事件时，应急预案必须既能用、又管用。各级单位在编制应急预案时，要针对本地、本单位突发事件的现状进行深入细致的调查研究，突出重点进行制定。

（3）应急预案要有操作性。各个环节中对所有问题应有充分明确的阐述，不能产生歧义，职责职能定位应当具体，明确责任。预案编制应以现有的能力和资源为基础，从实际出发，内容应具体明确有关部门和岗位在应对突发事件过程的职责，明确突发事件的预防与预警、处置程序、应急保障措施、事后恢复与重建等项目的具体措施和行动内容。

（4）基于风险的原则。各单位应针对所辖生产经营范围内的各项业务进行风险评估，在对自身资源和应对突发事件能力正确认知的基础上，确定相应的专项应急预案和现场处置方案。

（5）全员参与的原则。应急预案编制过程中应注重全员参与，保证所有与应急预案有关的员工都能掌握应急处置方案并具备应急处置能力。

四、预案质量的主要问题

（1）应急预案内容缺乏针对性。部分专项预案甚至现场处置方案中释义性的条款多，结合实际情况分析性的说明少，无法指导现场处置，也无法为应急处置提供决策支持。

（2）应急预案的部分内容缺失。一些单位的专项应急预案中，应急先期处置内容缺失，和上级预案衔接性不强。

（3）应急预案的任务、措施分工不明确。

（4）部分专项预案未能实现分层分级处置。部分地市、县级单位响应启动条件未能分层分级，与上级响应分级一样，造成应急处置职责未能落地。

（5）部分应急预案中分析不够深入细致。对自身应急救援能力分析不足，仅仅只是列出一些人力、物资装备等资源，但缺乏对自身应急能力的深入分析以及对存在不足的应急措施，导致一纸空文。

案例：预案中存在的问题

问题一：照抄照搬

×××县区供电局的大面积停电应急预案

一、事件分级

电力安全事件分级响应见表3-2。

表3-2 电力安全事件分级响应表

单位 \ 等级	特别重大大面积停电事件	重大大面积停电事件	较大大面积停电事件	一般大面积停电事件
	红色预警	橙色预警	黄色预警	蓝色预警
	Ⅰ级响应	Ⅱ级响应	Ⅲ级响应	Ⅳ级响应
县级供电局	一般电力安全事件	一级电力安全事件	二级电力安全事件	三级电力安全事件

二、响应级别

根据电网发生停电事件所造成减供负荷及其比例和用户停电及其比例的大小，以及对电网运行的影响程度，发布大面积停电应急响应通知，应急响应分为四级：Ⅰ级响应、Ⅱ级响应、Ⅲ级响应、Ⅳ级响应。另外，对于社会影响较大，未达到大面积停电应急响应启动标准的事件，由系统运行部主任或授权副主任批准，可向应急办提出提级启动应急响应的申请。

问题二：概念不清

×××供电所2014年重大环境污染事故应急预案

1.1 总则

1.1.1 编制目的

加强突发环境污染事件的应急监测和处置能力，控制和减轻环境污染事件危害，保障人民群众生命健康和财产安全，维护社会稳定。

1.1.2 编制依据

1.1.2.1 《中华人民共和国环境保护法》

1.1.2.2 《国家突发环境事件应急预案》

1.1.2.3 《中国南方电网有限责任公司重特大生产安全事故应急处理暂行规定》

1.1.3 适用范围

本预案适用于供电所管辖内的设备和地方发生的波及影响到工作场所的各种环境污染事件（包括水污染、大气污染、噪声污染、油污染以及固体废弃物造成的环境污染）的应急处置。

五、应急预案的修订

（一）评估修订

各级应急预案编制负责部门应当根据演练、实战等反馈信息，对应急预案进行评估，有必要进行修订的，应组织修订并重新评审、发布、备案。

（二）条件修订

有下列情形之一，应急预案应当及时修订：

（1）依据的国家和企业相关法律、法规、规章和标准发生变化；

（2）电网结构、周围自然环境以及作业环境发生变化，产生新的重大风险和危险源；

（3）应急组织指挥体系或者职责已经调整；

（4）应急预案演练评估报告和突发事件应急处置要求修订；

（5）自身主要预警、响应、应急处置及主要资源等信息发生改变。

（三）定期修订

应急预案应当每三年至少修订一次；修订过程中，涉及组织体系与职责、应急处置程序、主要处置措施、突发事件预警与响应分级标准等重要内容的，修订工作应按规定的预案修编、评审、发布和备案等程序组织进行；涉及其他内容的，修订程序可根据情况适当简化。新修订发布预案的同时应对原有版本的预案予以作废。

六、预案编制理论方法：突发事件情景构建

（一）突发事件情景构建概念

突发事件情景是对未来一定时期内一个国家或地区可能发生的一些特别重大突发事件的一种合理的设想，是对不确定的未来灾难开展应急准备的一种战略性思维工具。情景描述的是某一类事件的一种可信的最严重的情形，它通常不局限于某一具体的地理

位置，也不是对未来可能发生的特定事件的准确预报，而是对该类事件在设定环境下的一种基于普遍规律的认识表达。在构建特别重大突发事件情景时，需要充分考虑当地的公共安全风险水平、经济发展水平、应急管理机制等因素对情景发生的可能性和后果的影响。

（二）突发事件情景构建过程

1. 情景筛选

情景筛选指从一个区域的大量历史案例和现实威胁中，筛选出适当数量的具有代表性的特别重大突发事件，以作为当前和未来一个时期的应急管理重点。巨灾情景的筛选，要以公共安全风险评估为基础，结合突发事件的历史案例和发展趋势，经广泛研讨和专家判断，得出清单。

（1）筛选标准。在选择突发事件情景时，需要考虑以下因素：

1）具有一定的代表性和典型性。这些事件应该是以公共安全风险评估为基础，选取今后一段时间内本区域可能面临的主要风险。

2）后果的严重性。这些情景应该是容易导致大规模的人员伤亡、巨大的财产损失和环境影响，或者巨大而深远的社会影响的事件。

3）影响范围和处置难度大。这些情景应该需要调动数量巨大的应急响应资源，通常超出本区域的处置能力，需要上一级统一组织协调应对和处置。

4）发生的可能性。所选择的情景应该是有可能发生的，而不是完全凭空想象出来的。判断一个情景事件是否可能发生，可以参考以下一些因素：① 历史事件。虽然非常罕见，但在国内外的灾难历史案例中是确实发生过的事件。② 灾难趋势。由于自然条件与社会环境的变化，有些灾害表现出发生频率和强度加大的趋势。③ 专家判断。某些灾害在历史上可能不经常发生，有的甚至没有发生过，但是专家们通过研究确定这些灾害的风险不断提升，需要重点加以关注。如一些新的重大恐怖袭击方式、不明原因疾病大爆发等。

（2）筛选方法。

1）风险评估结果。根据风险评估，特别是其中的一些极高和高等级风险事件，为筛选特别重大事件情景提供重要的参考依据。

2）历史案例分析与趋势预测。突发事件的历史案例数据，是判断一个地区是否可能发生某类事件，以及事件可能的严重程度的宝贵资料。特别是对于自然灾害和事故灾难这两类具有一定统计规律且历史数据比较丰富的突发事件，历史数据统计是研究相关事件可能性的重要方法。在预测未来突发事件发生可能性时，还要考虑不同事件的发展趋势。对发展趋势的判断可使用基于历史数据统计规律的外延预测方法，以及参考国内外科学家的研究结论。例如，国内外科学家对全球气候变化规律进行研究后认为，在过去一百年里，全球气候呈现出变暖的特征，并导致极端气象灾害发生的次数和严重程度增加。

2. 演化过程构建

在筛选出特别重大突发事件情景后，接下来需要构建出突发事件发生、发展的过程。

（1）突发事件的一般演化规律。

突发事件的发生、发展过程是危险源与受灾体相互作用的结果。因此，突发事件的演化规律，其实就是危险源和受灾体的行为特征的变化规律。根据它们的行为特征，可以将事件的演化过程划分为不同的阶段。

从危险源的致灾过程来看，可以简单划分为“事前、事中、事后”三个阶段，或者进一步细分为“潜伏期、显现期、爆发期、减弱期、消退期”五个阶段。

（2）突发事件情景演化过程描述方法。

对突发事件演化过程进行描述，主要是为了清楚地展现情景事件发生原因、驱动情景事件发展的主要因素，以及情景事件发展过程中的一些具有里程碑意义的时刻和在这些时刻的灾难场景、标准性事件等。构建情景的演化过程是估计事件的最终后果、所需采取的应对行动、查找原因和资源差距的基础。

1）非人为事件的演化过程描述。对于自然灾害、事故灾害等主要是受物理规律支配的情景事件，其演化过程通常是根据致灾因子特征的变化情况而分不同的阶段进行描述。例如，对一个流域性大洪水情景事件演化过程的描述，可将由暴雨引发流域性大洪水的演化过程划分为暴雨致洪、缓退返涨、洪水高悬、持续高压、洪水消退五个阶段，各个阶段的划分是以关键水文站测得的洪水流量作为标志性致灾因子特征的。

2）人为事件的演化过程描述。对于人为破坏和恐怖袭击事件，通常是按照袭击实施者的策划和实施工作进展情况，以及破坏或袭击的后果显现规律，分为不同的阶段进行描述。例如，以事件发生日为原点，向前回溯到此前袭击实施者策划、准备过程的一些关键时间点，向后展示实施的详细过程和事件调查过程的一些关键时间点，说明在这些时间点发生的事情及其对袭击的准备与实施的影响等。

（3）后果估计。事件情景的后果主要包括事件可能引发的次生、衍生事件，事件造成的生命与财产损失、服务中断、经济影响和长期健康影响等。事件后果的种类及其严重程度，是决定对该情景事件采取预防、减灾、准备、监测预警、应急响应和恢复重建行动的种类以及所需资源与能力的重要因素，是情景构建的重要任务之一。由于事件本身的不确定性，以及事件发生环境的多样性，对事件后果的估算是一项十分复杂的任务。

对事件后果进行估计的依据和参考资料主要包括：历史案例资料分析，计算机模拟仿真的结果，现场调查与模拟试验结果，专家经验与推理结果等。

1）历史案例资源资料分析。国内外相似的案例资料，是估算情景事件后果的重要参考资料。但是，没有任何两次事件会完全相同，这就决定了历史案例事件只能作为参考，而不能完全照搬。特别是社会经济和科学技术的快速发展，可能大大改变事件发生的自然、经济、社会等环境条件，从而使得即使是同样等级的事件，其后果的差异也可能十分明显。

通过历史案例资料估算情景事件的后果，通常可以采用以下一些方法：① 使用同类案例事件后果的统计数据；② 使用相似案例的后果数据，并根据环境条件的变化进行修正；③ 使用不同类别的案例后果数据，同时根据事件的强度、环境条件的变化进行类推。

2）计算机模拟仿真。选择和正确使用合适的计算机模拟技术工具，收集并准备模拟计算所需要的各种数据资料，对模拟计算的结果进行解读和展示，需要很深的专业知识。通常需要委托专业科研机构开展这类模拟计算工作。

3）现场调查与模拟试验。在某些情景事件情况下，可能缺少相似的历史案例数据，也难以进行计算机模拟计算，或者需要对估算的结果进行核实验证，也可以采取现场调查、物理模拟试验等方法，对事件可能产生的负面效果进行调查和试验。

例如，为了了解一个地铁车站发生火灾、毒气泄漏等事件后，可能造成的人员伤亡情况，可以通过对车站在不同时间段的人员分布情况进行现场调查，采取释放烟雾或示踪气体等方法，观察和测量气体在车站内部蔓延扩散的规律。结合试验所获得的毒气扩散范围和浓度，以及不同时间段不同区域的人员密度分布，就可以分析得到人员的伤亡后果情况。

4）专家经验与推理。

对于发生频率很低或者无统计规律的事件，通常可以收集国内外发生的类似事件的典型案例资料，由相关领域专家或情报部门对事件后果做出判断。

（4）应对行动分析。

根据情景事件的演化过程、事件的后果，分析在情景事件条件下需要采取哪些预防、减灾、应急准备、监测预警、应急响应和恢复重建行为，对于在应急规划中依据情景进一步分析应急资源与能力需求，以及开展应急预案编制与评审，演练策划等，都具有重要的参考价值。

在情景构建阶段，重点是得到需要采取的行动的类别、时间节点；而具体该有什么部门、什么人，以及需要什么资源和能力来完成这些行动，则是情景应用阶段需要重点解决的问题。

（5）情景描述与展现。

在筛选并开发出事件情景后，接下来需要对情景的具体内容进行描述与展现，

1）情景描述要素。对情景的文字描述，主要包括情景概要、事件后果、背景信息、演化过程和应对行动等基本因素。突发事件情景描述要素如图 3-2 所示。

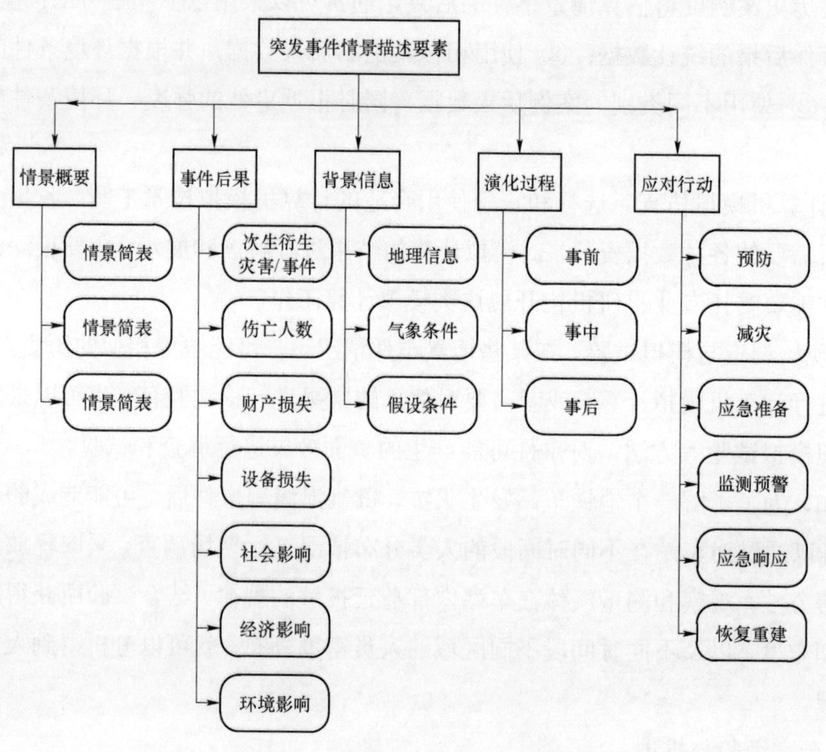

图 3-2 突发事件情景描述要素

① 情景概要。

• 情景简表。通过一个表格，描述情景事件可能造成的人员伤亡情况、基础设施损害情况、需要疏散/迁移的人口数量、环境污染情况、直接经济损失情况、同时发生多起事件的可能性和恢复重建所需要的大致时间等。

• 简要描述。简要交代事件发生的背景，并对事件经过和后果进行简要描述。

• 发生过程。对事件发生与应对经过进行简要的文字描述。这一过程可作为应急规

划、应急演练时的事件情景基础。与后面的事件演化过程相比，此处的情景发生过程仅是一个概要性的描述。

② 事件后果。

● 次生衍生灾害/事件。描述情景事件可能引发的次生、衍生灾害和事件，如地震引发火灾、洪灾和泥石流，以及基础设施被破坏等。

● 伤亡人数。估算此类情景可能导致的死亡和受伤人数。估算的依据和方法，一是以往历史案例中实际发生的情况，二是针对情景的破坏力的大小及周边的人口分布等数据，采用数学模型和计算机模拟方法进行计算的结果。

● 财产损失。说明此情景中可能导致的直接经济损失。估算依据和方法，一是以往历史案例中的实际损失，二是针对情景的破坏力的大小及周边的建设和发展相关数据，采用数学模型和计算机模拟方法进行计算的结果。

● 设备损失。说明此情景中可能导致的各类设备的损失程度。

● 社会影响。描述情景可能对社会心理、社会舆论和社会秩序产生的间接影响。

● 经济影响。描述情景可能对地方、企业经济产生的间接影响，如由于生产设施损坏、生态环境破坏、交通封锁等产生的经济损失。

● 环境影响。主要描述情景可能造成的环境污染和破坏等。

③ 背景信息。

● 地理信息。描述此情景是否与特定的地理空间位置相关，或者事件的后果与事发地的地理环境是否有紧密的关系等。

● 气象条件。判断事件的后果是否与当时、当地的气象条件紧密相关，特别说明可能导致严重后果或后果扩大的气象条件。

● 假设条件。说明在本情景设计时的一些假设条件，或者列举在对本情景进行修改调整时可以考虑的一些情况。

④ 演化过程。

通常根据情景事件的性质，按照时间顺序，从事前、事中和事后三方面描述事件发生发展的全过程。对于自然灾害、事故灾难和某些公关卫生事件来说，事件的动态演化可能具有一定的物理、化学、生物的规律；对于恐怖袭击等人为灾难来说，一般都有较长的前期策划过程、实施过程。

⑤ 应对行动。

按照预防、减灾、应急准备、监测预警、应急响应和恢复重建六个任务领域界定情景，可能产生的应对资源与能力需求以及该情景事件应对过程中需要开展的应急任务。

⑥ 情景应用与更新。

非常规突发事件情景是对不确定的未来灾难开展应急准备的一种战略性思维工具。透过情景所描述的时间演化过程、后果和需要的应对行动，可以对现有应急资源与能力的差距进行分析，对应急预案进行评估和改进，以及对应急培训和演练提供情景基础。

● 应急资源与能力差距分析。根据情景事件所需要采取的应急行动，对现有可用于情景应对的资源与能力进行调研与评估，查找存在的差距，并提出改进的建议。

● 完善应急资源与能力的对策措施。对于查找出的应急资源与能力差距，应该根据不同情况提出有针对性的对策措施。例如，建立资源共享、互助协议和机制，增加应急物资准备，加强应急队伍建设等。

● 应急预案的评估和完善。应急预案体系是应急管理工作的重要基础。特别重大突发事件情景代表了一个区域所面临的最严重的危险情形，因此，在应急预案体系中应该被置于最优先的位置。通过情景这一战略性的工具，可以检验应急预案体系是否完备，即所有情景是否都有专项应急预案；专项预案是否可行，即情景所需要开展的任务是否都已落实到责任部门、机构或个人；预案是否有效，即是否拥有完成应急任务所需要的资源和能力等。通过对应急预案体系及专项应急预案的评估，结合应急资源与能力差距分析结果，可进一步补充缺失的应急预案，或者对应急预案的内容进行修改完善，同时进一步落实情景应对所需要的应急资源和能力。

● 应急培训和演练的策划。情景还可以作为应急培训和演练项目设计的依据。将情景作为培训与演练开发的一个共同的基础和起点，可以减少不同机构对同一类事件的演化过程与后果的不同理解。情景可以作为设计更详细的演练场景的基础，情景中列出的应对行动也可以作为设计演练任务和期望行动的依据。在对应急资源与能力、应急预案进行了差距分析和评估之后，对采取的对策措施也可以通过培训进行落实，通过演练对其有效性进行检验。

● 情景更新。事件情景是特定环境下的产物。根据突发事件的风险、环境和应急能力的变化，有必要适时更新情景。对情景的更新包括情景的修订和情景的取消。当环境条件的变化影响到某情景事件的演化过程和预期后果时，就需要适时对情景进行修订；在环境条件变化后，使得某情景事件在相当时期内不可能发生，或者其后果变得相对不很严重时，就可以将此情景从情景清单中删除。

第三节　应急预案评审、发布与备案

一、应急预案的评审

为确保应急预案的科学性、合理性、严谨性，并与实际情况相符合，应急预案编制单位或管理部门应当依据有关法律、法规、规章及其他有关应急预案编制标准的规范性文件，组织开展应急预案评审工作，取得政府有关部门和应急机构的认可。

应急预案的评审是将编制完成的预案文本经过特定的程序进行把关和敲定的过程。按照中国各级政府颁布的应急预案管理办法，几乎都要求所有应急预案在备案和发布之前，必须经过评审的程序。

1. 预案评审的内容

预案评审应当注重应急预案的必要性和实用性，突出响应程序和处置措施的可操作性，兼顾预案间的衔接性，应急预案的评审主要内容包括了以下九个方面：

（1）形式和用语的规范性。

（2）要件的完整性。

（3）法律法规的恰当与相符性。

（4）情景设置的适当性。

（5）响应主体的正确性。

（6）响应程序的合理性和完整性。

（7）响应行动的具体性和可操作性。

（8）应急资源的落实与保障性。

（9）与其他相关预案的衔接性。

2. 预案评审的方式

预案评审的方式有聘请专家组评审、委托社会专门的独立预案评估机构评审和广泛征求意见三种。目前国内还未有独立的预案评估机构，比较常用的是采用专家组评审和广泛征求意见相结合的方式。

3. 预案评审的方法

应急预案评审采取形式评审和要素评审两种方法。形式评审主要用于应急预案备案时的评审，要素评审用于各级单位组织的应急预案评审工作。应急预案评审采用符合、基本符合、不符合三种意见进行判定。对于基本符合和不符合的项目，应给出具体修改意见或建议。

（1）形式评审。对应急预案的层次结构、内容格式、语言文字、附件项目以及编制程序等内容进行审查，重点审查应急预案的规范性和编制程序，主要内容包括：

a. 编制过程中的发文、会议记录、会议纪要等证明资料；

b. 本单位的风险分析报告；

c. 针对超出可接受程度的风险源和危险源，制定的相关工程措施和非工程措施；

d. 本单位的应急能力评估报告；

e. 桌面推演记录（会议通知、签到表、演练总结等）；

f. 征求意见反馈记录及采纳表；

g. 应急联动的相关协议；

h. 其他有必要注明的信息。

（2）要素评审。从合法性、完整性、针对性、实用性、科学性、操作性和衔接性等方面对应急预案进行评审。为细化评审，采用列表方式分别对应急预案的要素进行评审。评审时，将应急预案的要素内容与评审表中所列要素的内容进行对照，判断是否符合有关要求，指出存在问题及不足。应急预案要素分为关键要素和一般要素。

1）关键要素是指应急预案构成要素中必须规范的内容。这些要素涉及日常应急管理及应急救援的关键环节，具体包括危险源辨识与风险分析、组织机构及职责、信息报告与处置和应急响应程序与处置技术等要素。

2）一般要素是指应急预案构成要素中可简写或省略的内容。这些要素不涉及日常应急管理及应急救援的关键环节，具体包括应急预案中的编制目的、编制依据、适用范围、工作原则、单位概况等要素。

综合应急预案要素评估表见表 3-3。

表 3-3　　综合应急预案要素评估表

评估项目		评估内容及要求	评估意见
总则	编制目的	目的明确，简明扼要	
	编制依据	引用的法规标准合法有效 明确相衔接的上级预案，不得越级引用应急预案	
	应急预案体系*	能够清晰表述本单位及所属单位应急预案组成和衔接关系（推荐使用图表） 能够覆盖本单位及所属单位可能发生的事故类型	
	适用范围*	范围明确，适用的事故类型和响应级别合理	

续表

<table>
<tr><th colspan="2">评估项目</th><th>评估内容及要求</th><th>评估意见</th></tr>
<tr><td rowspan="2">危险性分析</td><td>预案编制单位概况</td><td>明确有关设施、装置、设备以及重要目标场所的布局等情况
需要各方应急力量（包括外部应急力量）事先熟悉的有关基本情况和内容</td><td></td></tr>
<tr><td>危险源辨识和风险分析*</td><td>能够客观分析本单位存在的危险源及危险程度
能够客观分析可能引发事故的诱因、影响范围及后果</td><td></td></tr>
<tr><td rowspan="2">组织机构及职责*</td><td>应急组织体系</td><td>能够清晰描述本单位的应急组织体系（推荐使用图表）
明确应急组织成员日常及应急状态下的工作职责</td><td></td></tr>
<tr><td>指挥机构及职责</td><td>清晰表述本单位应急指挥体系
应急指挥部门职责明确
各应急救援小组设置合理，应急工作明确</td><td></td></tr>
<tr><td rowspan="3">预防与预警</td><td>危险源管理</td><td>明确技术性预防和管理措施
明确相应的应急处置措施</td><td></td></tr>
<tr><td>预警行动</td><td>明确预警信息发布的方式、内容和流程
预警级别与采取的预警措施科学合理</td><td></td></tr>
<tr><td>信息报告与处置*</td><td>明确本单位 24h 应急值守电话
明确本单位内部信息报告的方式、要求与处置流程
明确事故信息上报的部门、通信方式和内容时限
明确向事故相关单位通告、报警的方式和内容
明确向有关单位发出请求支援的方式和内容
明确与外界新闻舆论信息沟通的责任人及具体方式</td><td></td></tr>
<tr><td rowspan="3">应急响应</td><td>响应分级*</td><td>分级清晰且与上级应急预案响应分级衔接
能够体现事故紧急和危害程度
明确紧急情况下应急响应决策的原则</td><td></td></tr>
<tr><td>响应程序*</td><td>立足于控制事态发展，减少事故损失
明确救援过程中各专项应急功能的实施程序
明确扩大应急的基本条件及原则
能够辅以图表直观表述应急响应程序</td><td></td></tr>
<tr><td>应急结束</td><td>明确应急救援行动结束的条件和相关后续事宜
明确发布应急终止命令的组织机构和程序
明确事故应急救援结束后负责工作总结部门</td><td></td></tr>
<tr><td colspan="2">后期处置</td><td>明确事故发生后，污染物处理、生活生产恢复、善后赔偿等内容
明确应急处置能力评估及应急预案的修订等要求</td><td></td></tr>
<tr><td colspan="2">保障措施*</td><td>明确相关单位或人员的通信方式，确保应急期间信息通畅
明确应急装备、设施和器材及存放位置清单，以及保证其有效性的措施
明确各类应急资源，包括专业应急救援队伍、兼职应急队伍的组织机构及联系方式
明确应急工作经费保障方案</td><td></td></tr>
<tr><td colspan="2">培训与演练*</td><td>明确本单位开展应急管理培训的计划和方式方法
明确相应的应急宣传教育工作
明确应急演练的方式、频次、范围、内容、组织、评估、总结等内容</td><td></td></tr>
<tr><td rowspan="2">附则</td><td>应急预案备案</td><td>明确本预案应报备的有关部门（上级主管部门及地方政府有关部门）和有关抄送单位
符合国家关于预案备案的相关要求</td><td></td></tr>
<tr><td>制定与修订</td><td>明确负责制定与解释应急预案的部门
明确应急预案修订的具体条件和时限</td><td></td></tr>
</table>

注：“*”代表应急预案的关键要素。

专项应急预案要素评估表见表 3-4。

表 3-4　　专项应急预案要素评估表

评估项目		评估内容及要求	评估意见
事故类型和危险程度分析*		能够客观分析本单位存在的危险源及危险程度 能够客观分析可能引发事故的诱因、影响范围及后果 能够提出相应的事故预防和应急措施	
组织机构及职责*	应急组织体系	能够清晰描述本单位的应急组织体系（推荐使用图表） 明确应急组织成员日常及应激状态下的工作职责	
	指挥机构及职责	清晰表述本单位应急指挥体系 应急指挥部门职责明确 各应急救援小组设置合理，应急工作明确	
预防与预警	危险源监控	明确危险源的监测监控方式、方法 明确技术性预防和管理措施 明确采取的应急处置措施	
	预警行动	明确预警信息发布的方式及流程 预警级别及采取的预警措施科学合理	
信息报告程序		明确本单位 24h 应急值守电话 明确本单位内部信息报告的方式、要求与处置流程 明确事故信息上报的部门、通信方式和内容时限 明确向事故相关单位通告、报警的方式和内容 明确向有关单位发出请求支援的方式和内容	
应急响应	响应分级	分级清晰且与上级应急预案响应分级衔接 能够体现事故紧急和危害程度 明确紧急情况下应急响应决策的原则	
	响应程序	明确具体的应急响应程序和保障措施 明确救援过程中各专项应急功能的实施程序 明确扩大应急的基本条件及原则 能够辅以图表直观表述应急响应程序	
	处置措施	针对事故种类制定相应的应急处置措施 符合实际，科学合理 程序清晰，简单易行	
应急物资与装备保障*		明确对应急救援所需的物资和装备的要求 应急物资与装备保障符合单位实际，满足应急要求	

现场处置方案要素评估表见表 3-5。

表 3-5　　现场处置方案要素评估表

评估项目		评估内容及要求	评估意见
事故特征*		明确可能发生事故的类型和危险程度，清晰描述作业现场风险 明确事故判断的基本征兆及条件	
	应急组织及职责*	明确现场应急组织形式及人员 应急职责与工作职责紧密结合	

续表

评估项目		评估内容及要求	评估意见
	应急处置*	明确第一发现者进行事故初步判定的要点及报警时的必要信息 明确报警、应急措施启动、应急救护人员引导、扩大应急等程序 针对操作程序、工艺流程、现场处置、事故控制和人员救护等方面，制定应急处置措施 明确报警方式、报告单位、基本内容和有关要求	
	注意事项	佩带个人防护器具方面的注意事项 使用抢险救援器材方面的注意事项 有关救援措施实施方面的注意事项 现场应急处置能力确认方面的注意事项 应急救援结束后续处置方面的注意事项 其他需要特别警示方面的注意事项	

应急预案附件要素评估表见表 3-6。

表 3-6　　应急预案附件要素评估表

评审项目	评审内容及要求	评审意见
有关部门、机构或人员的联系方式	列出应急工作需要联系的部门、机构或人员至少两种联系方式，并保证准确有效 列出所有参与应急指挥、协调人员姓名、所在部门、职务和联系电话，并保证准确有效	
重要物资装备名录或清单	以表格形式列出应急装备、设施和器材清单，清单应当包括种类、名称、数量以及存放位置、规格、性能、用途和用法等信息 定期检查和维护应急装备，保证准确有效	
规范化格式文本	给出信息接报、处理、上报等规范化格式文本，要求规范、清晰、简洁	
关键的路线、标识和图纸	警报系统分布及覆盖范围 重要防护目标一览表、分布图 应急救援指挥位置及救援队伍行动路线 疏散路线、重要地点等标识 相关平面布置图纸、救援力量分布图等	
相关应急预案名录、协议或备忘录	列出与本应急预案相关的或相衔接的应急预案名称，以及与相关应急救援部门签订的应急支援协议或备忘录	

注　附件根据应急工作需要而设置，部分项目可忽略。

4. 评审要点

应急预案评审要点见表 3-7。

表 3-7　　应急预案评审要点

序号	评审要点	要点内容
1	合法性	符合有关法律、法规、规章和标准，以及有关部门和上级单位规范性文件要求
2	完整性	具备《应急预案与演练管理办法》所规定的各项要素

续表

序号	评审要点	要 点 内 容
3	针对性	紧密结合本单位危险源辨识与风险分析
4	实用性	切合本单位工作实际，与应急处置能力相适应
5	科学性	组织体系、信息报送和处置方案等内容科学合理
6	操作性	应急响应程序和保障措施等内容切实可行
7	衔接性	总体、部门、专项应急预案和现场处置方案形成体系，并与相关部门或单位应急预案相互衔接

5. 评审组织

（1）按照“分级、分专业负责”的原则对应急预案进行专业评审，由各级单位应急预案编制部门负责组织专业评审工作，评审意见应记录、存档、备案。

（2）涉及网厂协调和社会联动的应急预案，评审人员还应包括所涉及政府部门、电力监管机构和相关单位工作人员以及电力安全生产和应急管理方面的专家。

（3）应急预案专业评审合格后，总体应急预案和专项应急预案由各级单位应急办组织综合评审，评审人员中应包含上、下级单位相关专业人员以及政府相关机构人员。

二、应急预案的发布

应急预案的发布是预案的责任主体机关或主管部门对应急预案的批准、公布和宣布生效的法律程序。有的单位制定了应急预案，但没有履行发布程序，从某种意义上讲，它没有发生效力。应急预案必须按照标准的程序发布，赋予其效力，一般由以下行为构成：

1. 按责任权限，由单位（部门）的相关负责人签署

（1）总体应急预案和专项应急预案由预案编制部门提请本单位应急指挥中心审批，并负责发布；其中，总体应急预案一般由本单位应急指挥中心总指挥审核签发，专项应急预案一般由分管副总指挥审核签发；

（2）部门预案一般由分管各专业的部门领导审核签发。

（3）现场处置方案一般由编制部门负责人审核签发。

（4）所有的应急预案均应同时在应急指挥平台中发布。

2. 通过新闻媒体或其他形式向社会公布

3. 宣布生效日期

4. 向上级主管单位和政府备案主管部门备案（必要性要求）

三、应急预案的备案

应急预案的备案是按照相关管理制度的要求到指定主管部门将预案存档（备查）的程序。从备案的概念上讲，它对预案本身不具有审查职责，但是，主管部门有权拒绝为自己认为不合要求的预案备案。

1. 应急预案实行“逐级备案”原则

（1）各级单位应急办负责将本单位总体应急预案、部门预案和专项应急预案以文件形式报上级应急办备案，现场处置方案由本级应急办审核备案。

（2）各级单位应急办负责按要求将本单位有关预案报同级政府及相关部门备案。

（3）本单位应急预案经新增、修订、废止等变化后，需重新备案。

2. 备案应提交以下材料

（1）应急预案评审意见。

（2）正式发布的应急预案文档（含电子文档）。

第四节　应急预案培训与演练

一、应急队伍培训

（一）培训对象

（1）总体应急预案培训对象：应急指挥中心总指挥、副总指挥，应急办全体成员，总体应急预案编制及管理人员，其他相关人员。

（2）部门应急预案培训对象：专业分管领导，专业管理部门领导，部门应急预案编制及管理人员，其他相关人员。

（3）专项应急预案培训对象：专项应急预案管理部门领导及相关人员，专项应急预案编制及管理人员，与该专项应急预案有衔接的其他应急预案管理人员，其他相关人员。

（4）现场处置方案培训对象：生产部门领导，生产部门应急管理人员，作业现场负责人及管理人员，现场处置方案编制及管理人员，应急管理人员及抢修队员，其他相关人员。

（二）培训内容

培训内容主要包括国家应急法律法规，企业应急管理规定，应急预案体系结构，应急预案具体内容（包括应急职责、应急预案管理、应急预案编制、应急预案评审与发布、应急预案备案、应急演练、应急预案修订与废止），岗位相关应急及专业知识，应急指挥信息管理系统，案例分析等。

（三）培训周期

（1）应急预案发布后6个月内至少培训一次。

（2）应急预案修订后3个月内至少培训一次。

（3）相关法律、法规、规章和标准发生变化时应及时组织培训。

（4）政府主管部门或上级单位要求。

（四）培训的系统方法

1. 工作和任务分析

使用培训系统分析的第一步是确定应急工作效果、培训的必要性和专门应急工作的必要条件。培训者应该系统辨识和分析对高效应急反应效果有重要作用的所有工作职能。培训分析完成后，培训者应该按任务和职责，对每个应急岗位的能力要求制订一个工作和任务摘要简表。工作和任务摘要简表的基本格式包括以下内容：

◆ 使命：岗位的总体目标；

◆ 重要职责：按职责对工作全面说明；

◆ 任务：每项职责下要履行的各种任务；

◆ 任务说明：明确说明责任人该怎么做；

◆ 小队和个人：个人执行任务和小队执行任务之间的区别。

一旦制定这个简表，应该核实所有职责、任务和相关信息。这可依据各种现有技术（例如调查、采访、统计）来完成，或从足够数量的知识丰富的责任人那里收集核实数据，以保证简表准确和全面。

培训者应该确定所有任务中最重要的任务要求，然后确定工作责任人的培训要求和最初受训者。第一步是辨识那些除了培训以外，用其他方法无法确保充分完成的任务；接着培训者应该估计这些任务的工作技能、知识和以前受训者的培训经验；辨识不必经过培训的任务。

2. 制定学习目标

根据工作和任务分析，可以确定学习目标，就是描述受训者培训后的效能。学习目标可分为最终学习目标、辅助学习目标两类。最终学习目标确切讲是受训者完成培训后可度量的效能。例如，专指受训者在完成培训后所展现（可观察到的）的行为、专指需要采取行动的条件、专指达到充分效能所需满足的标准；把任务要点、技能、知识和每项最终学习目标和相关信息转变为辅助学习目标。例如专指行为、条件和标准、与某个最终学习目标直接相关的每个辅助学习目标、知识和各种技能之间的区别。

3. 课程设置

应急培训计划课程设置应根据专项培训目标而制定。学习目标应作为主要决策基础，所有授课内容应系统地根据它确定。

（1）确定学习目标顺序。应该首先达到哪些学习目标，然后确定出其他的学习目标，这样达到一个目标后，学习另一个也更容易。

（2）确定培训方法。培训者应该根据任务要求、教学要求、受训者和教师互动要求确定授课方法。同时，培训者根据学习任务规定效能（如使用语言交流）、学习的类型（思维能力、操作技能）等确定教学媒介。

（3）课程准备。

1）为执行培训计划，课程准备包括准备标准授课计划、教室辅助设施、学生学习材料等，包括以下几方面：

a. 根据学习任务顺序，组织最初培训的授课内容；

b. 对以前掌握的学习任务进行演练，保证所学技能牢固统一；

c. 根据所选择的教学方法、授课媒介和教学安排把授课内容分为若干部分；

d. 根据需要，选择教学内容，定期重新培训；

e. 根据初次培训同样的安排，组织重新培训教学内容。

2）准备教学媒介包括以下几方面：

a. 准备课程计划和教学辅助内容，包括每章、节课程的简要说明，教学者的作用和工作，授课者或受训者的参考资料，使用的授课方法和媒介，培训过程中事件顺序，教学内容、工作要求和培训计划之间相互关系的说明，受训者学习任务，成功受训者标准。

b. 评估现有教学媒介状况（例如授课计划、学生学习材料、试听辅助设施）以辅助完成学习任务，改动和加入新的媒介。

c. 使用已有方法，开发新教学媒介以支持计划。

（4）受训者评估。根据效能标准和评估准则，培训者应该制定合适的测试，应该规定出使考试与工作有最大一致性和相关性的必要程序和指导原则。最终学习任务和辅助学习任务都应该进行考试。每项考试都要求展示与学习任务和工作任务直接相关的知识和技能。确定每项考试的效能标准以确定学习任务掌握是否充分。提供评判答案和解释说明以详细说明每项考试的必要程序和资源。培训者应该系统分析测试结果，给受训者效能的反馈。这种分析不仅帮助改进受训者的缺点，也帮助培训者辨识出培训计划缺陷，以便在以后的计划中进行改动。

（5）计划实施。培训者应该准备并实施培训计划，组织、控制和评估受训者所接受的应急反应培训。计划应该明确划定培训计划的管理、指导和支持的任务和定义。它应该阐述对受训者管理策略，包括计划开始和完成的标准和辨识控制边缘受训者。这些非常重要，因为在应急时，边缘受训者可能严重受伤或造成对别人的伤害。计划要详细说明教学设施（例如教学大楼、实验室、设备）和教学媒介。

（6）计划实施。系统地经常性定期评估计划，评估受训者在实际应急或训练背景中的表现，并依据评估结果对培训计划进行修订和更新。

案例：美国应急教育培训体系

美国的应急管理教育培训体系由三级机构组成：美国应急管理学会、州级应急培训服务机构和高等院校。美国应急管理学会开设的培训课程主要是针对各级政府应急管理官员和各级应急运行中心的工作人员。州级应急培训服务机构的培训课程主要是针对各州应急相关人员，也有大学本科和研究生级别的高级应急管理课程和专业应急人员课程。

美国应急管理教育培训的理论课程主要有三方面的内容：一是结合应急组织机构职能进行机构和职责分工培训，使受训者充分了解整个突发公共事件处置过程中多部门、多角色的分工和相关协调配合的关系；二是结合应急处置流程中的目标检测监控、应急组织机构、应急处置任务分配、通信保障预案、事件情况统计等内容，对受训者分发相关表单，进行模拟和实际操作，提高操作能力；三是结合应急处置过程中的接报信息、应急处置小组日志、应急处置计划表、医疗卫生保障预案、应急通信工作表、救援力量分配表、空中作业摘要等表单的实际填写操作，熟悉应急业务流程和应急技术。

二、应急演练

以演练的方式对应急预案进行检验，既可以提高实战水平，又能暴露应急预案和管理体系中的不足。按照应急预案开展演练活动，是对应急管理体系的适应性、完备性和有效性最好的检验方法。

（一）应急预案演练的分类

依据对应急预案的完整性和周密性进行评估的规模差异，演练可以划分为桌面演练、功能演练和综合演练。

三种演练类型特点比较见表 3－8。

表 3－8　　三种演练类型特点比较

演练类型	桌面演练	功能演练	综合演练
演练目的	验证应急预案的可操作性，同时检验参演人员对应急知识和技能的掌握程度；加强不同应急组织间的理解和沟通；完善应急预案，为今后现场演练打基础	对特定功能反应的操练与评估；验证应急预案的可操作性，同时检验参演人员对应急知识和技能的掌握程度；检查反应小组内容沟通、互动协调情况及当时所做决定的正确性	进一步扩大演练范围来验证事故管理与应急反应的能力；促进区域应急救援系统各职能部门的协调和整体控制能力；为参演人员提供一次最贴近真实应急情况的应急技能训练机会
演练场所	会议室	一个指定的现场	在多个现场同时进行演练
演练范围	在单一的应急组织内讨论或者在不同的职能部门代表间讨论	可用于单一的应急组织或者多部门参演	涉及区域应急救援系统中所有职能部门参演
持续时间	2～6h	只涉及单一部门的演练可设定1～2h；涉及多部门的演练设定2～4h	4～8h
实景模拟	不进行实景模拟；通常将事故情景相关的信息写在纸上，然后提出与情景处理相关的问题，或采用录像资料视频讲解现场情景	通常由单一假象事件作为起因；假象时间的每条内容通过书面材料及指定模拟人员来呈现	由单一假象事件引发一系列的次级事件，从而引发较严重的“事件”情景；在假象情景中，由模拟人员模拟社会团体对情景做出反应；模拟人员与参演人员互动
场面控制	由一位有经验的主持人来引导大家讨论	设立 1～2 名控制人员，以确保演练行动保持在预定方向进行	大范围使用控制人员以确保演练行动维持在设想的方向发展，并做好多个现场间的沟通协调
演练评估	参演人员当场口头提出反馈意见，并指出应急工作中需要提高和改善的地方	设定 2～3 名评估人员对演练的情况进行记录；评估人员通过访谈了解参演人员对演练的意见和建议，最后形成书面汇报材料	通过专门评估小组对演练实施评价，通过与演练目标相比较，对整个演练的有效性进行评估；召开总结讲评会，总结演练中暴露的问题，落实问题的整改期限，最后提交演练总结报告给各参演组织和当地行政部门备案

（二）应急演练计划的编制

应急演练计划有效期常以 1 年为限，年初制定。综合演练每年举办一次，功能演练适宜每季度举办一次，桌面演练每季度可以举办多次。针对大面积停电事件的综合应急演练应每年开展 1 次，防风防汛、雨雪冰冻等专项预案的演练应每年开展 1 次。

（三）应急预案演练的准备

1. 组建应急演练策划组

演练策划组不仅肩负演练设计工作的重任，也要参与到演练的具体实施和总结评估工作中。对于桌面演练或功能演练，策划组成员 2～3 人即可。对于大型综合演练，演练策划组需要按照指挥、操作、计划、后勤、预算等职权明确分工。

其中，指挥组负责整个演练策划工作任务和责任的分配，跟进工作进度、监督整个策划工作的进展和演练基本情况的通报；操作组负责设计演练情景，编制与演练相关的各项文件并负责演练前的培训工作；计划组负责收集与演练相关的预案、规范等，负责具体事故情景设计；后勤组负责落实演练过程所需设备、物资及服务等的供给；预算组负责演练经费预算和演练成本控制。

2. 确定应急演练目标

应急演练策划组应结合已建立的应急预案演练目标体系进行演练需求分析，然后确定本次应急演练的目标。对于演练目标而言，最重要的是清楚、简洁，能够集中反映演练参加者的表现。一项演练目标应该明确指出“何人，在何种情况下，根据什么标准，干什么”。如：在应急响应通知发布后××时间内，××单位××应急人员应该通过××完成××信息的上报

在设置目标时，需要特别注意运用动词来描述演练参与者的行动。避免使用空泛的动词，如懂得、理解、欣赏、向……展示能力、知道等。应该使用功能性词汇，如评估、检查、操作、澄清、解释、准备、定义、识别、记录、确定、报告、演示、列表、建立、通报、测试等。

演练目标的好与差判断见表 3–9。

表 3–9　　演练目标的好与差判断

演练目标	好	差
（1）紧急事态应对者应在接到紧急求助电话后，15min 内在高层建筑的休息大厅成立应急指挥部		
（2）召集与紧急事态有关的部门进行紧急会商		
（3）展示在 30min 内成立一个现场工作组（包括完备的设备和装备）以应对现场突发事件的能力		
（4）在首选通信系统失效后的 30min 内，确定和激活另外一部备选的、可使用的通信系统		
（5）建立专业机构以增强组织的紧急事态应对能力		

续表

演 练 目 标	好	差
（6）现场指挥官在接到需求通知后，联系和部署应急协调小组进入抢修现场		
（7）检验中的紧急事态过程中，应急队伍有效执行灾情勘查、现场抢修的能力		
（8）在接到应急响应 1 小时内，应急物资管理人员核实可利用的物资储备情况，并上报应急办		
（9）查明支援单位应急响应迟缓的主要原因		
（10）先遣队使用情况		

3. 情景说明

情景说明是应急预案演练前期准备工作非常重要的一环，直接影响到演练的效力。事故情景的实质是对假想事故发生的经过的叙述说明。演练的场景情景是模拟场景，模拟场景的设定可以是纯文字的、音像的，也可以是现实存在的。

情景说明的要点：

什么事件？事件有多么快速、强大、深度、危险？你是怎么发现它的？已经采取什么样的应对措施？据报告已经造成什么危害？后续事件是什么？什么时间？在哪儿发生？与事件相关的天气情况？哪些因素会影响事件的应对程序？预计未来情况怎样？

案例一：毒气泄漏事故的情景设计案例

××年××月××日 9 时 45 分，某化工厂的一次突发事件导致厂区内的一球罐破裂，罐中近 50 吨毒性气体无限制排放到大气中。这种气体的相对密度比空气大，事故发生前该气体在罐中的内压达到 10 的 6 次方帕斯卡。气体泄漏事故发生后，企业随即启动厂区内所有的报警系统，采取了一系列的应急措施，但仍不能抑制事态发展，企业已向工业区管理委员会请求外部救援。根据事故现场的情况，现已无法通过修补破损储罐的手段来阻止有毒气体泄漏，估计气体泄漏的时间将长达 1h。泄漏的有毒气体在当时的气象条件下，逐渐形成不规则的毒气云。根据气体在无约束条件下的扩展机理，在泄漏的初期阶段，其在近地表的尺度大致如下：长度（下风向）3500m；宽度（下风向经向）将逐渐向地表扩散、稀释，直到整个毒气云完全消退。整个过程估计将持续 6h。根据其移动方向，毒气云将影响事发地附近的一个村落。毒气将通过门、窗、下水道等途径进入居民中，对居住在内的群众的生命安全构成威胁。

案例二：台风的情景设计案例

7月9日9时，今年第4号台风“海霞”中心位于湛江东南方约400km的南海东部海面上，中心附近最大风力11级（30m/s）。预计，“海霞”将以每小时20km左右的速度向西北方向移动，强度逐渐加强，可能于10日白天以超强台风级别（14～15级）登陆湛江地区。受其影响，4～5日，粤西地区有暴雨到大暴雨和14级至15级大风，珠三角南部地区有大雨到暴雨。省防总于9日上午8时启动了防风防汛Ⅱ级应急响应，南方能监局发出了台风预警，要求提前做好防御工作。

案例三：美国飓风情景案例

美国国家气象服务中心的国家飓风中心发布预报，在美国南海岸登陆的风暴显示已经有成为飓风的可能。热带风暴安娜已经形成了飓风安娜，国家气象局发布沿海3个州飓风预报。风速在过去一天减慢，风向维持在西北向，沿岸5个州要求紧急启动飓风预警。预计风速将达到192km/h，伴随3.6～4.5m高的风暴潮。安娜预计是一个伴随着巨大海浪和暴风雨的非常危险的飓风，它将袭击斯蒂文斯湾及更远的沿岸地区，大概影响覆盖区域5000～25 000人。

根据飓风预报，应急服务人员通过政府官员和部门负责人到观察区域。预警信息已通知新闻媒体，并要求他们广泛发布。预警发布的24h内，应急管理办公室主任布置其工作人员处于待命状态，但不激活应急指挥中心。要求所有相关的应急管理人员在7:30开会，即大约在预警发出4h左右。按照当前进程，飓风安娜将于23:30左右登陆。洪水及巨浪将在16:00左右影响通往堰州岛的桥。所有相关人员现集中在应急指挥中心。

4. 编写演练文件

演练文件是指直接提供给参演人员的文字材料的统称，按照使用对象的不同，可分为《情景说明书》《演练控制保障手册》《参演人员手册》《演练评估手册》及《演练通信录》等。演练文件由演练策划组成员执笔起草，所有演练文件应在演练正式举行前至少两周发放到参演人员手中，以方便学习。

《情景说明书》是对演练所模拟的事件情景所进行的详尽的阐述，主要作为演练总指挥和主要负责人指导演练开展的重要书面材料。为防止情景信息误传，封面须注明“保密”二字，同时在每一页的右下角注明“这是一次演练”。

《情景说明书》主要内容结构见表 3-10。

表 3-10　　《情景说明书》主要内容结构

序号	标题	内容要素说明
1	事故情景的启动	事故情景被触发的方式（假定事故是由于人为破坏、人为失误、自然灾害、设备故障等因素所引起的）
2	事故情景的描述	场景发生地理位置选择、确定及描述，连续事件时间表，连续事件触发方式，气象条件，场景假设条件
3	假象事故可能造成的负面影响	二次事故，人员伤亡，财产损失，设备损坏等
4	任务描述	基础设施的保护，应急资源的调动，紧急情况的评估，应急管理及相应现场处置措施，人员的控制与保护，事故调查与处理，现场抢修

《演练控制保障手册》提供关于演练控制、模拟和保障等活动的工作程序和职责说明。主要供控制人员和模拟人员使用，向控制人员和模拟人员解释与他们相关的演练思想、演练控制和模拟活动的基本原则，说明支持演练控制和模拟活动所必须完成的工作。

《演练控制保障手册》主要内容结构见表 3-11。

表 3-11　　《演练控制保障手册》主要内容结构

序号	标　题	说　明
1	演练背景	阐述演练的原因、意义和必要性
2	演练时间	明确演练的日期和演练当天的开始、结束时间
3	演练地点	明确演练的地点
4	演练人员	列出所有参演组织、单位及人员
5	演练目的	演练所要达到的预期目标
6	事故情景介绍	较详细地介绍演练所模拟的事故情景的具体情况，应包括所模拟的事故类型、情景启动的具体时间、启动方式、连续事件的设置等方面的内容
7	演练控制及保障分工	以表格的形式落实演练控制人员、模拟人员名单及他们在演练现场的地理位置分布、每个人所担负的控制保障工作
8	演练前记录检查表	列举出演练前所必须进行的检查工作，须落实到人，并要求参与该工作的人员在完成检查工作后签字确认
9	演练后恢复检查表	列举出演练结束后所要进行的现场恢复和清理工作，须落实到人，并要求参与该工作的人员在完成恢复工作后签字确认
10	演练现场地理位置示意图	演练现场地理位置示意图由两部分组成：首先应给出本地区电子地图，并在地图上明确标出演练发生的地理位置；然后就演练现场具体情况绘制现场平面布置图，平面布置图不要求标注具体的尺寸，但应包含演练现场各主要建筑物的位置、主要通道设置、应急设备装备分布地点、模拟事故地点等信息

《参演人员手册》主要向演练人员提供演练基本情况以及演练规则等信息，但不包括事件信息等需要向演练人员保密的内容。

《参演人员手册》主要内容结构见表3－12。

表3－12　《参演人员手册》主要内容结构

序号	标　题	说　明
1	演练背景	阐述演练的原因、意义和必要性
2	演练时间	明确演练的日期和演练当天的开始、结束时间
3	演练地点	明确演练的地点
4	演练人员	列出所有参演组织、单位及人员
5	演练目的	演练所要达到的预期目标
6	事故情景介绍	较详细地介绍演练所模拟的事故情景的具体情况，如演练现场所模拟的事故类型、情景启动的具体时间、地点等方面内容，但不应包括对演练人员保密的信息
7	开始演练	明确演练当天演练正式开始前，各参演应急组织“碰头会”举行的时间、地点和参与人员
8	演练过程	给出演练过程中可能涉及的应急预案，以供演练人员在演练前加强学习
9	演练规则	演练人员应遵守的规则： （1）演练真实性规则。要求演练人员在演练过程中的行为必须与真实事故的应急行为一致，严格按照预案实施演练。 （2）演练通信规则。规定演练过程中信息的传达方式，在演练过程中所有的报告必须以“这是一次演练”作为开头和结尾。 （3）演练文档管理规则。演练时所使用的表格、图表、所有报告、呼叫、传真和信件，原则上都必须留档
10	真实事件处理	真实事件的处理总比完成演练活动优先。该部分主要介绍在演练过程中万一发生真实事故，演练人员应采取的应对措施。例如，演练人员要以“这不是演练”结束紧急报告，然后由演练总指挥决定是否终止演练
11	演练现场平面布置图	演练现场平面布置图不要求标注具体的尺寸，但应包含演练现场各主要建筑物的位置、主要通道设置、应急设备装备分布地点、模拟事故地点等信息

《演练评估手册》是向评估人员介绍演练评估准则、策略和方法的手册，以更好地引导评估人员对演练实施情况做出客观、科学、合理的评估。手册中需提供演练策划组根据演练的目标、事故情景等设计的一系列问题。

演练评估问题的设计示例见表3－13。

表 3-13 演练评估问题的设计

序号	问题类型	问题示例
1	应急预案的质量	（1）应急预案是否考虑到大部分的应急需求，如通信、物资供给、应急区域划分等； （2）应急预案是否对应急过程中可能涉及的应急组织、人员的功能、职责和行动进行介绍和阐述； （3）应急预案对紧急状况的处理是否达到社会的期望值
2	演练人员对应急预案的履行情况	（1）各应急组织的演练人员是否按照应急预案的要求及时到位； （2）在演练过程中，各应急组织的演练人员是否按照应急预案的规定进行分工协作； （3）应急演练中的整体实施效果如何
3	演练人员完成特定应急行动的速度	（1）从险情被发现到应急指挥中心接警之间的时间是否达到应急预案的要求； （2）从接警到应急人员赶赴事发地之间的时间是否达到应急预案的要求； （3）应急预案中对其他应急行动的时间约束
4	演练人员对预案的执行效率	（1）演练过程中是否出现因故障导致主要应急设备停运的情况； （2）演练过程中信息的传达效率如何，信息传递过程中是否出现内容自相矛盾的情况； （3）演练过程中是否出现资源紧缺或者浪费的情况
5	演练人员的技能水平	（1）演练人员在演练过程中的心理状态是否能胜任本人所肩负的责任； （2）演练人员能否正确使用各种应急器材及使用的熟练程度如何

《演练通信录》需提供参演人员的姓名、职位、隶属部门、演练过程中所处的地理位置、主要职能、固定座机号码、移动电话号码、其他通信号码等方面信息。演练总指挥、现场指挥、各类负责人等信息应放在通信录前列，以方便紧急情况下及时汇报。

5. 其他准备工作

应急演练费用的筹集。主要包括参演人员劳务费、专家咨询费、场地租赁费、设备租赁费、后勤保障、办公、新闻宣传等。

演练所需资源。主要包括通信、卫生、器材、交通、生活保障物资等。

参演人员的培训。主要包括传达演练基本情况、演练规则等。培训还应包括疏散路线、紧急集结地点、紧急联系方式、常见的急救抢险方法及其他注意事项等。

（四）应急演练的实施

1. 桌面演练

演练活动以主持人的一段简单的介绍开始，首先介绍演练的目的、范围、所持续的时间以及应遵守的规则等关于本次演练的基本信息，然后进入事故情景描述阶段，包括假想事故的发生地点、事故类型，以及严重程度等内容。

在事故情景介绍结束后，主持人将提出一系列与事故情景处置相关的问题，要求参演人员作答和讨论。桌面演练实施方式常以指定发言为主，自由讨论为辅。发言的顺序应根据应急组织架构从高层指挥官到基层操作人员，由上至下进行。例如，在事故情景介绍完后，事故指挥官即宣布进入应急状态，并召集各专业负责人进行会商，提出一个整体的应急方案并明确分工，然后再由各应急组织人员根据各自的职责依次说明具体的实施方法。发言最好以“先做什么，然后怎样”的方法阐述，落实应急过程中的每一个步骤。

2. 功能演练，综合演练

在各项应急准备基础上，演练总指挥宣布应急演练开始，模拟突发事件及其衍生事件出现，各应急力量严格按照演练脚本的程序及分工进行操作，模拟预先设计好的场景，如事件发生、信息报告、抢修救援等，逐一展开演练。

（五）演练评估

演练评估是指观察和记录演练活动、比较演练人员表现与演练目标要求，并提出演练发现的过程。演练评估报告是将这些记录和发现分类、统计、总结，形成系统的评价意见的文件。

评估报告要对演练中发现的问题，按照应急预案的要求，分为不足项、整改项和改进项。

（1）不足项。不足项指演练过程中观察或识别出的应急准备缺陷，可能导致在突发事件发生时，影响应急组织采取合理应对措施的重大问题。可能导致不足项的要素有：职责分配，应急资源，警报、通报方法与程序，事态评估，应急信息，保护措施，应急人员安全及医疗服务等。演练过程中发现不足项时，策划小组负责人应对不足项进行详细说明，并给出应采取的纠正措施和完成时限。

（2）整改项。整改项是指演练过程中观察和识别出的，单独不可能对应急抢修造成不良影响的应急准备缺陷。整改项需在下次演练前予以纠正。以下两种情况，整改项可列为不足项：

某个应急组织中存在两个以上整改项，共同作用可能影响整个应急过程的；

某个应急组织在多次演练过程中，反复出现前次演练发现的整改问题的。

（3）改进项。改进项指应急准备过程中应予以改善的问题。它不会对应急过程造成严重影响，视情况予以改进，不必一定予以纠正。

（六）演练总结

演练结束后，演练策划组通过演练评估报告、人员访谈记录及公开会议中获得的信息等资料，编写演练总结报告。演练总结报告应包括以下内容：

（1）本次演练的背景信息，含演练地点、时间、气象条件等；

（2）参与演练的应急组织；

（3）演练情景与演练方案；

（4）演练目标、演练范围和签订的演练协议；

（5）演练实施情况的整体评价以及各参演应急组织的情况，含对前次演练不足项在本次演练中表现的描述；

（6）演练中暴露的问题和改进措施建议；

（7）对应急预案和有关执行程序的改进建议；

（8）对应急设施、设备维护与更新方面的建议；

（9）对应急组织、应急响应人员能力与培训方面的建议。

第四章

应急保障体系

第一节　应　急　队　伍

应急队伍是我国应急体系的重要组成部分，是防范和应对突发事件的重要力量。应急队伍管理包括应急队伍组建及标准化建设、应急队伍培训和演练等具体工作。

一、应急队伍组建

（一）应急队伍组建原则

应急队伍组建应遵循“分区域、分灾种、分专业，平战结合、内外结合”的原则，组建应急队伍的规模、数量、人员素质、装备水平及响应速度应满足本单位发生的一般、较大突发事件的应急处置需要和重大、特别重大突发事件的先期处置需要，并且能够迅速整合各方资源开展长期抢险工作。另外，组建应急队伍还要兼顾社会公共安全应急救援需要。

案例一：广东电网有限责任公司应急队伍组建

广东电网有限责任公司遵循“内外结合”的原则，组建输电、变电、配电、通信、信息、应急供电等专业应急队伍。同时按照公司承包商管理相关规定，选择具有相应资质、管理水平高、经营业绩好的外部承包商认定为本单位外部应急队伍，并签订应急队伍协议。

案例二：广东电网有限责任公司××供电局应急队伍组建架构

1. 职能部门和二级机构

（1）办公室组建新闻宣传专业内部应急队伍，后勤保障专业内部应急队伍和外部应急协作队伍。

（2）电力调度控制中心组建通信、自动化专业内部应急队伍和外部应急协作队伍。

（3）输电管理所组建电缆线路、架空线路专业内部应急队伍和外部应急协作队伍。

（4）变电管理所组建继保、检修、运行专业内部应急队伍和外部应急协作队伍。

（5）试验研究所组建高压试验、化学试验、电测试验专业内部应急队伍。

（6）信息中心组建网络与信息安全专业内部应急队伍和外部应急协作队伍。

（7）物流服务中心组建物资保障专业内部应急队伍和外部应急协作队伍。

（8）确定的承包商组建变电、输电、配电应急协作队伍。

2. 供电分局

供电分局应急队伍按片区进行管理，各供电分局组建内部应急队伍和外部应急协作队伍，并组建中心、中南、西北、西南、东北、东南六个片区指挥部。

1. 生产应急施工招标形式

生产应急施工招标形式见表 4-1。

表 4-1　　生产应急施工招标形式

条款号	条款名称	编列内容
1.1.2	招标人	招标人、地址、联系人、电话、项目建设单位、地址
1.1.3	招标代理机构	名称、地址、联系人、电话、传真
1.1.4	项目名称	××供电局 2015 年 220kV 生产应急项目施工招标
1.1.5	建设地点	××市
1.1.6	建设规模	××供电局 2015 年 220kV 生产应急项目，具体项目以最终发生的为准。
1.1.7	标段划分	本项目本次招标分为 1 个标段
1.2.1	资金来源	自有资金及银行贷款
1.2.2	资金落实情况	100%
1.3.1	招标范围	建设单位指定的应急抢修项目中建筑、安装、调试工程所需的各项工作
1.3.2	计划工期	以合同上的工期为准
1.3.3	质量、安全、文明施工要求	质量控制目标：工程质量满足国家、行业、中国南方电网有限责任公司质量标准、控制标准及验收规范，通过各级验收合格并完成启动投产。 安全控制目标：杜绝人身死亡事故、杜绝人身重伤事故；杜绝重大设备、重大质量事故，确保工程无永久性缺陷。 现场文明施工目标：按中国南方电网有限责任公司及工程所在地电网公司有关要求和标准布置施工现场的文明施工设施，创造良好和规范的安全文明施工环境

续表

条款号	条款名称	编列内容
1.3.4	施工承包方式	包工、部分包料，包工期、包质量、包安全、包文明施工。 招标人提供的设备及主要材料依据项目情况实际确定
1.4.1	投标人资质条件、能力和信誉	具有独立法人资格，持有合法有效的企业法人营业执照，建设行政主管部门颁发的安全生产许可证。 资质要求：具备电力工程施工总承包贰级及以上资质或送变电工程专业承包贰级及以上资质；具备承装（修）类的《承装（修、试）电力设施许可证》贰级及以上资质。 财务要求：/。 业绩要求：/。 信誉要求：/。 项目负责人要求：机电工程专业二级及以上注册建造师，并在广州公共资源交易中心注册备案。 资信要求：无违规违法行为，在工程所在地政府及中国南方电网有限责任公司、广东电网有限责任公司无处于限制投标资格的处罚。 其他：已在广州公共资源交易中心办理投标IC卡，且拟担任本工程项目经理须是本企业（IC卡）中的在册人员
1.4.2	是否接受联合体投标	■不接受 □接受，应满足下列要求：____________
1.9.1	踏勘现场	■不组织 □组织，踏勘时间：____________ 踏勘集中地点：____________
1.10.1	投标预备会	■不召开 □召开，召开时间：____________ 召开地点：____________
1.10.2	投标人提出问题的截止时间	投标人若有问题需要澄清，必须在招标人书面澄清时间前 2 天以书面形式向招标代理人提出，并将需澄清问题 PDF 版（投标单位签章）和 word 可编辑版电子版发至邮箱______，否则不予解答
1.10.3	招标人书面澄清的时间	201×年 3 月 10 日 9 时 30 分
2.1	构成招标文件的其他材料	
2.2.2	投标截止时间	201×年 3 月 26 日 9 时 30 分
3.1.1	构成投标文件的其他材料	无
3.2	投标报价	报投标费率
3.2.1	最高投标限价	本项目不设最高投标限价
3.2.5	有效报价	投标费率100%以下均为有效报价，但报价低于85%以下的须在投标文件中附成本分析报告。成本分析报告需充分说明单价和费用的组成、降低成本的合理措施及在其他工程中应用过的经验，未提供成本分析报告视为原则性不响应招标文件要求
3.3.1	投标有效期	投标截止日后 120 天
3.4.1	投标保证金	本项目不收投标保证金
3.5.2	近年完成的类似项目的年份要求	近两年（2013～2014年）

续表

条款号	条款名称	编列内容
3.5.4	近年发生的诉讼及仲裁情况	近两年（2013～2014 年）
3.6	是否允许递交备选投标方案	□不允许 ■允许
3.7.3	签字或盖章要求	—
3.7.4	投标文件份数	—
3.7.5	装订要求	—
4.1.1	密封和标记	—
4.1.2	封套上写明	（项目名称）（标段）投标文件 在___年___月___日___时___分前不得开启 投标单位：________
4.2.2	递交投标文件地点	投标文件接收单位：广东电网有限责任公司××供电局 投标文件递交地点：________
4.2.3	是否退还投标文件	■否 □是
5.1	开标时间和地点	开标时间：________ 开标地点：________
7.2	中标候选人公示媒介	中国采购与招标网
7.3.1	履约担保	本项目不设履约担保
10	需要补充的其他内容	无

2. 签订应急联动协议形式

案例：××供电局与××市气象局共同提高供电气象防灾减灾能力合作协议

为了联合做好××市供电气象防灾减灾工作，提高我市供电气象防灾减灾能力，在突发事件发生后，能快速响应、共享资源、相互支援、共同协作，最大限度地减轻和消除突发事件对双方造成的危害和影响，××供电局与××市气象局（简称双方）进一步加强部门合作、沟通，建立应急联动合作框架协议。

一、合作原则与工作目标

双方按照资源共享、优势互补、共同发展的原则开展工作，双方保持长远稳定的合作关系，建立供电气象信息共享、应急联动、合作研发、沟通交流等机制，共同做好我市供电气象防灾减灾。

二、合作内容

（1）合作建立供电气象信息共享机制。双方实现我市供电气象信息的共享，以更好地保障供电服务。××供电局向市气象局提供变电站、架空高压输电线路分布信息，气象灾害隐患点信息，全市用电情况分析等资料；市气象局提供全市各气象观测监测资料、气象预报、气象灾害预警信息和气象灾害分析预测等信息。双方在共享资料和信息过程中，必须做好资料和信息的保密工作。除必须公布的资料和信息外，其他资料和信息仅限双方内部使用。

（2）建立会商联动机制。双方联合建立专家会商机制，加强双方业务技术团队合作的密切度，通过电话、视频等多种方式开展定期会商和应急会商，共同分析研究气象要素及气象灾害对供电的影响，提高应对突发气象灾害的能力。

（3）加强专业服务合作。双方加强在专业服务领域的合作，通过项目合作等形式在增加监测点、设置专人跟踪、加大信息发布频次、增加发布渠道等方式，提供气象信息精准服务。气象局根据供电作业、调度维修需求提供变电站、调度大楼、临时抢修作业点等具体场所气象信息。

气象局提供需重点电力保障的用户清单，供电局做好发电车（机）调配、接入及演练工作，用户停电时优先安排人员抢修，快速恢复供电。

三、合作机制

成立合作工作小组，负责领导合作工作开展，决定合作工作重大事宜。每年召开联席会议，议题由双方共同确定，主要是总结合作进展，商定合作事宜和工作安排。

合作工作小组人员名单：

组长：××供电局局长、××市气象局副局长；副组长：××市供电局应急办主任、××市气象局防灾办主任；成员：××供电局、××市气象局；联系人：××供电局、××市气象局

四、其他事项

（1）在本协议框架范围内，双方协调确定的具体合作项目分部另行签署协议，双方认真做好组织实施。

（2）本协议一式四份，双方各执两份，共同签署后生效。未尽事宜由双方研究协商。

五、2017年合作项目

（1）双方实现信息共享；

（2）供电局应急责任人号码更新并纳入气象预警信息发布号码库；

（3）供电局申报“精准气象信息定制服务项目”，气象局提供服务。

××供电局（盖章）　　　　××市气象局（盖章）

签署人：　　　　签署人：

2017年___月___日

××供电局与外部应急队伍应急联动协议书

甲方：××供电局

乙方：××公司

为确保在突发事件发生后，甲、乙双方能快速响应、共享资源、共同协作，最大限度地减轻和消除突发事件造成的危害和影响，特制定如下协议：

一、协议抢修范围

1. 变电部分：××局管辖的变电设备；

2. 输电部分：××局管辖的输电线路。

二、协议期限

协议期限自2014年12月31日至2015年12月31日。

三、双方职责

甲方职责：

（1）及时向乙方提供开展抢修工作所需的有关基础资料，并对提供的时间、进度和资料的可靠性负责；

（2）负责及时通知乙方并明确抢修范围，同时协调抢修过程中乙方与有关单位的配合事宜；

（3）负责提供抢修所需备品和必要的甲供材料；

（4）负责组织抢修工程的竣工验收工作；

（5）验收合格后负责及时向乙方付清相关抢修费用。

乙方职责：

（1）签订协议后，按照甲方要求成立应急事故抢修队伍，确保对突发性故障抢修有足够的人力物力进行应急；

（2）在不可抗力影响情况外保证 8h 内组织人员赶至现场与甲方人员判断故障原因，提出处理方案，以最快时间组织人力、设备开展抢修工作，防止事故扩大；

（3）按照国家及行业现行的标准、规程规范及技术条例开展抢修工作，以恢复设计状态或甲方要求为标准，严格保证质量；

（4）参与抢修人员必须具备相应工作技能和作业资质（高空作业证、特种设备作业证等）；

（5）乙方不得将事故抢修工程内容的任何部分转包给第三方。

四、沟通方式与信息保障

双方联系沟通方式互为备案，发生变化时，日常状态下在 10 个工作日内通知对方。应急状态下，24h 内通知对方。

五、乙方应急队伍资源保障

乙方应将应急队伍负责人姓名、联系方式、专业队伍人数、车辆台数等在甲方备案。

六、费用支付

应急抢修费用以国家和行业定额为依据，参照与乙方历史合作价格。若确实在应急抢修过程中给乙方造成非正常支出，乙方说明与正常组织方式区别的具体措施和差价后，双方协商按照实际发生费用进行补偿。

甲方（盖章）：××供电局　　乙方（盖章）：×××公司

代表人（签名）：　　代表人（签名）：

时间：　年　月　日　　时间：　年　月　日

电话：　　电话：

（二）应急队伍组建要求

应急队伍分为内部应急队伍、外部应急队伍、应急特勤队。

（1）应急队伍专业分类。应急队伍专业可分为输电、变电一次、继保自动化、配电、计量、通信、网络信息、设计、监理和其他类（用电检查、物资保障等）。

（2）内部应急队伍组建。内部应急队伍分为 A 类和 B 类。A 类应急队伍：由系统内专业从事电力建设施工的单位人员组成，作为公司专责应急队伍。B 类应急队伍：由所属地、县级供电局和业务支撑实施机构人员组成，包括机巡中心、应急抢修中心、电科院、信息中心等。

（3）外部应急队伍组建。外部应急队伍分为 C、D、E 类。C 类外部应急队伍：由各单位职工持股改革后企业人员组成。D 类外部应急队伍：由其他与系统内单位没有隶属关系的承包商单位的人员组成。E 类应急队伍：由物资供应和设备制造厂商组成的应急物资保障类队伍。

（4）应急特勤队组建。从 A、B、C 类应急队伍钟选拔人员组成应急特勤队（代码 T），主要承担属地和跨区域重大突发事件先期处置以及急难险重应急抢修任务。

二、日常管理

应急队伍日常管理包括做好完善应急处置方案、培训与应急演练、装备维护、队伍备案、值班值守等工作。

（1）应急队伍应编制覆盖本辖区、本专业和跨地区调遣的应急处置方案，以工作任务表单的形式将各项工作的步骤、关键环节要求、完成时间、执行人、责任人、记录方式等进行逐一明确，并不断加以完善。

（2）根据应急处置专业技能要求，有计划、有组织、有重点、有实效的开展技能培训、体能训练、紧急救护训练、装备使用培训、应急演练等工作，不断提高应急队员的应急处置能力和实战能力。

（3）按照应急队伍可承担的抢修任务配备各类应急装备。应急队伍装备应设专人管理，每月定期进行检查、试验、保养等工作，专用应急装备不得擅自挪为他用，必须保证装备完好、可用。装备的更换、检修、停用（临时停用）、报废应经主管领导和部门批准。

（4）建立队伍人员清册和应急装备清册，填写应急队伍登记表、和应急队伍装备登记表，队伍人员、装备变动应及时更新，并报本单位应急办公室备案。

（5）建立值班机制，落实日常值班值守人员，明确队伍人员的应急联系方式并按照规定保持通信畅通。在突发事件发生时，值班值守人员通知队伍人员迅速在指定地点完成集结。

三、应急队伍培训

（一）培训目的

培训是一种有组织的知识传递、技能传递、标准传递、信息传递、信念传递、管理训诫行为。为了达到统一的科学技术规范、标准化作业，通过目标规划设定、知识和信息传递、技能演练、作业评测、结果交流等现代信息化的流程，让受训者通过一定的教育训练技术手段，达到预期的目标。应急培训工作，是提高应急管理人员处置突发事件能力的需要，是增强应急抢修、救援处置技能的需要，是最大限度预防和减少突发事件发生及其造成损害的需要。

（二）培训对象

应急队伍按照专业类别主要培训对象包括应急指挥人员、专业应急管理人员、应急救援专业人员、应急抢修专业人员、一般生产人员和一般管理人员等。其中专业应急管理人员包括工程、物流、计划、财务、后勤、信息、安全等专业人员。

（三）应急队伍培训能力要求

1. 应急管理人员培训

（1）认识水平与能力。应急管理人员培训的重点是增强应急管理意识，提高应急管理能力。要学习国家、企业各级应急管理相关法律、法规、规范、标准以及应急预案，提高思想认识和应对突发事件的综合素质。要加强对突发事件风险的识别，深入分析自然灾害发生的特点和运行规律，跟踪和把握各种社会矛盾的变化规律和发展方向，从而采取有针对性的疏导和管理措施，制订可行预案，争取把问题解决于萌芽状态之中，或降低突发事件的破坏程度。

（2）决策技术与方法。面对突发事件，要头脑冷静，科学分析，准确判断，果断决策，整合资源，调动各种力量，共同应对。在发生突发事件的紧急情况下，高效决策是正确应对事件的关键，又是一个较复杂高难度的过程，要求应急管理人员有良好的素质和决策能力。作为决策者要学会利用各种信息技术、人工智能技术以及运筹学、系统分析等决策技术和方法，改进固有的运作方式、组织结构和办事流程。

（3）现场控制和执行能力。要通过培训，使担任事故现场指挥的应急管理人员具备下列能力：协调与指导所有的应急活动；负责执行一个综合性的应急救援预案；对现场内外应急资源的合理调用；提供管理和技术监督，协调后勤支持；协调信息发布和政府官员参与的应急工作；负责向各级政府递交事故报告；负责提供事故和应急工作总结。

2. 专业人员培训

（1）初级操作水平应急人员。该水平应急人员主要参与预防事故的发生以及发生事故后的应急处置，其作用是有效控制事故扩大化，降低事故可能造成的影响。对他们的培训要求主要包括：掌握危险因素辨识及分级方法；掌握基本的危险和风险评价技术；学会正确选择和使用个人防护设备；了解危险因素的基本术语和特性；掌握危险因素的基本控制操作；掌握基本危险因素消除程序；熟悉应急预案的基本内容等。

（2）专业水平应急人员。对其培训的要求除了掌握初级操作水平应急人员的知识和技能外，还应该包括：保证事故现场人员的安全，防止伤亡的发生；执行应急行动计划；识别、确认、证实危险因素；了解应急组织体系各岗位的功能和作用；了解个人防护设备的选择和使用；掌握危险的识别和评价技术；了解先进的风险控制技术；执行事故现场消除程序等。

（3）专家水平应急人员。专家水平应急人员通常与相关行业专业技术人员一起对紧急情况做出应急处置，并向专业人员提供技术支持，因此要求该类人员应对突发事件危险因素的知识、信息更广博、更精深，因而应当接受更高水平的专业培训。要求主要包括：接受专业水平应急人员的所有培训要求；理解并参与应急组织体系的各岗位职责的分配；掌握风险评价技术；掌握危险因素的有效控制操作；参加一般和特别清除程序的制订和执行；参加应急行动结束程序的执行。

第二节　应急物资与装备

一、应急物资装备的分类

应急物资是指应急物流的实施和保障中所采用的各类物资。从广义上概括，凡是在突发公共事件应对的过程中所用的物资都可以成为应急物资。按照《应急保障物资分类及产品目录》，应急物资可分为十三类，即防护用品类、生命救助类、生命支持类、救援运载类、临时食宿类、污染清理类、动力燃料类、工程设备类、器材工具类、照明设备类、通信广播类、交通运输类、工程材料类。

案例：广东电网有限责任公司应急装备分类及产品目录

一、个人防护装备

（1）通用应急装备：防毒面具，正压式呼吸器，手套，面具，防寒服，护目镜，GPS定位仪，指南针，头盔，雨衣，水靴，反光服，消防靴（发电厂用）。

（2）特殊应急装备：防火服，冰爪。

二、生命救助装备

（1）通用应急装备：救生衣，止血绷带，骨折固定托架（板），急救药品。

（2）特殊应急装备：高空救援装置，救生圈，救生缆索，救护车（发电厂用），生命探测仪，担架（车），保温毯，氧气机（瓶、袋）。

三、临时食宿装备

特殊应急装备：炊事车，炊具，餐具，饮具，帐篷，折叠床。

四、发电装备

（1）特殊应急装备：发电车，发电机，UPS电源，UPS电源车。

（2）特殊应急装备：防爆灯，防水灯，升降泛光灯，移动照明灯塔。

五、照明装备

（1）通用应急装备：手电，探照灯，头灯。

（2）特殊应急装备：应急指挥车，应急通信车，单兵卫星通信系统，海事卫星（铱星）电话，电台，集群通信系统，无线视频终端。

六、通信装备

通用应急装备：对讲机。

七、交通运输装备

（1）通用应急装备：冲锋舟。

（2）特殊应急装备：橡皮艇，汽车防滑链。

八、工程装备和材料

（1）通用应急装备：抽水机，潜水泵，切割机，电锯。

（2）特殊应急装备：钻孔立杆车，破碎机，破拆机，输电线路抢修塔，污水泵，通风机，消防车（发电厂用），帆布，苫布，塑料薄膜，沙袋、麻袋（编织袋），防渗布料涂料，土工布，铁丝网，铁丝，铁锨，排水管件，吸油毡、隔油浮漂（发电厂用），警报灯，发光（反光）标记。

二、应急物资装备日常管理

应急物资装备日常管理主要包括编制、修订、审批应急装备管理实施细则，制定应急装备定额标准及需求计划，开展应急装备的采购、储备、备案、维护保养及报废管理等。

（一）资源配置管理

资源的合理配置是形成应急能力和实现应急管理关键目标的重要物质基础。高效和有效地配置资源要求在应急管理的所有阶段应用标准化资源管理的概念与原理。标准化资源管理是指在事前通过资源分类、编目、认证、储备和维护管理资源，使资源处于随时可以被调用的状态；事后通过规范的流程识别需求、采购与获取、动员、追踪与报告、恢复与遣散及补偿资源。资源配置的原则包括：

（1）预先计划。应急准备部门预先制订各种可能紧急情况下的资源管理和保障计划。

（2）标准化管理。应急资源管理者使用标准化的过程和方法识别、订购、调拨、分配和跟踪支持事件行动所需的资源；按事件行动计划的要求进行资源配置。

（3）资源分类。按照尺寸、容量、能力、技能和其他特性进行资源分类。这样使得在不同机构和部门间订购和调度资源的过程效率更高，并使事件指挥官能够得到符合要求的资源。

（4）使用协议。为了在紧急事件行动过程中有效地进行资源管理，提供和使用资源的各方应事先签订协议。事先由资源供应和使用各方签订正式协议，可以确保应急所需设备和其他资源的标准化和兼容性，并确保应急事件性动中可获得所需资源。

（5）有效管理资源。应急准备部门应该制定标准化的资源采购程序和资源订购、调拨、分配和复原过程中使用的标准协议。此外，应急资源管理者应使用管理信息系统采集、更新和处理数据，跟踪资源和显示它们的可用状态。使用这类工具可以加快信息流和提供实时的数据，这对于需要多个机构和部门协同工作的快速发展的事件环境是非常关键的。信息系统包括地理信息系统、资源跟踪系统、运输跟踪系统、库存管理系统和信息报告系统等。

（二）定额管理

各专业归口管理部门每年制定并发布应急物资定额标准。按满足本区域发生一般、较大突发事件应急抢修需要和重大、特别重大突发事件先期处置需要的标准确定定额。

应急物资及装备储备定额标准，应至少明确物资类别、名称、储备数量、规格型号，明确历史领用数据、采购技术条件书、保管保养要求、轮换年限等。

案例：广东电网有限责任公司特殊应急装备配置标准

广东电网有限责任公司特殊应急装备清单见表4-2。

表4-2 广东电网有限责任公司特殊应急装备清单

序号	装备类别	装备名称	数据配置原则	配置数量标准			备注
				省级	地市级	县（区）级	
1	个人防护	防冰鞋	按每支应急抢修分队（20人）进行配置	/	2～3	2～3	受冰灾影响供电局配置
2		冰爪	按每支应急抢修分队（20人）进行配置	/	2～3	2～3	受冰灾影响供电局配置
3	生命救助	担架	按单位进行配置	0～5	0～5	0～8	
4		救生圈	按公司基干队伍（20人）进行配置	5～10	/	/	在公司应急基地配置
5		救生绳索	按每支应急抢修分队（20人）进行配置	5～10	0～4	0～4	
6		高空救援装置	按每支应急抢修分队（20人）进行配置	5～10	0～2	0～2	
7		正压式呼吸器	按公司基干队伍（20人）进行配置	1～5	/	/	在公司应急基地配置
8		保温毯	按单位进行配置	5～7	/	/	在公司应急基地配置
9	生活保障	移动餐车	按单位进行配置	3～5	/	/	在公司应急基地配置，根据台风和冰灾频发的重灾地区进行部署
10		住宿房车	省公司分区域统筹配置	3～5	/	/	根据需要由公司统一统筹配置
11		净水车	省公司分区域统筹配置	3～5	/	/	根据需要由公司统一统筹配置
12		移动厕所车	省公司分区域统筹配置	3～5	/	/	根据需要由公司统一统筹配置
13		移动淋浴车	省公司分区域统筹配置	3～5	/	/	根据需要由公司统一统筹配置

续表

<table>
<tr><th rowspan="2">序号</th><th rowspan="2">装备类别</th><th rowspan="2">装备名称</th><th rowspan="2">数据配置原则</th><th colspan="3">配置数量标准</th><th rowspan="2">备注</th></tr>
<tr><th>省级</th><th>地市级</th><th>县（区）级</th></tr>
<tr><td>14</td><td rowspan="9">生活保障</td><td>水过滤设备</td><td>按照各单位风险分析结果进行配置</td><td>1～3</td><td>0～1</td><td>0～1</td><td>由各级单位进行配置</td></tr>
<tr><td>15</td><td>水桶</td><td rowspan="8">按公司基干队伍人数配置</td><td>1</td><td>/</td><td>/</td><td>在公司应急基地配置</td></tr>
<tr><td>16</td><td>保暖水瓶</td><td>1</td><td>/</td><td>/</td><td>在公司应急基地配置</td></tr>
<tr><td>17</td><td>帐篷</td><td>1</td><td>/</td><td>/</td><td>在公司应急基地配置</td></tr>
<tr><td>18</td><td>睡袋</td><td>1</td><td>/</td><td>/</td><td>在公司应急基地配置</td></tr>
<tr><td>19</td><td>折叠床</td><td>1</td><td>/</td><td>/</td><td>在公司应急基地配置</td></tr>
<tr><td>20</td><td>蚊帐</td><td>1</td><td>/</td><td>/</td><td>在公司应急基地配置</td></tr>
<tr><td>21</td><td>个人洗漱用品套装</td><td>1</td><td>/</td><td>/</td><td>在公司应急基地配置</td></tr>
<tr><td>22</td><td>储藏箱</td><td>1</td><td>/</td><td>/</td><td>在公司应急基地配置</td></tr>
<tr><td>23</td><td rowspan="7">应急发电</td><td>10kV 应急发电车</td><td>1. 省级在应急基地配置；
2. 地市级以各地市水厂为基础，考虑 10kV 供电需求的重要用户进行配置</td><td>1～5</td><td>1～3</td><td>/</td><td>在公司应急基地配置和地市供电局配置</td></tr>
<tr><td>24</td><td>磁飞轮 UPS 电源车</td><td>按省公司统筹配置</td><td>1～3</td><td>/</td><td>/</td><td>根据需要由公司统一统筹配置</td></tr>
<tr><td>25</td><td>手机充电车（充电方舱）</td><td>按省公司统筹配置</td><td>1～3</td><td>/</td><td>/</td><td>根据需要由公司统一统筹配置</td></tr>
<tr><td>26</td><td>UPS 电源车</td><td>按保供电任务需求情况</td><td>1～3</td><td>/</td><td>0～1</td><td>在公司应急基地配置和县（区）供电局配置</td></tr>
<tr><td>27</td><td rowspan="3">380V 应急发电车</td><td>省公司配置</td><td>1～3</td><td>/</td><td>/</td><td>在公司应急基地配置</td></tr>
<tr><td>28</td><td>特大型企业：一级重要用户+二级重要用户*（0.6 至 0.8）</td><td>/</td><td>/</td><td>1～4</td><td>由县（区）供电局进行配置</td></tr>
<tr><td>29</td><td>大型企业：一级重要用户+二级重要用户*（0.5 至 0.7）</td><td>/</td><td>/</td><td>1～3</td><td>由县（区）供电局进行配置</td></tr>
</table>

续表

序号	装备类别	装备名称	数据配置原则	配置数量标准			备注
				省级	地市级	县（区）级	
30			中型企业：一级重要用户+二级重要用户*(0.4至0.5)	/	/	1～3	由县（区）供电局进行配置
31		UPS电源	按保供电任务需求情况	/	/	0～1	由县（区）供电局进行配置
32		发电机（保电用）	按保供电任务需求情况	/	/	2～10	由县（区）供电局进行配置
33	应急照明	移动照明灯塔（带自发电）	（1）省级在应急基地配置； （2）地市级按输变电单位配置； （3）县（区）级按县（区）供电局配置	10～20	0～3	0～3	
34		LED升降照明装置	按每支应急抢修分队（20人）进行配置	10～20	1～3	1～2	
35		防爆移动灯	按公司基干队伍（20人）配置	10	/	/	在公司应急基地配置
36		移动多功能照明装置		10	/	/	在公司应急基地配置
37		泛光工作棒组合箱		10	/	/	在公司应急基地配置
38	应急通信	机动灾情勘察应急 通信系统	省公司直属机构按需配置	0～3	/	/	
39		便携式卫星地面站	（1）省级直属机构、地市供电局按需配置 （2）省输变电公司按每支抢修队伍配置	0～2	2	/	
40		移动便携式2G/3G/4G视讯话音 单兵通信 系统	按地市供电局配置	2～4	2～4	/	
41		3G/4G视讯单兵通信视频主站	按地市供电局配置	/	1	/	
42		卫星电话	（1）地市供电局配置 （2）省输变电公司按每支抢修队伍配置 （3）距海岸线10km内供电所（区）配置卫星电话，每个供电所（区）1台	0～5	0～12	0～1	

续表

序号	装备类别	装备名称	数据配置原则	配置数量标准			备注
				省级	地市级	县（区）级	
43		卫星数据终端	（1）按省级直属单位配置 （2）地市供电局配置 （3）省输变电公司按每支抢修队伍配置	0～3	0～3	/	
44		常规数模手持对讲机	（1）按每支应急抢修分队（20人）配置 （2）省输变电公司按每支抢修队伍配置	2～6	2～6	2～4	
45		公网手持对讲终端	（1）省级直属机构、地市供电局按需配置 （2）按每支应急抢修分队（20人）配置	0～5	0～5	/	
46		便携式通信电源（电池/发电机）	（1）根据保障场景需要按每个保障现场1～2套配置 （2）省输变电公司按每支抢修队伍配置	0～5	0～5	/	
47	特种装备	防滑链	（1）省公司在应急基地配置； （2）地市局由粤北地区地市局配置	10～100	100～300	0	在公司应急基地和粤北地区地市局配置
48	特种装备	橡皮艇	（1）省公司在应急基地配置； （2）按每个地市局配置	2～5	4～8	/	
49	特种装备	冲锋舟	（1）省公司在应急基地配置； （2）地市局按《广东电网有限责任公司生产专业工器具配置标准》要求配置	2～5	/	/	
50	特种装备	排涝车	（1）省公司在应急基地配置； （2）按每个地市局配置	3～5	1～2	0	
51	特种装备	钻孔立杆车	（1）省公司在应急基地配置； （2）按每个地市局配置	3～5	0～2	0	
52	特种装备	自吊车（16吨随车式起重机）	（1）省公司在应急基地配置； （2）地市局按生产工器具标准进行配置	2～3	/	/	
53	特种装备	移动方舱	在公司应急基地配置	2～4	0～5	0～5	
54	特种装备	35kV移动变电站	在公司应急基地配置	1～2	/	/	结合实际情况部署在相关地区

续表

序号	装备类别	装备名称	数据配置原则	配置数量标准			备注
				省级	地市级	县（区）级	
55	特种装备	110kV 移动变电站	在公司应急基地配置	0～2	/	/	结合实际情况部署在相关地区
56		越野卸货车	在公司应急基地配置	1～2	/	/	
57		履带运输车	在公司应急基地配置	1～2	/	/	
58		带电作业工具车	（1）省公司在应急基地配置；（2）地市局按生产工器具标准进行配置	2～3	/	/	
59		输电线路抢修塔	（1）省公司在应急基地配置；（2）地市局按生产工器具标准进行配置	3～5	/	/	
60		快装检修平台（绝缘脚手架）	（1）省公司在应急基地配置；（2）地市局按生产工器具标准进行配置	1～2	/	/	
61		破碎机	按照公司基干队伍（20人）进行配置	1～3	/	/	在公司应急基地配置
62		破拆工具	按照公司基干队伍（20人）进行配置	2～5	/	/	在公司应急基地配置
63		救援千斤顶	按照公司基干队伍（20人）进行配置	4～8	/	/	在公司应急基地配置
64	工程材料	帆布	建议各个地市局根据实际需求配置	/	/	/	由各地市供电局研究配置
65		沙袋		/	/	/	由各地市供电局研究配置
66		铁丝		/	/	/	由各地市供电局研究配置
67		铁桶		/	/	/	由各地市供电局研究配置
68		锄头		/	/	/	由各地市供电局研究配置
69		汽油桶		/	/	/	由各地市供电局研究配置
70		麻绳		/	/	/	由各地市供电局研究配置
71		松木桩		/	/	/	由各地市供电局研究配置
72		发光（反光）标记		/	/	/	由各地市供电局研究配置

（三）储备管理

应急物资储备主要分为实物储备、协议储备和动态周转等方式：

实物储备，指应急物资采购后存放在仓库内的一种储备方式。实物储备的应急物资按照企业相关储存管理制度进行库存管理，并定期组织检验或轮换，保证应急物资质量完好，随时可用。

协议储备，指应急物资存放在协议供应商工厂内的一种储备方式。协议储备的应急物资由协议供应商负责日常维护，保证应急物资随时可调。

动态周转，指在建项目工程物资、大修技改物资、生产备品备件和应急设备等作为应急物资使用的一种方式，有利于节约资金和降低库存。动态周转物资信息应实时更新，保证信息准确。

（四）预算管理

（1）各类应急物资、应急装备所需的资金全部纳入公司预算管理；各单位根据预算管理的分类要求，申报各类应急物资、应急装备的资金需求预算，报公司各专业归口管理部门审批。

（2）应急物资的购置由各专业归口管理部门结合备品备件管理予以保障。

（3）应急装备的购置由安全监管部门进行统筹，纳入生产技改项目予以保障。

（4）应急物资、应急装备预算包括相关管理成本预算，含采购、维护、保养、配送、使用及信息库维护等工作所产生的费用。

（5）财务部根据公司审定的应急物资储备定额，下达储备预算。

（6）应急物资领用后，财务部门根据物资部门的调拨单办理账务处理，将领用项目的物资部分预算回补至各单位的应急物资储备预算。

（五）台账管理

（1）资产所属部门（单位）建立本部门应急装备清册，明确装备存放地点和维护班组。

（2）资产所属部门（单位）在应急装备验收合格后，及时在应急指挥系统完成新增应急装备台账建立，并上报本级安监部门，本级安监部门核准后，逐级上报公司安监部备案。

（3）应急装备存放环境的温度、湿度等条件符合产品说明书要求。

（六）应急物资配送

加大运输及配送设备的资产投入，提升运输装备水平，包括增加运输车辆、起重机、现场叉车等设备。此外，加强与第三方物流、委托承运商等的合作，通过增加、维护设备配置，开展外部合作，增强应急物资配送能力。

应急物资的配送方式主要包括：

（1）定时配送，指按一定的时间间隔进行应急物资的配送。这种方式时间固定，有利于应急指挥机构安排工作，制定计划。配送的应急物资多为阶段性消耗品，如染料类物资等。

（2）定量配送，指每次配送时间按照固定的数量配送，这种配送方式可将发往不同地方的物资一起配送，可以有效提高配送效率。定量配送的物资多为不易消耗的工程建材、救援运输工具、防护用品等。

（3）定时定量配送，指在规定的时间内将固定数量的物资向灾区进行配送的方式。这种配送特殊性强，有一定的难度，应当精心组织，合理筹划。定时定量配送的物资有日常易消耗品，如电线电缆等。

（4）及时配送，是应急物资配送的重要方式，它可以根据灾情的变化及时做出安排，灵活机动，可操作性强，但难度较大。这要求各电网企业各部门密切配合，共同协作，是应急物资配送的较高形式。及时配送的物资多为紧急类物资，能够发挥重大效用的短缺物资，如专用物资类的特种设备和器材等。

（5）超前配送，是应急物流区别于传统物流的显著特征，它是在灾情发生前，运用现代科学技术对可能的大灾害进行预报预测的基础上，根据预测结果按照一定的数量、种类合理安排应急物资并配送到前方的方式。超前配送是应急物资配送的高级形式，是应急救灾的重要途径，它具有超前性，可以大大增强应急抗灾能力。超前配送的物资多为抗灾减灾物资，如电力建材设备、防护用品、救援载运工具等。

（6）综合配送，指运用以上多种配送方式同时进行，以实现应急物流目标为根本目的的配送，具有灵活、方便、配送物资范围广、节省时间等优点。

（七）应急物资使用维护管理

应急物资、应急装备的维护按照“谁的资产、谁保养；谁使用、谁运维；谁调用、谁负责”的原则，明确应急装备运维责任主体。综合考虑应急物资和装备的仓储地点、交通运输状况、日常维护保养、人员值班等工作，对在库应急物资装备进行定期检查和维护，建立应急装备检查和维护台账。

专业管理人员按照安全生产风险管理要素对应急装备进行分类管理，按以下要求对应急装备进行检查：

（1）按照产品说明书的检查时限要求；

（2）按照安全生产风险管理要素的检查周期要求；

（3）抗冰、防汛专用应急装备在覆冰期及汛期前需进行检查、试用；

（4）上述检查时限、周期可结合开展；

（5）检查内容应结合产品说明书要求，一般包含（但不限于）：数量、外观、部件牢固及完整情况、合格期限等事项；

（6）在应急装备检查、试用或使用时发现的缺陷、故障应及时按做好记录。

（7）各专业归口管理部门负责组织同级物资鉴定小组对应急物资、应急装备使用价值进行鉴定并根据鉴定结果，按照逆向物资管理要求对应急装备进行报废管理。

第三节 应急指挥平台

本节主要介绍应急指挥平台运行、维护及使用管理的相关内容，要求了解指挥平台场所设置、设备管理、业务系统管理、数据维护等相关管理要求，掌握应急指挥平台生命周期的全过程管理。

应急指挥平台系统是以公关安全技术和信息技术为支撑，以应急管理流程为主线，软硬件相结合的突发事件应急保障技术系统，是实施应急预案的工具。应急指挥平台系统具备风险分析、信息报告、监测监控、预测预警、综合研判、辅助决策、综合协调与总结评估等功能。系统主要构成包括应急指挥基础环境及相关设备，应急指挥信息管理系统等。

一、场所设置（应急指挥中心）

应急指挥平台场所是指提供应急指挥和后台技术支持的场所，包括场地、装修以及配套的办公家具等日常办公设备，应急指挥基础环境系统场所应相对独立，支持指挥、会商、值班、培训和演练以及后台控制等功能，至少设置指挥区和控制区，指挥区提供战时指挥调度、会商，平时培训、演练、会议的功能，控制区提供后台控制和值班监控功能。根据场地情况具备条件的可以设置休息区、会商区、接待区、信息发布区，休息区应靠近指挥区，休息区设置应满足 24 小时连续值班。

应急指挥基础环境系统的功能实现可以利用现有多个不同功能区，而不必集中到一个统一的场所。可以利用现有会议室改造，战时是应急指挥基础环境系统和应急值班室，平时是多功能会议室、培训演练室。

下面从几个方面了解应急指挥平台场所的基本功能。

（一）场所基本要求

应急指挥中心场所内部设置规范 VI 标识的背景墙，空间实现功能分区，合理布局，满足连续应急值班需要。场所一般设置在满足防洪抗震要求，以及避开地质灾害多发地域的建筑内。指挥区及控制室照明按照满足视频会议的要求建设。

应急指挥基础环境系统应具备可靠安全的交流供电（一类市电供电），当外部交流失电后，应急电源（比如 UPS、柴油机或者发电车等长时间电源）可以迅速启动并保证长时间供电应急指挥基础环境系统。

（二）应急指挥平台场所运行维护职责

综合（后勤保障）部门开展应急指挥中心场地环境的日常保安、环境保洁与后备电源保障，应急指挥平台启用期间提供后勤保障。在日常需要使用应急指挥中心场所时，应经应急专业管理部门同意。各级会议需保证应急中心场所在应急状态下的优先使用。

应急预警状态下，场所设备运维部门做好应急指挥平台启动准备工作，确保应急指挥平台可随时投入运行。应急响应状态下，场所设备运维部门在接到应急指挥平台启用通知后，1h 内完成启动工作，保证视频会议、行政电话与调度电话等应急通信畅通，做好应急值班工作。

二、设备管理

应急指挥平台设备是指支撑平台运转的基础设备类环境系统，主要包括综合布线、音视频系统、电话传真系统等内容。场所设备运维部门负责牵头编制应急指挥平台基础设备类环境系统技术方案并组织实施。

（一）场所综合布线

综合布线为应急指挥基础环境系统场所内部各种设备连接以及应急指挥基础环境系统场所与外部各种设备连接提供传输通道。应急专业管理部门负责结合如下方面提出综合布线需求：

（1）控制区满足指挥区会场音频、视频的集中控制以及应急值班需要。

（2）应实现与大楼电话系统、视频会议系统终端的连接。

（3）应实现局域网网络、综合数据网、互联网在应急指挥基础环境系统的延伸，满足展示本地和远程管理信息系统的需要。

（4）应预留有线电视接口、视音频接口及投影仪接口。

（5）应预留无线局域网的接口。

（二）音视频系统

音频系统布置应使会议室得到均匀声场，且能防止回声，声场环境应满足召开普通会议及电视电话会议的需求。话筒的布置应尽量置于各扬声器的辐射角之外。麦克风及音源设备送出的声音信号应接入调音台进行统一控制。

视频系统采集应急指挥基础环境系统场所现场视频信号，实现与视频会议终端连接，同时把现场视频、外部视频、系统界面调用信息灵活地展示到显示设备上。

应急指挥基础环境系统显示设备应具有同时显示多种信息的能力，宜采用技术成熟的等离子、DLP 背投、液晶电视、LED 屏幕或者投影设备实现，具有 AV、VGA 和 RGB 等接口，配置 RGB 矩阵和 AV 矩阵，支持多路视频信息显示和切换功能。

音视频系统设计案例见图 4－1。

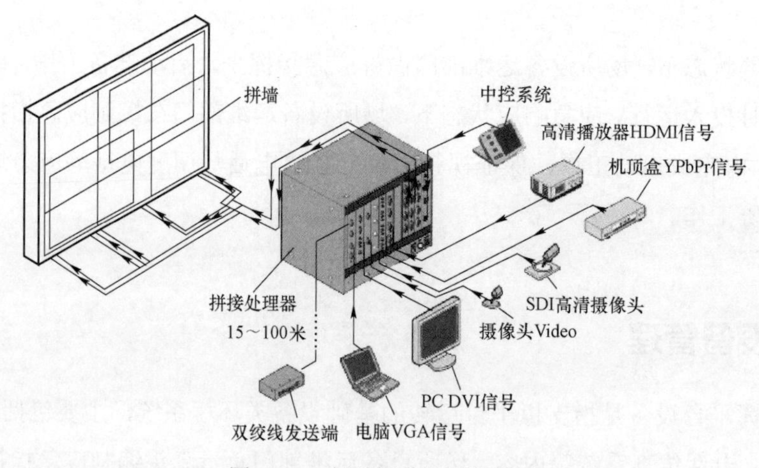

图 4－1　音视频系统设计案例

（三）电话传真系统

应急指挥中心应配置专用会议电话系统（含调度电话、行政电话、传真机等），会议电话终端应接入调音台，以便参会人员利用会场内的拾音和扩声系统参加电话会议。

（四）其他支持应急指挥的设备

根据应急指挥需要可选配其他装备，例如沙盘推演装置、实物展台、扫描仪、电子白板等先进技术设备，提供更加直观、方便的指挥手段。

（五）应急指挥平台设备管理职责

1. 设备台账管理

场所设备运维部门按照技术规范要求，完成新建应急指挥平台基础环境系统部分的验收工作。涉及新建/扩建、技改的应急指挥平台设备，由应急指挥平台项目建设单位在设备投运后及时建立应急指挥平台设备台账，并提交场所设备运维部门。建议场所设备运维部门每年至少一次对本单位应急指挥平台设备台账信息进行核对。

2. 设备运行维护管理

建议场所设备运维部门每月组织完成应急指挥平台定检、完成自检与联调，并将应急指挥平台定检测试结果在定期反馈应急专业管理部门。

应急指挥平台音视频系统、大屏幕系统、中控系统等重要多媒体设备的缺陷按照相关设备缺陷管理流程执行，建议场所设备运维部门每年定期汇总统计缺陷情况报上级专业管理部门。

场所设备运维部门应制定应急指挥平台预案，做好设备故障应急措施，建议每年至少开展一次应急指挥平台专项应急演练。应急处置、应急演练及其他指定的重要音视频信息应及时备份。应急指挥平台内的通信设备、信息化设备与办公设备按照相关专业管理办法开展维护。

3. 备品备件及项目管理

场所设备运维部门根据应急指挥平台设备运行情况，及时补充音视频系统、大屏幕系统及中控系统等重要多媒体设备的备品备件，每年定期编制下一年度备品备件计划，报应急专业管理部门备案

场所设备运维部门牵头申报实施设备大修、技改项目计划。

三、业务系统管理

应急指挥平台业务系统（以下简称系统）是支持应急指挥中心、应急办公室及各级单位部门应急相关业务日常管理及突发事件发生时辅助应急指挥的管理信息系统，包括驾驶舱管理、日常管理、应急处置管理、保供电管理等功能模块。

系统整合各类业务数据库、空间数据库、天气预报数据、在线监测数据库为基础，以地理信息系统、数据分析系统、信息综合可视化表示系统、大屏系统、视频会议系统为手段，实现电力行业监测、预警和应急管理领域的“监测、预警、应急”一体化应急

指挥与决策支持解决方案，实现应急事件从预警、报送、响应（指挥与处置、物资调度等）、监控、辅助决策等全过程管理。

案例： 中国南方电网有限责任公司应急指挥平台系统（本应用案例具体阐述电力应急业务系统的架构、功能）

- 系统应用领域与使用对象

网省地县四级安监部以及专业管理部门人员。

- 系统结构
- 系统功能

系统支撑应急状态下的信息快速搜集与报送，并将这些信息进行可视化展现辅助应急指挥中心领导决策。

管理型功能主要包括：

日常状态下的应急制度规范文件管理、应急组织机构管理、应急预案管理、应急资源管理、演练培训等功能；

应急状态下的应急预警、应急响应发布流程、应急值班管理、应急信息报送等功能。

指挥型功能主要包括：

应急状态下的应急专题GIS地图展示、应急专题图表展示、自然灾害影响评估、应急综合视频展示等功能，用于辅助应急指挥中心领导进行指挥决策。

系统供应急办及专业管理部门使用。专业管理部门人员主要在应急状态下使用本系统进行信息报送，并可使用本系统的指挥型功能指导本专业应急处置工作。报表能够根据自动化或现场采集的数据进行自动生成，人工再进行修改完善，大大降低应急人员编制报表的工作量。

- 通信系统

1. 视频会议系统

南方电网视频会议系统提供网/省/地三级应急指挥场所的视频会议，视频会议范围在应急指挥平台建设第一阶段按照现有视频会议系统覆盖范围，视频会议范围在应急指挥平台建设第二阶段应覆盖移动视频（移动指挥车或便携终端）和外部应急指挥场所，在第三阶段实现手机视频信号的接入。

应急指挥基础环境系统的视频会议终端应能够支持“双流”功能，实现应急指挥基础环境系统中工作终端显示器画面信息上传到视频会议系统中，网/省/地三级应急指挥基础环境系统中可以同时观看终端画面。

2. 通信网络系统

应急指挥基础环境系统构建局域网并与大楼局域网总交换机相连。

通信网络系统主要包括支持信息调用和视频音频传输的电力专网、公网、卫星通信等通信网络系统。

（1）原则上利用现有电力专网，根据应急需要逐步完善公网通信、卫星通信等应急通信手段。

（2）支持互联网、电话（电信、移动或者联通）、电力专线、卫星、外部专网等多渠道接入方式。在电力专网不能支持的情况下，应支持网/省/地三级应急指挥基础环境系统通过公网（电信、移动或者联通）、卫星通信等第三方网络进行电话通话或者视频信号传输，第三方通信网络最低需要保障现场与应急指挥场所之间的电话通话需求，电话传输的应急通信网络实现应在大楼的行政交换机或者调度交换机上实现。

（3）支持移动指挥车或者便携移动指挥终端通过电力专网或者第三方网络接入应急指挥基础环境系统。

应急指挥平台通过应急指挥信息管理系统接入各专业管理信息系统界面信息，需要接入的专业管理信息系统包括以下三类：

内部系统包括安全生产管理、线路覆冰监测、营销管理、工程物资管理、GIS、车辆管理系统、通信监控、信息监控等各类管理信息系统、调度自动化系统、配网自动化系统等生产实时系统。

外部系统包括110、119、交通、地震、气象、三防、政府应急管理、网络媒体、电视视频等外部系统。

视频系统包括应急指挥基础环境系统需要的变电站视频、营销客服视频、移动视频、电视媒体等各种视频。

- 系统功能

系统支撑应急状态下的信息快速搜集与报送，并将这些信息进行可视化展现辅助应急指挥中心领导决策。

管理型功能主要包括：日常状态下的应急制度规范文件管理、应急组织机构管理、应急预案管理、应急资源管理、演练培训等功能；应急状态下的应急预警、应急响应发布流程、应急值班管理、应急信息报送等功能。

指挥型功能主要包括：应急状态下的应急专题GIS地图展示、应急专题图表展示、自然灾害影响评估、应急综合视频展示等功能，用于辅助应急指挥中心领导进行指挥决策。

四、数据维护管理

应急指挥平台业务数据（以下简称业务数据）是指应急指挥平台管理信息系统的相关业务数据、应急指挥中心日常运转的音视频记录数据及应急处置期间的各专业数据的总和。

（一）职责分工

各使用单位负责信息系统的数据和应用管理，确保数据的完整性、及时性和准确性，定期在应急指挥平台信息系统完成当月数据更新、备份、核对检查工作。

应急处置期间建议成立应急信息报送小组负责信息沟通、汇总、报送、发布等工作。

（二）系统运行维护

（1）系统运行维护管理部门设置应急指挥信息系统管理员，使用单位设置本单位系统管理员，负责应急指挥信息管理系统用户账号及权限的维护工作。

（2）应急指挥信息管理系统开展运行监控、数据备份恢复、系统安全管理及数据库维护与升级，系统数据定期进行备份保存。

（3）各专业信息系统在建设与改造时，应充分考虑应急指挥平台的互联需求，信息部门统筹协调完成各专业信息系统在应急指挥平台的接入工作。

五、应急指挥中心协同设施

企业应急指挥中心的功能在于体现应急状况下的保障能力，其使用频率相对较低，可考虑将其做适应性改造后，实现空间和时间的复用，提高资源利用率。从当前电网企业运作模式和工作需求出发，可以考虑如下的应用场景。

1. 专用视频会议室

企业虽建有专用视频会议室，由于会议较多，实际运行中不够用、时间冲突的情况时有发生。应急指挥中心建设有高质量、完备的电视电话会议系统，是视频会议室的有力补充。

2. 周调会、晨会室

周调会、晨会等是电网企业周期性常设会议，参会人数恰能控制在指挥中心容量内。中心内配置的高清大屏、发言和扩声系统可以满足此类会议显示电网企业高分辨率接线图、汇报工作的需要。

3. 教育培训室

指挥中心的高清显示系统及高保真音响系统为电网企业对员工的宣传教育提供了优秀的硬件平台。可以通过这些设施播放公司宣传教育影像作品，如事故现场录像、操作规范演示、营销演练等，具有直观、生动、形象的效果。

4. 外来宾客接待室

电网企业作为地方重要基础企业，经常会有上级领导的指导监督及集团内兄弟单位的造访，因此需要一个展现企业形象的平台。应急指挥中心智能设备技术先进，可以无缝连接到企业生产一线，是展示企业形象的绝佳窗口。

第四节 应 急 基 地

电力企业作为国家基础性能源产业，在国民经济和人民生活中有举足轻重的作用。近几年极端恶劣天气频发，在历次抢险救援和恢复供电过程中，均暴露出应急队伍抢险救援经验不足、应急装备使用不良、缺乏基本的应急知识和处置技能等问题，迫切需要建立一个专业化的应急基地，提高全员的应急素质，强化各级专业应急人员的技能训练和实战演练，提高应急指挥能力和处置技能，从而大幅减少在重大灾害发生时的生命财产损失。

部分地区的应急抢修成为高成本的疲劳战和大会战，不具有可持续性；应急队伍反应速度，特别是节假日期间的集结速度时间长，支援的前期准备工作仍有较大提升空间。应急队伍现场抢修规范化、标准化水平均有待提升。各级单位应急指挥水平尤其是基层班站管理人员的应急指挥技能制约了应急抢修效率的提高。应急抢修救援人员缺乏应急抢修和应急救援技能的相关训练，能力参差不齐，突发事件发生时，无法及时响应，进行应急处置。尤其是外部队伍管理粗放，人员信息更新不及时，队伍管理不规范，训练效果不理想。现有的培训基地主要以常规的电网施工作业培训为主，不能满足开展应急管理和应急救援的训练需求。缺乏专门的应急训练基地，极大阻碍了继续发展壮大应急救援力量和能力。

应急装备配置水平不高，一方面缺少先进的应急装备和大型特种车辆，另一方面现有的应急通信、无人机等特殊应急装备运维水平有待加强。人员的装备操作技能水平有待提升。对于种类繁多的应急装备，目前尚未形成统筹管理的相关机制。通过建设综合应急基地实现应急装备的保障，综合应急基地一方面作为部分应急装备的储备场所，一方面建立定期的维护保养机制，另一方面用作应急训练、演练时使用。

一、南方电网综合应急基地

应急基地的建设目的：打造集应急专业人员训练、应急装备物资保障、应急演练、应急管理体系研究、应急技术研发等多种功能于一体的南方电网公司的综合应急基地。建成设施先进、功能完善、队伍精干、机制健全、运作高效的一流的应急训练基地，成为应急体系的展示窗口。

（一）功能定位

应急基地作为南方电网公司应急技能实训、应急装备检修运维和应急演练的综合平台和专业场所，具备以下八个基本功能定位：

（1）直属应急抢修队伍操练基地。

（2）应急装备检修基地。

（3）应急装备操作技能实训基地。

（4）输电、变电、配电设备应急抢修技能实训基地。

（5）新闻舆情应急及反恐实训基地。

（6）各级管理人员应急指挥技能实训基地。

（7）灾害仿真应急演练基地。

（8）防灾应急技术研发试验基地。

（二）基地培训课程

（1）应急管理概论：主要包括突发事件应急管理理论知识，我国突发事件应急管理体系“一案三制”（制定修订应急预案，建立健全应急的体制、机制和法制），企业防范与应对突发事件的机制建设。

（2）企业应急管理：主要包括突发事件分级，应急管理机制在企业中的案例实践，企业应急管理体系建设。

（3）应急预案：主要包括电网、人身、设备与设施、网络与信息、社会安全类应急预案编制与演练。

（4）应急指挥与应急预案推演：主要包括突发事件现场应急指挥以及应急预案互动式推演。

（5）应急法律法规：我国突发事件应急法律体系发展的基本脉络，《中华人民共和国突发事件应对法》及相关法律法规解读。

（6）4D 灾难体验：灾害体验、应急现场体验。

（7）危机公关与媒体应对：媒体时代的企业生存与危机，公关战略系统构建，危机中的媒体与公关策略，电力企业危机公关案例分析。

（8）应急现场处置：根据应急预案和现场实际编制现场处置方案，应急评估，应急风险评估与处置，主要采用案例教学法。

（9）灾难心理学：应激反应及应激障碍；心理危机干预典型案例分析；利益相关者的心理危机干预方法。

（10）专业技能理论训练：设备应急抢修技能、救援营地搭建、应急通信网建立、现场低压照明网搭建、现场破拆、废墟搜救等技能。

（11）应急装备操作技能理论训练：应急驾驶技术训练、无人侦察直升机应用、现场消杀灭装备使用、救援装备使用、危险化学品、高温等环境特种防护装备使用等。

（三）基地训练培训对象及规划

电网应急工作具有综合性强的特点，通常需要多个专业的应急队伍参与。不同专业的应急队伍具有明确的分工。结合应急基地的功能定位和实际工作经验，广东电网有限责任公司应急抢修中心将广东电网应急队伍分为五大类：应急指挥人员、专业应急管理人员、应急救援基干分队、应急抢修专业人员和一般人员。对于每一类应急队伍，抢修中心设定了明确的训练目标，并对课程内容进行了初步规划，说明如下。

1. 应急指挥人员

应急指挥人员的训练目标是：掌握应急理论知识，提高突发事件分析和应急调度能力，加强应急预案编制和审定能力，全面提升应急指挥人员的应急调度指挥水平。

训练课程主要包括应急法律法规，应急管理概论，电力企业应急管理，电力专项应急预案，应急指挥与应急预案推演，应急法律法规、危机公关与媒体应对等科目。

训练形式包括参观、授课、推演、仿真训练。训练地点在综合实训楼，涉及的训练场主要包括应急预案推演室、应急技能仿真训练室、应急心理训练室、应急通信训练室、防灾应急技术研发室、现场指挥部组建训练室、灾难体验室、新闻舆情应急训练室。

2. 专业应急管理人员

专业应急管理人员的训练目标是：全面提高应急管理人员理论水平，加强应急管理人员应急综合预案和专项预案的操作能力，提升常态下的日常应急管理能力，以及突发事件监测预警和事后恢复总结等能力。

训练课程主要包括应急管理概论、电力企业应急管理、应急现场处置、应急指挥与应急预案推演、应急法律体系、灾难心理学、危机公关与舆情监控等科目。对于专业应急管理人员，目前计划每名队员训练周期为 7 天。

训练形式包括参观、授课、推演、仿真训练。训练地点在综合实训楼，涉及的训练场主要包括应急预案推演室、应急技能仿真训练室、应急心理训练室、防灾应急技术研发室、现场指挥部组建训练室、灾难体验室、新闻舆情应急训练室。

3. 应急救援基干分队

应急救援基干分队的训练目标是：提升应急救援队伍理论水平，提高快速抵达现场、清障搜救、建立通信联系、应急车辆驾驶、应急装备使用、现场安全防护等方面的技能。

训练课程主要包括应急管理概论、电力企业应急管理、灾难心理学、电力专项应急预案和现场应急处置方案编制、灾难体验、心理训练、现场紧急救护、救援营地搭建、应急通信网建立、特殊环境人员救援、救援装备使用、应急技能虚拟仿真训练等科目。对于应急救援基干分队，目前计划每名队员训练周期为 10 天。

训练形式包括参观、授课、推演、仿真训练、户外实训（以救援训练项目为主）。训练地点在综合实训楼和户外实训场。涉及的训练场所有：应急预案推演室，应急技能仿真训练室，应急心理训练室，应急通信训练室，防灾应急技术研发室，现场指挥部组建训练室，灾难体验室，单兵装备训练室，室内体能训练区，输、变、配应急抢修作业实训区，水上救援区。

4. 应急抢修专业人员

应急抢修专业人员的训练目标是：提升应急抢修人员应急理论水平及抢修专业技能水平，加强体能训练和心理素质训练，提高复杂环境下应急现场抢修方案制定并实施技能，提升快速恢复供电（包括应急发电设备使用、应急照明和低压照明网搭建、恢复电网供电等方面）的能力。

训练课程主要包括应急管理概论，电力应急体系，应急法律法规，电力事故抢修规程，电网应急抢修方案编制，灾难体验，心理训练，现场紧急救护，抢修营地搭建，输变配设备抢修，故障巡查，应急通信、照明、发电装备操作等科目。对于应急抢修专业人员，目前计划每名队员训练周期为10天。

训练形式包括参观、授课、推演、仿真训练、户外项目实训（以输、变、配三大实训区抢修项目为主）。训练地点在综合实训楼和户外实训场。涉及的训练场所有：应急预案推演室，应急技能仿真训练室，应急心理训练室，应急通信训练室，防灾应急技术研发室，现场指挥部组建训练室，灾难体验室，单兵装备训练室，室内体能训练区，输、变、配应急抢修作业实训区。

5. 一般人员

应急抢修专业人员的训练目标是：提高应急意识，加强应急处置基本技能，提升应急状态下的自救和互救技能。

训练课程主要包括应急管理概论，突发事件应急常识，电力灾害体验，灾难心理学应急逃生基本技能训练，现场紧急救护，灾难体验，危机公关与媒体应对等科目。对于一般人员，目前计划每名队员训练周期为5天。

训练形式包括参观、授课、推演、仿真训练。训练地点在综合实训楼和户外实训场。涉及的训练场所有应急预案推演室、应急技能仿真训练室、应急心理训练室、应急通信训练室、防灾应急技术研发室、现场指挥部组建训练室、灾难体验室、室内体能训练区。

（四）基地培训资源设计

室内培训资源包括应急多功能演练指挥训练室、应急抢修及救援展示区、防灾应急技术研发室、紧急救护仿真训练室、灾难体验室、应急预案推演室、应急技能训练仿真室、训练教室等。室外实训设施包括变电应急抢修作业实训区、输电应急抢修作业实训区、配电应急抢修作业实训区设施、通信应急抢修作业实训区、水上救援训练区及体能训练区等。

1. 应急多功能演练指挥训练室

南方电网应急平台体系作为国家应急平台体系的重要组成部分，担负着对电力系统突发事件迅速反应和应急指挥的艰巨任务。

目前，南方电网已经建设成为网、省、市、县四级应急指挥中心。各级应急指挥中心作为南方电网应急平台系统的基础设施，是公司应急预案实施、应急指挥调度的决策指挥中心，是电网电力应急工作常态化的基础。各级应急指挥中心发挥着信息汇总、统计分析、统筹资源、控制指挥等重要核心功能。

综合应急基地应急多功能演练指挥训练室，一方面可以承担广东电网公司各级应急管理人员应急指挥能力的集中训练、演练；另一方面也可以作为南方电网公司网级应急指挥中心的备用场所，提高了南方电网公司应急平台体系基础设施的完备性。

2. 应急抢修及救援展示区

应急抢修及救援展示区是应急基地对外展示的重要窗口。应急抢修及救援展示区通过多元化、形象化展示手段，对基地建设情况、公司应急工作成果、公司应急体系建设情况等内容进行展示介绍，有利于提高参观者对公司应急体系的认知程度，对彰显电力企业的良好形象和社会责任有着积极的意义。

应急抢修及救援展示区利用图板、沙盘、影像等展示手段，辅以灯光、特殊音效，应急抢修及救援展示区用于展示危机管理理论、应急体系建设、应急装备设施、应急自救和互救技能、自然灾害、重大设备事故及应急处理案例。

3. 防灾应急技术研发室

防灾应急技术研发室主要用于对南方电网五省范围内典型自然灾难建立研究专题，对各类灾难进行分析、建模、展示，研究其对电力系统造成的影响，提出科学的应急指挥、应急抢险、应急救援策略方法。本专业用房的功能定位是集“教学、研究、展示”功能为一体的综合型、开放式教学研究室。

4. 紧急救护仿真训练室

紧急救护仿真训练室主要用于人员紧急救护的训练及操作示范，以应对特大自然灾害和重大突发安全事件的发生，快速、有效的应急救援、抢险保证社会稳定和人民生命安全，进一步强化电力企业专业应急救援基干队员紧急救护能力，减少自然灾害和突发事件造成的人员伤亡和致残率。通过紧急救护仿真训练室，训练一支具备合格紧急救护技能的专业应急救援队伍。训练室内训练包括训练心肺复苏、现场（创伤及骨折）包扎、伤员搬运技能等实训项目。

5. 灾难体验室

灾难体验室利用多媒体和虚拟现实等技术，再现台风、冰灾、地震、人为电网事故等灾害的相关场景，模拟相关灾害对现场应急指挥人员、应急抢修人员、应急救援人员的影响，以提升应急相关人员对灾害的心理承受能力、应急处置能力及救援行动技能。

6. 应急预案推演室

应急预案推演室主要功能定位如下：

（1）依靠科技创新，充分利用仿真技术和先进的应急管理系统体系，开发建设技术先进、性能稳定、开放、高效的应急能力训练和演练平台，以弥补目前单纯按预先编制的脚本进行实战演练的灵活性、全面性和演练效果的不足，使应急演练实现科学化、智能化、虚拟化。

（2）建立一套规范和完整的三维现场仿真演示系统，实现电力应急现场指挥、处置的模拟仿真操作。一方面满足应急组织成员间的沟通需求，提高应急处置的协调能力和效率；另一方面为大规模综合应急演练模拟出真实的演练场景。

（3）通过体验式训练与演练，掌握台风、地震、冰冻等灾害处置中如何快速响应、决策、处置与协调，实现看灾害现场、做救援决策的交互式推演与演练，以及累积式训练和演练效果评估，满足电力行业各层次应对突发性灾害事件的体验式应急管理实训、演练与教学需要。

7. 应急技能仿真训练室

应急技能仿真训练室可以实现应急相关人员在虚拟仿真系统所设定的应急情况下，进行应急所需技能的仿真体验与操作，完成应急指挥与处置过程，并结合实时评估系统对应急演练中的应急处置能力进行实时评估，形成评估结果，以提升应急人员面对突发事件时的科学决策和应急处置能力。

8. 应急心理训练室

应急心理训练室通过多维度（视觉、听觉、体感等多个维度）、数字化的手段，开展应急心理素质训练、应急基本技能训练。训练室将虚拟现实、地面互动、多通道融合等技术进行综合利用，让学员在虚拟的环境中体验多种生动、真实的应急场景，提高应急心理素质。

9. 新闻舆情应急训练室

新闻舆情应急训练室主要针对电力企业在应急工作中新闻媒体的应对、舆情问题的处理进行理论授课、实战演练。

10. 训练教室

（1）现场指挥部组建训练室：针对不同专业应急人员在应急现场临时指挥部组建工作进行训练。

（2）应急通信训练室：针对应急通讯理论、装备、技能进行训练，包括集群通信网的搭建、卫星通信技能训练、无人机技能训练等内容。

（3）单兵装备训练室：针对单兵装备、技能进行训练。

（4）救援装备训练室：针对应急救援装备的使用进行训练。

二、国网山东省电力公司综合应急救援基地

（一）综合应急救援基地运行管理

国家电网公司成立国网山东省电力公司应急管理中心，对省、市、县公司应急工作纵向一体化和横向全过程管理，对全省应急队伍、物资、装备及所需资金等应急资源实行统一规划、统一配备、分散部署、专业协同、区域联动、统一管理。应急管理中心设专业管理机构保障综合应急救援基地正常运转。

1. 培训管理

根据大应急培训体系需求，通过摸索、咨询社会专业团队和总结电力应急救援、抢修实战中的经验，从应急处置和应急服务实战出发，开发形成了符合工作实际和需求的应急救援训练科目。每年组织开展省、市、县、乡不同层面和应急管理人员、应急救援队伍、应急值班员等不同岗位人员的应急培训。另外，根据应急工作需要，会同政府、社会机构组织应急人员赴专业的培训学校开展取证培训。

2. 师资管理

采取培训与合作的方式，逐步建立由基地专职培训师、公司兼职培训师、外部兼职培训师组成的专业化培训师队伍。

3. 培训模式

应急培训以提高应急“实战”能力为目标，将培训对象分为应急指挥和应急管理人员、特种作业人员、彩虹应急服务队员、应急救援基干队员等类型，根据人员类型有所侧重。

4. 应急装备库物资、装备储备管理

按照应急资源保障体系建设，山东电力公司在多地市设置应急装备库，储备重点应急物资装备。基地应急装备库作为公司重要的战略应急物资储备点，也进行一定的储备。同时，为突发事件救援快速响应，基地还配备猛士、猛禽多工恩能够抢险车、机动应急通信系统车、六驱重卡、生活卧铺车、野战餐车等应急特种车辆。

5. 打造平战结合的应急管理运行机制

坚持应急与预防工作相结合，建立“快速响应、资源共享、协调联动、平展结合”应急管理机制。

（二）基地培训资源设置

1. 单兵装备教学室

对 GPS、3G 集群调度终端、背负视频终端等单兵通信设备和单兵净水器、帐篷、

绳索等生存装备进行实操培训，提高参训人员单兵装备的使用操作技能。

2. 紧急救护方针训练室

结合电力现场抢险救灾实际，运用多媒体课件、模拟假人等教学方法，通过理论、举例演示和队员现场操作体验等方式，向队员讲解、传授救护中的止血、包扎、固定、搬运、心肺复苏、烧伤烫伤、触电事故处置等方法技巧，提高参训人员急救技能。

3. 室内体能训练室

室内体能训练室，拥有全身性、局部性、小型等健身器械设备，并聘用有专业的教练进行指导，为参训人员制定专业的体能训练计划，提高参训人员体能素质。

4. 电缆隧道抢修救援训练场

电缆隧道救援训练场可开展电缆的安装、抢修、更换、电缆故障的巡查、排除，隧道塌方救援、伤员急救转运以及隧道内的排烟、排水、灭火、自救互救、逃生等科目培训。提高人员对电缆故障应急处置能力和在狭窄空间生存、施救能力。

5. 高空施救训练场

高空施救训练场设置两基 500kV 单双回铁塔，可开展输电线路铁杆知识认知，高处保护站搭建，高处伤员的伤情检查、伤情处理以及与地面队员配合搭建担架救援系统进行伤员转运等科目培训。增强参训人员团体协作意识和从高空安全转运伤员的施救能力。

6. 平面及特殊地形驾驶训练场

平面及特殊地形驾驶训练场可开展应急驾驶、吊车指挥、物资卸载等技能科目。同时通过模拟道路发生落石、横倒树木、水泥杆及部分路面坍塌情况，参训驾驶人员快速通过能力和反应处置，提高队员路况研判、车辆操纵等驾驶技术。

7. 室外体能训练室

室外体能训练室设置 300m 塑胶跑道、7 人制足球场、标准篮球场等基础体能训练设施。可开展负重跑、长跑、基础力量练习、肌肉耐力训练、身体柔韧性训练等科目培训。提高参训人员体能素质，满足完成长周期、高强度救援任务的体能要求。

8. 营地搭建与供电照明训练场

营地搭建与供电照明训练场可开展营地选址、搭建、现场办公环境搭建、应急通信网络搭建、指挥部照明搭建、便携式应急发电设备使用、营地配电安装等科目培训。提高参训人员帐篷的搭建速度、配电网络的搭设技能、应急通信保障能力和熟练操作各类应急照明发电商设备。

9. 障碍穿越训练场

障碍穿越训练场以S型方式设置了软梯、螺旋梯、高低横木、绳网、综合铁丝网、烟雾涵洞等障碍物，可开展身体协调能力、爆发力、各类障碍通过能力及高强度运动下的判断能力等科目培训。提高参训人员在应急救援抢险环境下安全、快速的通过能力，强化心理素质和意志力。

10. 破拆训练场

破拆训练场设置油锯切割区、水泥板破拆区、液压扩张钳操作区，可开展破拆锤、油锯等破拆装备操作使用科目培训。提高参训人员线路清障特种破拆装备的实战应用能力。

11. 狭小空间逃生、救援训练场

狭小空间逃生、救援训练场设有废墟搜救、楼板开凿切割、坍塌重物顶升、方木钢筋切割等训练设施。受训人员开展地震救援装备操作训练，掌握建筑物倒塌埋压人员搜救技术，提高地震救援能力。

第五节 应急通信

在电力突发事件、特殊区域生产作业等情况下，特别是在进行突发大面积停电、重大自然灾害应急处置过程中，常常面临公网通信中断、常规电力通信不能满足抢修复电、社会应急保障等应急处置需求，需要电力通信为此提供的应急通信手段，其中应急通信装备是指为满足电力通信应急功能需要而配置的通信装备，包括应急指挥车、应急通信车、VSAT卫星通信设施、卫星电话、北斗装置、对讲机、便携式集群站、3G/4G视频监控装置等。

本节主要介绍了应急通信管理的相关内容，下面从应急通信配置标准、运行维护、现场保障等方面了解相关管理要求。

一、配置标准

应急通信装备的配置遵循分散与集中部署相结合的原则，保障各区域资源配置基本平衡，局部区域适度超前。

（一）电力突发事件应急通信装备配置原则

（1）电力应急通信装备按照“分类型、分场景、分需求、分手段”的策略进行部属。

（2）电力应急通信装备按照高机动性、高可靠性、互联互通性、抗毁坏性择优配置。选择小而精的装备而不是大而全的装备。

案例：中国南方电网有限责任公司电力通信应急功能的部署策略

中国南方电网有限责任公司电力通信应急功能的部署策略见表4-3。

表4-3 中国南方电网有限责任公司电力通信应急功能的部署策略

应急类型	应急通信场景	通信业务需求	机动应急通信手段	部署方式
电力突发事件（自然灾害、电力事故等）	灾区各供电所、县供电局第一时间将灾情信息反馈给各级应急指挥中心	语音、定位、短信	卫星电话、北斗	灾害频发地区分散部署
	深入灾区进行灾情勘察的人员与应急指挥中心通信，汇报灾情	语音、定位、短信、图像	卫星电话、北斗、BGAN	灾害频发地区分散部署
	深入灾区进行应急抢修指挥人员与各级应急指挥中心通信	语音、定位、短信	卫星电话、北斗	灾害频发地区分散部署
	灾区现场应急指挥部与各级应急指挥中心通信	语音、数据、视频	VSAT卫星通信	省、地两级集中部署
	灾区现场应急指挥部与现场抢修人员的通信（指挥调度）	语音、集群调度	卫星电话、便携式数字集群	卫星电话分散部署、便携式数字集群省、地两级集中部署
	灾区现场抢修人员内部之间的通信	语音、集群调度	对讲机、便携式数字集群	对讲机分散部署、便携式数字集群省、地两级集中部署
	电力事故现场反馈信息给应急指挥中心	语音、视频	移动公网、3G/4G视频监控装置、VSAT卫星通信	移动终端个人自配、3G/4G视频监控装置和VSAT卫星通信省、地二级集中部署
	电力事故现场进行应急抢修的指挥调度	语音、集群调度	移动公网集群业务、便携式数字集群	移动公网集群业务地级单位统一部署；便携式数字集群省、地两级集中部署
特殊区域生产作业	现场巡检、日常维护	语音、定位、短信	卫星电话、北斗系统	各生产部门根据需要统一部署
	长时间（1个月以上）作业指挥调度	语音、集群调度	移动公网集群业务、便携式数字集群	各生产部门根据需要统一部署

（二）主要应急通信设备介绍

1. 卫星电话

基于卫星通信网络来传输信息的通话器，即卫星中继通话器，主要是填补现有线和无线通信终端无法覆盖的区域。

2. 北斗卫星

北斗卫星设备主要应用于导航定位、报文收发等。军用级的国产北斗二代军用终端定位精度已可达可达厘米级，民用方面一些企业开发的进行定位导航的导航仪。

3. BGAN

车载海事卫星动中通数据终端具有市场上最小的移动 BGAN 天线。该系统由三个部分构成：一个主机，一个 IP 手机和顶装天线。该天线配备内置磁性安装固件。简单地将天线放置在车顶并连接主机，车辆即刻变成了一个覆盖全球的移动通信枢纽。

4. VSAT

多模卫星便携站由双模天线、机械控制、调制解调，以及智能控制终端组成。其中天线包括 1.0m Ku 波段自动便携式天线和 BGAN 天线双模调制组成。是基于卫星通信地球站研制的天线控制系统，便携天线系统主要由天线控制单元、天线驱动单元、输入输出单元、GPS 模块、信标接收机、倾角仪等器件组成，主要有易操作、高强度、智能化、便于携带、功耗低、性能稳定等诸多优点。

5. 便携式数字集群（PDT/TETRA）

频谱利用率高，安全性高，支持所有语音调度业务及部分低速率数据业务，是目前主流的专网无线标准。

6. 移动公网、3G/4G 视频监控装置

二、组成建设

应急通信体系建设的思路以“打造天地空立体应急通信网”为骨干，远程和近程通信相结合，高容量与高可靠性兼顾，构建应急通信多业务平台，以服务应急指挥救援。该平台需要能在任何时间、任何地点快速建立现场与总部的通信电路；能将现场语音、图像等快速反馈至总部，使总部领导能直接了解现场情况，进行科学决策；并能快速部署现场通信调度指挥能力。

（一）总体原则

（1）建立有线与无线相结合，专网资源与公网资源、政府资源相结合的电力通信应

急功能保障系统，确保电力应急情况下的通信畅通。

（2）电力通信应急功能的建设属于电力通信系统建设范围，按照“分区域、分灾种、分档次、分风险”的基本思路，遵循“统一规划、分散配置、统筹使用、平时可用、战时畅通”的原则，对公司应急通信装备进行科学规划。

（3）电力应急通信装备分级管理、属地化维护。出现跨区域重大灾害情况下，由网省公司统一调配、使用。

（4）电力通信应急功能的建设应注重抗毁性和有效性，电力应急通信装备应具备抵御自然灾害的能力，应采用低功耗设备，并充分考虑配置其他便携式供电设备。

（5）电力通信应急功能的建设应注重安全性，电力应急通信装备的建设与使用不应降低现有通信系统与业务系统的运行安全与信息安全。

（6）电力通信应急功能的建设应注重兼容性，电力应急通信装备的接口宜统一标准，兼容应急业务系统。

（7）电力通信应急功能的建设应注重便携性和易用性，电力应急通信装备在事件发生时能够方便携带并快速简单地投入使用。

（8）电力通信应急功能的建设应依据发展规划，应考虑日常使用，充分利用现有资源，满足近期需求为主，兼顾远期发展。

（二）技术原则

电力通信应急功能建议采用天地一体、分级组网的架构。

案例： 中国南方电网有限责任公司电力通信功能总体架构

天空：以VSAT卫星通信为主，实现语音、数据、视频的实时远距离传输；兼顾海事卫星、北斗卫星等，满足紧急情况下卫星电话、卫星导航定位和短报文通信需求；

地面：各级应急指挥中心，以电力地面通信网络为主，兼有公网PSTN、互联网、移动通信等，实现南方电网各级指挥中心之间多种形式（包括电话、多方通话、图像、视频会议等）的通信；应急灾害现场，根据现场实际情况，有选择性地配置应急指挥/通信车、卫星电话、BGAN、单兵图传、北斗导航、卫星便携站、数字集群等多种现场应急手段，实现灾害现场与后方指挥中心的信息互通。

应急通信集群系统示意图见图 4－2。

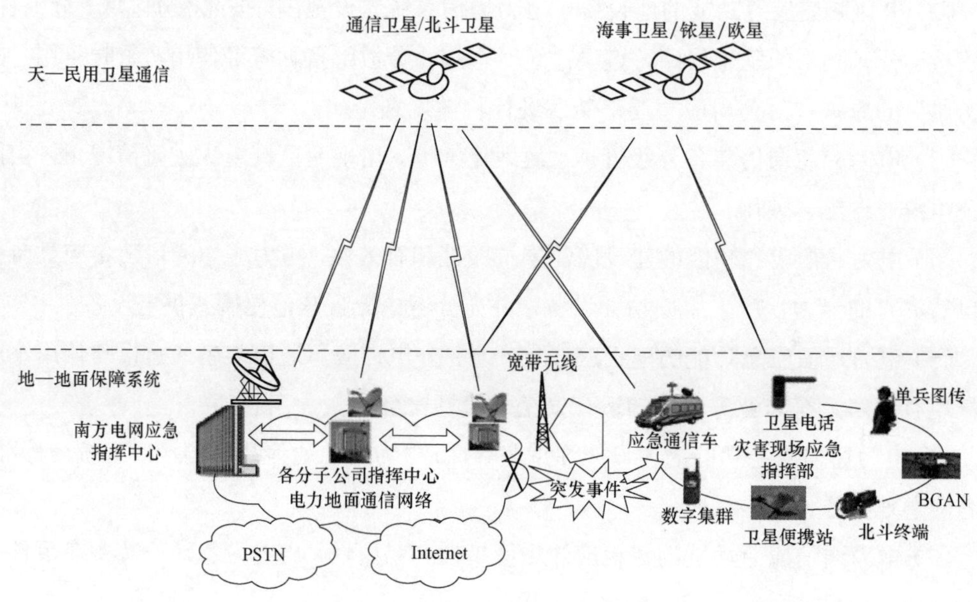

图 4－2 应急通信集群系统示意图

三、运行维护

为了更好地抵御自然灾害对电网的影响，减少灾害带来的损失，应急通信运行管理维护应遵循以下工作原则：

（一）明确应急通信装备管理责任

各级应急通信装备的运行维护管理部门明确设立指定人员负责应急通信装备运行维护，并确保人员熟悉相关技术。

（二）加强应急通信设备管理

运行维护管理部门建立应急通信装备台账清单提交上级部门备案；并将设备台账信息录入企业的资产管理信息系统。

运行维护管理部门应定期对应急通信装备测试，确保可用。应急通信装备的缺陷需按照相关设备缺陷管理流程执行，完成缺陷流程的闭环管理，并将缺陷统计情况报上级主管部门备案。

（三）完善应急通信队伍建设

各级单位按照实际情况组建应急通信队伍，组织业务管理培训、应急通信装备技能培训等。

案例一：广东电网有限责任公司电力通信队伍管理

组建队伍：

发布《广东电网有限责任公司应急队伍管理实施细则》，在全省范围内组建“移动指挥系统应急队伍”，各地市供电局将应急通信队伍报本单位应急办公室备案并接受统一调度。

配置应急通信装备：

各应急办公室督促系统运行部根据《广东电网公司应急装备配置标准》要求，立项完成应急通信装备配置，并将具备条件的应急通信装备接入应急指挥中心，实现音频正常通信。

统一网络管理：

广东电网公司建立全省统一的 VSAT 卫星网管系统，各地市局根据《南方电网电力通信应急功能规划技术原则》，将 VSAT 卫星通信设备统一接入广东电网 VSAT 卫星网管系统，实现资源共享，统一管理。

案例二：广东电网有限责任公司应急通信保障工作原则

（1）大型突发事件跨区域支援过程中，各直属供电局应急通信保障队伍负责为本单位派遣的应急抢修队伍提供通信保障，并接受公司系统运行部专业调遣安排。

（2）公司应急抢修中心、广东省电力通信有限公司及广东省输变电工程公司要建立本单位应急通信保障队伍，为应急现场提供通信技术保障。

（3）各单位应急通信保障队伍（或应急通信装备）在响应过程中不能满足应急需求时，根据《广东电网有限责任公司应急队伍管理实施细则》要求，由各单位应急办结合本单位专业部门意见，向公司应急办提出调遣申请；公司应急办征求专业部门（系统运行部）意见后，汇总调遣信息，并报公司应急指挥中心批准。

（4）各类大型应急演练过程中，各级应急通信保障队伍要做好演练时应急指挥中心、演练现场应急通信装备保障，必要时可申请跨区域应急通信装备及队伍进行支援。

（5）各级应急通信保障队伍应平战结合，加强实战演练及技能培训，切实做好抵御自然灾害应急响应时的通信技术保障工作。

（6）现场应急通信保障包括应急处置期间的指挥调度、应急队伍通信、应急处置信息等临时通信手段保障，并包括各类大型应急演练现场音视频通信保障。

第六节 应急后勤保障

建立应急队伍后勤保障机制，明确后勤保障任务分配、环境引导、生活保障、沟通渠道等相关方面内容，提供可靠的后勤服务，可以确保各项应急抢修工作快速投入、有序开展。

一、后勤保障主要工作内容

（一）物资保障

（1）标语、司旗、地图、路标、快速通行证等抢修救灾有关标识的制作；

（2）建立应急队伍人员、物资、用餐、住宿、以及车辆等的相关档案信息；

（3）食品、药品、宣传用品、办公用品、食宿用品、劳保用品等后勤保障物资的存储、维护、轮换和报废及供应调配。

（二）餐饮保障

选定用餐地点，采购食材，联络厨师、餐馆，提供用餐服务。

（三）住宿保障

（1）办公区域、宿舍区域的防疫、防虫、防雨、防冰冻、防寒及防风加固等工作。

（2）联系各级医疗卫生单位，协调开通医疗救助绿色通道、派遣医疗分队，配备医疗药品。联络酒店、学校、体育场等大型公共场所或搭建帐篷，提供住宿安排负责联络当地大型物资供应商（如超市商场、副食品批发部、五金店），提供后勤补给工作。联系当地的环卫部门，清理驻地的生活垃圾，避免滋生细菌造成二次污染。

（四）交通保障

交通安全保障工作主要包括：抢修队伍的引导和迎送工作；统筹调度车辆、安排司机；联系加油站，确保燃油供应；联络政府相关部门开通绿色通道，办理抢修车辆通行证，明确车辆集结地及停放地点，确保车辆停放期间的物资运输安全。负责联络当地汽车修理厂，确保车辆快速修复。

二、后勤保障主要物资清单

（一）应急食品配置

应急食品配置清单见表4－4。

表4－4　　　　应急食品配置清单

序号	种类（物资类）	配置原则	备注
1	方便面	2盒/人/天	
2	午餐肉	0.5罐/人/天	
3	饼　干	1盒/人/天	
4	矿泉水	8瓶/人/天	
5	八宝粥	3罐/人/天	
6	姜　片	0.4袋/人/天	
7	巧克力	2条/人/天	
8	功能性饮料	1罐/人/天	
9	凉　茶	1罐/人/天	
10	牛　奶	1罐/人/天	

备注：1. 食品配置不为常备，可在出发前购置，以确保保质期；2. 以上为常规配置，夏天必备凉茶，冬天必备姜片；3. 可根据季节、气候及当地特殊性自行配备特殊食品。

（二）急救药品配置

急救药品配置清单见表4－5。

表 4-5 急救药品配置清单

序号	药品名称（内服类）	数量	序号	药品名称（外用类）	数量
1	十滴水	10 支×2 盒	15	正骨水	10mL×5 支
2	藿香正气丸	5 盒	16	云南白药气雾剂	2 支
3	复方黄连素	100 片×2 瓶	17	止血贴	5 片×10 包
4	头孢拉定胶囊	10 片×2 盒	18	棉签	3 扎
5	新康泰克	10 粒×5 盒	19	绷带	4 卷
6	甘和茶	10 包×2 盒	20	纱布	5 包
7	芬必得	20 粒×2 盒	21	碘酒	5mL×2 支
8	心宝	20 粒×2 盒	22	万花油	10mL×10 支
9	蛇药	2 盒	23	止血带	50mL×2 条
10	开瑞坦	10 粒×2 盒	24	999 皮炎平软膏	2 支
11	硝酸甘油或必痛定片	心脏病 高血压	25	达克宁	2 支
12	葡萄糖	4 瓶	26	驱蚊剂	10 支
13	斧标驱风油	5mL×10 支	27	乐敦眼药水	2 支
14	夏桑菊/板蓝根	10 袋	28	防冻疮药膏	2 盒

注：1.药箱药品为常备药品；夏天须常备夏桑菊，板蓝根；冬天须常备防冻疮药膏；2. 请在出发前检查药品的有效期，及时更换过期药品；3. 现场如有特殊需求，请联系现场指挥部。

（三）宣传用品配置

1. 车身标识

侧面贴、车头贴：侧面贴 700mm×450mm 或 800mm×450mm。车头贴尺寸为 1300mm×250mm。可根据实际车型调整尺寸，材质采用户外高精写真背胶裱光膜。

车辆编号（1～200）：250mm，材质采用户外高精写真背胶裱光膜。

车头挡风玻璃处：21cm×14cm，250 克铜版纸过塑。

2. 宣传旗帜

红蓝各 200。宣传彩旗尺寸为 1540mm×500mm，材质及工艺采用涤纶布热转印刷，旗杆 2500mm，配竹竿。

3. 抢修队旗帜

旗尺寸为 1440mm×960mm，材质及工艺采用涤纶布热转印刷，颜色按照国旗颜色制作，配竹竿或配不锈钢旗杆，长 2500mm，材质：201 不锈钢，壁厚 2mm，直径 32mm，配顶帽。

4. 党旗、团旗

党员/青年突击队红旗尺寸为1440mm×960mm，材质及工艺采用涤纶布热转印刷，颜色按照国旗颜色制作，配竹竿或配不锈钢旗杆，长2500mm，材质：201不锈钢，壁厚2mm，直径32mm，配顶帽。

5. 南网旗帜

旗尺寸为1440mm×960mm，配竹竿或配不锈钢旗杆，长2500mm，材质：201不锈钢，壁厚2mm，直径32mm，配顶帽。

6. 现场抢修指挥部横幅、宣传横幅

尺寸5m。

7. 现场抢修指挥部门牌

50cm×40cm，背胶哑膜亚展板。

8. 座牌

现场总指挥、现场副总指挥、抢修协调小组、安全督导小组、物资保障小组、供电服务小组、通信保障小组、综合援助保障小组。

（四）办公用品配置

办公用品配置清单见表4－6。

表4－6　　办公用品配置清单

序号	名称	单位	每个指挥部配置数量	每个应急抢修队伍配置数量	备注
1	投影仪	台	1	0	
2	投影布	块	1	0	
3	纸张（A4，盒）	箱	5	0	
4	纸张（A3，盒）	箱	2	0	
5	油性笔	支	5	0	
6	小白板	个	1	0	
7	白板笔	支	5	0	
8	文件夹	个	30	5	
9	剪刀	把	2	1	
10	纸刀	把	1	0	
11	笔记本	本	30	5	
12	签字笔	支	30	10	

续表

序号	名 称	单位	每个指挥部配置数量	每个应急抢修队伍配置数量	备注
13	铅笔	支	30	10	
14	荧光笔	支	30	10	
15	胶水	支	15	3	
16	订书器、订书钉	个	10	3	
17	回形针	盒	10	3	
18	复印机	台	1	0	
19	排插	个	10	3	
20	传真机	台	1	0	
21	彩色打印机	台	2	0	
22	打印机墨盒	个	10	0	
23	扫描仪	台	1	0	
24	笔记本电脑	台	1	2	
25	3G/4G 上网卡	个	1	2	
26	充电宝	个	2	2	
27	手机充电器	个	2	2	

注：以上常规用品由办公室常备。

（五）劳动保护用品配置

劳保用品配置清单见表 4－7。

表 4－7　　劳保用品配置清单

序号	名称	技术参数	配置原则	需求数量	备注
1	手套	帆布	每人 2 双		常规配置
2	安全帽/草帽	蓝色/××	每人 1 顶		
3	雨 衣	便携全身式，PE 材质，深蓝色，带反光条	每人 1 套	××号　件	
4	水 靴	高筒防水，筒高 355～395mm，筒厚 2～3.2mm，重量 2.2～2.3kg，黑色	每人 1 双	××码　双	

续表

序号	名称	技术参数	配置原则	需求数量	备注
5	救生衣	长 55cm，宽 40cm，橙色，泡沫型	每人 1 件		
6	荧光反光衣		每人一套		
7	羽绒服/冲锋衣/棉衣		每人一套	×号 件	冬天必备
8	防冰鞋		每人一双	鞋码×	
9	变色眼镜（有色眼镜）		每人一副		

（六）食宿用品配置

食宿用品配置清单见表 4–8。

表 4–8　　食宿用品配置清单

序号	设备名称	配置原则	单位	数量	备注
1	水桶	按每位应急队员进行配置	只	1	四季必备
2	保暖水瓶	按每支应急抢修分队（20 人）进行配置	个	5	
3	帐篷	按每支应急抢修分队（20 人）进行配置	顶	10	
4	行军床	按每位应急队员进行配置	张	1	
5	蚊帐	按每位应急队员进行配置	个	1	
6	个人洗漱用品套装	按每位应急队员进行配置	套	1	
7	储藏箱	按每位应急队员进行配置	个	1	
8	洗衣粉	按每支应急抢修分队（20 人）进行配置	包	5	
9	香皂	按每支应急抢修分队（20 人）进行配置	包	10	
10	衣架	按每支应急抢修分队（20 人）进行配置	个	50	
11	卷纸	按每位应急队员进行配置	卷	4	
12	蚊香	按每支应急抢修分队（20 人）进行配置	盒	4	
13	电风扇	按每支应急抢修分队（20 人）进行配置	台	4	夏天必备
14	凉席	按每位应急队员进行配置	张	1	
15	睡袋/棉被	按每位应急队员进行配置	个	1	冬天必备
16	取暖扇	按每支应急抢修分队（20 人）进行配置	台	4	

注：1. 以上常规用品由办公室常备；2. 个人洗漱用品套装含牙刷、牙膏、沐浴露、洗发露；3. 在无酒店住宿情况下配备使用。

案例：××供电局应急支援后勤保障工作手册

应急救援后勤保障工作手册案例见图 4-3。

目录

中国南方电网 CHINA SOUTHERN POWER GRID

湛江供电局
地址：湛江霞山区海滨大道南19
应急中心电话：
后勤负责人电话：
扫一扫搜地址

徐闻供电局
地址：湛江徐闻县东平一路
应急中心电话：
后勤负责人电话：
扫一扫搜地址

雷州供电局
地址：湛江雷州市西湖大道
应急中心电话：
后勤负责人电话：
扫一扫搜地址

吴川供电局
地址：湛江吴川市解放中路
后勤负责人电话：
扫一扫搜地址

1

廉江供电局
地址：湛江廉江市新兴路
应急中心电话：
后勤负责人电话：
扫一扫搜地址

■ 湛江五大县局市场

○ 霞山区域

霞山东风市场
扫扫搜地址
地址：湛江霞山区霞山水产批发市场青蟹行

霞山海景市场
扫扫搜地址
地址：海昌路15栋后座201房

○ 徐闻区域

扫扫搜地址
徐闻东方市场
地址：湛江徐闻兴华路1号

扫扫搜地址
徐闻下埚商行
地址：湛江市徐闻县

○ 吴川区域

吴川劳动力市场
地址：吴川市劳动培训中心附近
扫扫搜地址

吴川长寿市场
地址：吴川市其他梅菉解放中路二巷21号
扫扫搜地址

打开手机微信
扫一扫搜地址快哦！

2

湛江区域加油站

○ 遂溪区域

名车汽车维修中心
地址：湛江市遂溪县遂海路71附近
电话：0759-7792525
扫扫搜地址

○ 赤坎区域

韩日汽车修理厂
地址：湛江市赤坎区海滨大道北169号附近
电话：陈：13822527522
张：13729150231
扫扫搜地址

○ 徐闻区域

中石化金海加油站
地址：湛江市徐闻县广进路与207国道交叉口的东南方向
扫扫搜地址

徐闻县角尾加油站
地址：湛江市徐闻县广进路与207国道交叉口的东南方向
扫扫搜地址

○ 雷州区域

调风镇塘边加油站
地址：湛江市雷州市289省道附近
扫扫搜地址

○ 霞山区域

中澳加油站
地址：湛江市霞山区椹川大道南50号附近
扫扫搜地址

平乐加油站
地址：湛江市霞山区经济技术开发区海滨大道中
扫扫搜地址

中石化雷州幸福加油站
地址：湛江市雷州市207国道雷州幸福农场路口幸福医院附近
扫扫搜地址

7

○ 吴川区域

中油BP湛江顺风加油站
地址：湛江市吴川市325国道
扫扫搜地址

○ 廉江区域

加油站（安铺镇人民政府南）
地址：湛江市廉江市安铺镇兰海高速安铺镇出口向西
扫扫搜地址

加油站（龙塘街）
地址：湛江市廉江市龙塘街廉正主题公园东南侧
扫扫搜地址

○ 赤坎区域

中油BP湛江赤坎加油站
地址：湛江市赤坎区椹川大道北57号
扫扫搜地址

○ 遂溪区域

中油BP湛江湛广加油站
地址：湛江市遂溪县325国道
扫扫搜地址

中油BP湛江粤鑫加油站
地址：湛江市遂溪县374省道
扫扫搜地址

8

湛江各大酒店以及饭店信息

图 4－3　应急救援后勤保障工作手册案例

第五章

应急预警及先期处置机制

第一节　应急预防准备

突发事件预防与应急准备是指在突发事件发生前，通过公司主导和动员直属各单位参与，采取各种有效措施，来消除突发事件隐患，避免突发事件发生；或在突发事件来临前，做好各项充分准备，来防止突发事件升级或扩大，最大限度地减少突发事件造成的损失和影响。

首先，全面进行风险识别形成事件清单，分析和认定哪些事件可能发生，确定风险的来源及可能影响的范围，针对某一类型时间或某一特定区域，从不同层面、角度分析列举此类事件或该地区可能发生的各种影响情况。其次，分析风险产生的原因和设想可能的发生的后果，制定针对性的整改计划并督促落实，在对风险进行筛选、排除的基础上确定潜在的风险处置措施。主要开展以下几个方面预防准备工作：

（1）应急组织体系准备。应急管理工作的开展需要在统一的组织机构下，明确应急管理职责，相互协调，因此应急组织体系准备情况是反映应急管理工作是否有效执行的重要指标，应急组织体系准备情况评估包括应急指挥机构、日常管理机构、相关法律法规等几方面。

（2）应急预案体系准备。应急预案体系准备情况是应急预案的编制情况、管理现状及预案熟练程度的体现，包括预案体系结构、预案编制、预案质量、宣贯培训、发布管理、应急演练等要素。

（3）应急保障体系准备。应急保障体系准备情况是对应对突发事件的队伍、装备、物资、平台、资金等保障应急工作开展的要素日常管理情况的评估，包括应急队伍、应急物资、应急装备、应急平台、资金保障等多个要素。

（4）应急运转机制准备。应急运转机制准备情况评估是对在应急管理过程中为了保障应急处置效果和有效开展应急处置工作而开展的管理性工作的评价，包括预警、应急响应、应急联动、应急抢修、应急信息等多个要素。

案例：美国《国家应急准备指南》（2007年）概要

国家应急准备架构包含了预防、保护、响应和恢复全过程的努力，以使国家为所有灾害做好准备——无论是恐怖袭击还是自然灾害。

2003年12月17日发布的国土安全总统指令-8指示国土安全部部长制定一个针对国内所有灾害的应急准备国家目标。作为这一努力的一部分，2005年3月国土安全部发布了国家应急准备暂行目标。《国家应急准备指南》的发布，完成了国家目标和相关准备工具的开发。

《国家应急准备指南》包括同时在网上公布的支持文件《目标能力清单》，取代了国家应急准备暂行目标，并确定了国家为所有灾害做好应急准备的含义。该指南包括四个关键要素：

（1）应急准备愿景：提供了对国家核心应急准备目标的一个简明陈述。

（2）国家应急规划情景：描绘了包括恐怖袭击和自然灾害的高后果性威胁情景的一个多样性集合。旨在聚焦各级政府会同私营部门为国土安全应急准备的应急规划工作。这些情景构成了为所有灾害做好应急准备的基础。

（3）通用任务清单：是一组包括1600项独特任务的清单，这些任务可以促进对以国家应急规划情景为代表的重大事故的预防、保护、响应和恢复努力。它提供了一个共同的术语，并识别了重点任务，以支持在各级组织中发展关键的能力。当然，没有任何单位能够完成全部任务。

（4）目标能力清单：定义了为有效应对各类灾害，社区、私营部门和各级政府应该共同拥有的37项特定的能力。

第二节　应急监测与预警

监测预警是对可能发展成突发事件的威胁和危险源进行人工或自动监测，并在造成损害之前向相关人群或装置发出预警信息，以提前采取防范措施，从而减少灾难可能造成的损失。

一、监测

（一）监测的定义

广义的监测是对潜在的风险、危险源、危险区域进行实时跟踪，并获取相关信息后迅速报送、处理，再发出预警的整个流程。狭义的监测是指以科学的方法，收集重大危险源、危险区域、关键生产设施和重要防护目标等的运行状况及社会安全形势等有关信息，对有可能引起突发事件的各种因素进行严密的监测。搜集有关风险和突发事件的资料，及时掌握风险和突发事件的第一手信息，为及时有效应对决策提供重要依据。

（二）监测的作用

监测是开展风险评估的基础，通过对风险源的安全状况进行实时监测，尤其是对那些可能使风险源的安全状态向非正常状态转化的各种参数的监测，快速采集信息，为灾害的预测预警提供条件。监测也包括监测事态变化过程，为应急处置方案的不断调整提供依据。概括起来，在突发事件应急管理的事前、事中和事后三个阶段上，监测都可以发挥重要作用。

1. 监测风险，及时预警

对危险源进行监测，及时了解风险源的实时安全动态。一旦危险源发生不可控，其状态超出了可控的范围，则进入预警状态。因此，通过风险监测方法可以实时监测风险源的状态，并通过一定的科学计算方法发出预警信息，为突发事件的预测预警提供决策依据。

2. 对突发事件实时监测，提供决策依据

突发事件发生后，通过实时预警，及时迅速获取应急处置方案的实施效果。如在启动的方案中未能如期实现目标，将实时监测得到的结果作为依据，重新调整应急处置方案，并及时启动新的应急决策方案。因此，突发事件的实时监测未应急方案的不断调整提供了决策支持，为事后的评级案分析提供了参考依据。另外，监测将直接影响突发事件处置的速度和进程，并影响政府对应急处置工作的决策和公众对企业形象的评价。

（三）监测的形式

从监测的手段来看，包括定量的和定性的监测。如空气污染程度、台风的覆盖面积等属于定量监测，是通过对突发事件和承载体的各种参数和环境参数进行观察、测量、记录并对采集的数据进行分析，评估监测对象的风险水平。二突发事件的发展态势、网络舆论预警等一般属于定性监测。

突发事件的监测监控手段主要运用应用系统、控制论、信息论的原理和方法，结合自动监测、监测技术、传感器技术、计算机技术、通信技术等现在高精尖克己，对风险源的安全状态实施监测，快速采集各种数字化和非数字化的信息，从而给出风险评估结果，及时发出预警信息，将风险消除在萌芽状态。

由上所述，应急管理工作中，必须构建突发事件监测网络，完善突发事件监控系统，健全突发事件信息监控制度，推进信息队伍的建设。

（四）监测的方法

监测的方法主要包括依靠科学技术的专业监测方法、基层员工和社会群众监测方法（传统的监测方法）。

专业的监测方法利用内部控制系统、视频、无线、卫星等监测方法，对潜在风险进行测量和监控。传统的监测是一种发动基层员工、社会群众，特别是受到威胁的个体或集体，采用简单的设备通过观测直接参与潜在突发事件监测的监测方法。在实际监测工作中，要注重专业监测与传统监测相结合，构建由各级主管部门、专业机构、监测网点及基层部门等构成的综合监测体系，通过多种途径及时、全面、准确地收集突发事件信息。

（五）加强监测与预警的措施

（1）建立健全基础信息数据库。即把收集上来的各种突发事件相关的数据分门别类，科学储存。基础信息数据库系统包括：应急预案数据库、风险隐患排查数据库、接报处置突发事件数据库、应急物资储备数据库、应急管理专家数据库、基础信息和空间信息数据库、应急管理典型案例数据库、应急救援队伍数据库等。

（2）做好监测的准备工作。相关的准备工作包括完善监测网络。划分监测区域，确定监测点，明确监测项目等。要明确机构、人员、分工、责任和义务，实行常规和动态的监测，形成上下结合、分工合作、效能统一的监测体系。

（3）建立科学的监测指标体系。即依托科学的方法，对突发事件的演进过程进行分析，找出各种测量突发事件的敏感因素，为突发事件的应急管理提供一个测量手段和工具。以此工具为依据可以识别并确认社会风险。监测突发事件危险源、评价事件发生的可能性。

（4）规范风险管理流程。以科学合理的风险管理流程来认真完成风险监测、风险识别、风险评估、风险排序、风险控制和风险沟通等各个环节的工作，特别是要同时兼顾危险要素与脆弱性两个方面，考察其交互作用的结果。

（5）加强预警信息传播。把媒体、各种非政府组织、社会公众等力量都纳入风险管理中来，实现多手段。多途径、多渠道传播预警信息，做到动态监测、综合分析、科学预警、有效报警。

（6）降低监测预警的重心，发挥基层单位的作用。基层单位应根据自己的实际情况，进行科学的风险分析与监测。同时，成立基层应急领导组织和救援队伍，避免突发事件来临时群龙无首，陷入混乱。

案例一：广东电网有限责任公司预警监控机制

（一）预警监测分类

根据热带气旋预警级别划分及信号定义、暴雨预警信号定义和洪水预警级别划分，结合广东电网实际情况，公司防风防汛预警级别分四级：红色预警、橙色预警、黄色预警、蓝色预警。分级标准见表 5-1。

表 5-1　　应急预警分级及发布条件

预警级别	发布条件（满足下列条件之一）
红色	（1）南方电网公司发布了涉及公司管辖区域的防风防汛红色、橙色预警。 （2）省气象部门发布了红色预警（台风、暴雨、洪水、地质），预计将严重影响公司管辖区域。 （3）省三防办发布了防御台风、暴雨、洪水或地质等灾害的通知，预计将严重影响公司管辖区域。 （4）预计未来 48h 将有超强台风（16 级及以上）登陆广东省或其风圈严重影响公司管辖区域
橙色	（1）南方电网公司发布了涉及公司管辖区域的防风防汛橙色、黄色预警。 （2）省气象部门发布了橙色预警（台风、暴雨、洪水、地质），预计将严重影响公司管辖区域。 （3）省三防办发布了防御台风、暴雨、洪水或地质等灾害的通知，预计将严重影响公司管辖区域。 （4）预计未来 48h 将有强台风（14～15 级）登陆广东省或其风圈严重影响公司管辖区域
黄色	（1）南方电网公司发布了涉及公司管辖区域的防风防汛黄色、蓝色预警。 （2）省气象部门发布了黄色预警（台风、暴雨、洪水、地质），预计将影响公司管辖区域。 （3）省三防办发布了防御台风、暴雨、洪水或地质等灾害的通知，预计将影响公司管辖区域。 （4）预计未来 48h 将有台风（12～13 级）登陆广东省或其风圈严重影响公司管辖区域
蓝色	（1）南方电网公司发布了涉及公司管辖区域的防风防汛蓝色预警。（2）省气象部门发布了蓝色预警（台风、洪水、地质），预计将影响公司管辖区域。（3）省三防办发布了防御台风、洪水或地质等灾害的通知，预计将影响公司管辖区域。（4）预计未来 48h 将有强热带风暴（10～11 级）登陆广东省或其风圈影响公司管辖区域。（5）预计未来 48h 将有热带风暴（8～9 级）登陆广东省

（二）预警监测方法

应急办负责气象预警信号和天气动态预报信息的监测，通过应急指挥平台风讯、山火、水调、变电站视频等模块实时监测，密切与省三防办、水利厅、省气象等有关部门进行沟通，及时通过文件、电视、电台、网站、电话、传真等渠道获取最新气象、水文信息，并通过电话、EMS/SCADA 系统获取即时电网运行信息。

（1）防风防汛预警信息监测重点：

① 台风动态。② 降雨监测。③ 流域来水。④ 地质灾害。

（2）预警信息来源

1）通过风雨监测和风险分析获得数据。

2）省三防办、省气象部门发布的防风防汛预警信息。

3）南方电网公司发出的防风防汛预警信息。

4）公司有关各部门、各单位报送的防风防汛预警信息。

（3）公司应急办在获取预警支持信息后及时进行汇总分析，必要时组织相关部门、专业技术人员、专家进行会商，对防风防汛突发事件发生的可能性及其可能造成的影响进行评估。

案例二：广东突发事件风险

自然灾害：台风、暴雨、强对流、高温、风暴潮、海岸侵蚀、赤潮；低温雨雪冰冻、干旱；崩塌、滑坡、泥石流、地震；森林火灾、农业病虫害。

事故灾难：城市桥梁、玻璃幕墙、渣土受纳场等非高危行业监管不到位；人员密集场所、“三小”场所、石油化工等特殊场所消防隐患；城市基础设施年限增长带来的事故风险等。

公共卫生事件：流感、人感染禽流感、鼠疫、登革热、手足口病；食源性疾病、食品污染。

社会安全风险：涉农、涉土、涉劳资纠纷、涉环境保护等重点领域和涉军、涉民办教师等重点群体的不稳定因素；涉金融、电信诈骗等新型违法犯罪行为。

二、预警发布与行动

（一）预警的定义

预警是指根据突发事件过去和现在的一些数据、情报、资料等，运用逻辑推理和科学预测的方法和技术，对某些突发事件现象征兆信息度量的某种状态偏离预警线的强弱程度，对未来可能出现的风险因素、发展趋势和演变规律等作出评估与推断，并发出确切的警示信号或信息，使企业内部和公众提前了解事态发展的趋势，一遍及时采取应对策略，方式和消除不利后果的一系列活动。预警必须依靠有关突发事件的预测信息和风险评估结果，依据突发事件可能造成的危害程度和发展趋势，确定相应的预警级别，通过公共媒体、企业内部信息渠道，及时对特定的目标人群发布警示信息，并采取相关的预警措施，从而把突发事件给特定的部门和潜在的受影响群体可能造成的损失降到最低。

（二）预警机制的目标与原则

预警是应急管理的重点环节之一。2003 年 10 月十六届三中全会《中共中央关于完善社会主义市场经济体制若干问题的决定》第一次明确提出“建立健全各种预警和应急机制，提高政府应对突发事件和风险的能力”。

开展预警的目的有两个：一是及时搜集和发现信息，对搜集到的信息进行快速分析处理，然后根据科学的信息判断标准和信息确认程序对爆发突发事件的可能性做出准确的判断和预测；二是及时向相关人员或公众发布突发事件可能发生或将要发生的信息，以引起警惕。围绕预警目的，预警的目标主要是多渠道设置规范而直观的预警标识，建立快速、准确、通畅的预警渠道，确定科学有效的预警措施，有效减少突发事件的危害。通过预警级别和预警发布制度，迅捷、有效地将信息传递给广大受突发事件影响的区域人员，提高这些区域人员在灾情扩大或爆发前采取有效对策的能力，从而实现及时布置、防风险与未然的效果。

预警应遵循以下原则：

1. 时效性

从突发事件的发生征兆到全面爆发具有很高的不确定性，事态演变极其迅速，需要借助现代先进信息技术（如卫星传感技术、雨水监测、江河水位监测等），及时、准确、全面捕捉征兆，并对各类信息进行多角度、多层面的研判，及时向特定的群体传递并发出警示。因此预警工作的开展一般需要建立灵敏、快速的信息搜集、信息传递、信息处理、信息识别和信息发布系统，这一系统的任何一个环节都必须建立在“快速”的基础上，失去实效性，预警就失去了意义。

2. 准确性

预警不仅要求快速搜集和处理信息，更重要的是要对复杂多变的信息尽可能做出准确或比较准确的判断，这关系到整个应急管理的成败。要在短时间内对复杂的信息做出正确判断，必须事先针对各种突发事件制定出科学、使用的信息判断标准和程序，并严格按照指定的标准和程序进行判断，避免信息判断及其过程的随意性。

3. *动态性*

预警信息的收集和发布时一个动态过程。由于预警信息采样的时点性特征和突发事件本身的动态性，使得某一时点发布的预警仅针对当时的研判结果。然而突发事件时在不断变化的，因此预警信息必须根据动态的研判结论进行相应调整。

4. *多途径、全覆盖*

突发事件预警机制建设必须有效地考虑各种潜在的不稳定因素及其相互关联的复杂问题与状况。突发事件预警涉及政府、企业、社会公民等多个组织和多个系统，是一个复杂、综合的系统工程，需要相互密切协调配合。如气象局进行台风预报预警、地震局进行地震预报预警等。从 2003 年非典和 2008 年南方低温雨雪冰冻灾害等突发事件可以看出，在进行一个领域的预报预警时，不能只考虑单一突发事件对公众、财产、经济社会等的影像，而应将相关的主体联系起来综合考虑。同时决策部门之间也存在互相影响和制约，一个主体发布的预警信息应如何被其他主体接收并影响其他主体的预警信息的发布，不仅涉及灾害次生、衍生激励，还涉及多部门协同应对机制。以典型的综合预警如气象预报－地质灾害预警为例，国土资源部门、水利部门与气象数据，便于国土资源、水利部门等结合该数据信息综合预警。因此，从提高重大突发事件处置效率出发，建立有效的协同预警机制，开展综合预警，是目前最迫切需要解决的问题。

5. *多层次*

预警机制建设必须根据突发事件的不同层次设置不同的层级系统，形成一个从底层级到高层级、从简单到复杂、从小范围到大范围的系统圈。同时，要注重才用内部预警与外部预警相结合的方式，对于敏感性、恐怖主义等相关信息以内部预警为主，对于台风、地震等直接危害事件，以外部预警为主，并着重落实预警后的相关措施。

（三）预警信息的发布、报告、通告和解除

预警信息的主要内容应该具体、明确，要向接受预警者讲清楚突发事件的类型、预警级别、起始时间、可能影响范围、警示事项、应采取的措施和发布机关等。为使更多人得到预警信息，从而能够及早做好相关的应对、准备工作，预警信息的发布、调整和解除要通过办公网络、媒体等方式进行。

全面准确地收集、传递、处理和发布突发事件预警信息，有利于应急处置机构对事态发展进行科学分析和最终做出准确判断，从而采取有效措施将危机消灭在萌芽状态，为突发事件发生后具体应急工作的开展赢得宝贵的准备时间。

突发事件预警信息的发布、报告和通报工作，是建立健全突发事件预警机制的关键性环节。建立完整的突发事件预警信息制度，主要包括：① 建立完善的信息监控制度。有关单位要针对各种可能发生的突发事件，不断完善监控方法和程序，建立完善事故隐患和危险源监控制度，并及时维护更新，确保监控质量。② 建立健全信息报告制度。一方面要加强地方各级政府和上级政府、当地驻军、相邻地区政府的信息报告、通报工作，使信息能够在有效时间内传递到行政组织内部的相应层级，有效发挥应急预警的作用；另一方面要拓宽信息报告渠道，建立社会公众信息报告和聚宝制度，鼓励任何单位和个人向政府及其有关部门报告突发事件隐患。同时要不断尝试新的社会公众信息反馈渠道，如开通微信公众信息平台、服务热线等。③ 建立严格的信息发布制度。一方面要完善预警信息发布标准，对可能发生和可以预警的突发事件要进行预警，规范预警标识，制定相应的发布标准，同时明确规定相关政府、主要负责单位、协作单位营房履行的职责和义务；另一方面要建立广泛的预警信息发布渠道，因地制宜，充分利用办公系统、收集、电话、互联网系统等多种形式发布预警信息，确保广大人民群众在第一时间掌握预警信息，使他们及时采取有效防御措施，达到减少人身伤亡和财产损失的目的。

预警信息的发布和解除需要按照相关规定填写发布单和解除单。

另外，单一时间在发展到应对完毕的整个过程中，存在预警级别动态变化的情况。突发事件初期的预警级别可能较低，随着事态进一步扩大，其预警级别可能上升，反之则降低或至解除。如果有关部门补及时更新、调整预警级别，很可能造成重大损失或付出不应有的代价。随着突发事件的演变及相关处置手段的干预，突发事件的发展态势可能逐渐变弱，这就需要及时解除预警，避免民众长时间的恐慌心理带来的不必要影响。

（四）预警级别的调整

突发事件具有不可预测性，当紧急情况发生转变的时候，预警发布单位/部门应对行为应适时作出调整并公布，这不仅是应对突发事件的需要，也是降低应急管理成本、保障权益的措施之一。任何突发事件的应对，不能只考虑控制和消除紧急危险的应对需求和应对能力，另外一个重要的着眼点还在于如何避免紧急权利对现存国家体制、法律制度和公民权利的消极影响和改变。紧急权利的设计和使用应当受到有效性和正当性两方面的制约，离开具体应急情景的改变而一成不变地采取应急措施，既不能有效地应对突发事件，还会增大滥用紧急措施的可能性。因此，有关应对单位应当根据突发事件状态的发展情况分别规定响应的应急措施，并根据时间的发展变化情况进行适时调整。

（五）预警行动

预警发布后，预警范围内的各单位应立即按预案要求开展预警行动，采取措施控制事态发展，消除或减轻威胁，减少事件可能造成的损失，并及时将行动情况反馈至发布预警的管理部门。主要包括：① 开展临时加固、增打拉线、清理树障、清理基建工地隐患、核实前期隐患整改情况和防洪涝、防倒杆措施落实情况等方面进行工作，确保重点防御工作有效落实。② 对社会发布应急信息，对重要客户做好沟通服务，按照重要用户停电序位表预置应急电源装备，强化做好应急准备宣传工作。③ 利用各种媒体开展涉防灾避灾知识宣传，加强客户服务和抢险救灾宣传工作，提升公司承担社会责任正面影响力。④ 派现场督导组和先遣队提前赶赴突发事件可能发生地区，检查、指导防御工作落实，充分准备应急队伍、装备和物资，全面做好应急抢修准备。⑤ 根据预估的灾损情况，提前将相关队伍和装备预置，同时提前安排好后勤保障等工作。⑥ 检查、更新应急物资储备库存情况，统计供应商应急物资库存情况，及时补充缺少应急物资或做好协议储备。

案例：广东电网有限责任公司预警发布与行动

1. 预警发布

预判达到预警发布条件时，由公司应急办组织各部门会商研判，确定预警级别后按以下要求签发并发布预警。

预警发布通知单签发权限对应表见表 5-2。

表 5-2　　预警发布通知单签发权限对应表

序号	预警级别	预警发布通知单签发权限
1	红色、橙色预警	应急指挥中心总指挥或授权副总指挥
2	黄色、蓝色预警	应急办主任或授权应急办副主任

预警发布通知单发布要求对应表见表 5-3。

表 5-3　　预警发布通知单发布要求对应表

序号	发布对象	发布时间	发布方式	发布单位（部门）
1	公司各部门、各单位	预警发布通知单签发后 30min 内	通过“公司应急办”ID 在公司 OA 公告板发布，并通过短信通知公司应急指挥中心、应急办人员，预警范围内地市局负责人和工作联络人，并在应急指挥管理平台发布	公司应急办
2	南方电网有限责任公司应急办公室		通过“公司应急办”ID 报送至网公司应急办相关人员 OA 邮箱	

2. 预警行动

发布预警后，预警行动范围内的单位应根据当地和本单位具体情况，针对可能发生的水风灾害，及时采取有效的防范和应对措施。

（1）气象监测。气象监测预警信息发布要求对应表见表 5-4。

表 5-4　　气象监测预警信息发布要求对应表

序号	预警级别	发布时间	发布方式	责任单位（部门）
1	红色、橙色预警	每日 7 时、16 时发布一次	通过短信通知公司应急指挥中心、应急办人员，预警范围内地市局负责人和工作联络人	公司应急办
2	黄色、蓝色预警	每日 16 时发布一次		

（2）行动措施。公司各职能部门根据预警级别和应急管理职责开展各专业值班、前期检查、专业监测、信息报送等系列有效防范措施，并指导地市局开展专业预警行动。

a. 预警填报单位及时间。

b. 天气展望。

c. 应急工作开展动态。

d. 因灾损失信息统计主要包括线路停运及恢复情况、变电站停运及恢复情况、供电损失及客户停电情况、线路倒杆情况、线路及配变受损情况、预警发布或响应启动情况和应急资源情况。

（3）应急值班。预警期间，公司应急办成员部门实行 24h 电话值班，预警范围内地市局参照公司安排应急值班。

3. 预警调整

预警发布后，公司应急办根据风情、水情、汛情发展，及时提出预警级别与范围调整建议。

4. 预警解除

预警解除条件见表 5-5。

表5-5　　预警解除条件

序号	解除条件（满足以下条件之一）
1	省气象台解除台风、雷雨大风、暴雨、洪水红色、橙色、黄色、蓝色预警
2	南方电网公司解除防风防汛红色、橙色、黄色、蓝色预警
3	公司启动防风防汛应急响应。（自动解除预警）
4	灾害性天气对我省的影响基本结束，直属各地市局均解除预警

预判达到预警解除条件时，由公司应急办组织各部门会商研判，确定解除预警后按以下要求签发并解除预警。

预警解除通知单签发权限对应表见表5-6。

表5-6　　预警解除通知单签发权限对应表

序号	预警级别	预警解除通知单签发权限
1	红色、橙色预警	应急指挥中心总指挥或授权副总指挥
2	黄色、蓝色预警	应急办主任或授权应急办副主任

预警解除通知单发布要求见表5-7。

表5-7　　预警解除通知单发布要求

序号	发布对象	发布时间	发布方式	发布单位（部门）
1	公司各部门、各单位	预警解除通知单签发后30min内	通过“公司应急办”ID在公司OA公告板发布，并通过短信通知公司应急指挥中心、应急办人员，预警范围内地市局负责人和工作联络人，并在应急指挥管理平台发布	公司应急办
2	南方电网公司应急办公室		通过“公司应急办”ID报送至网公司应急办相关人员OA邮箱	

第三节　应急先期处置

先期处置是指在突发事件即将发生或刚刚发生后初期，有关部门对时间性质、规模等只能做出研判或还不能做出准确判定的情况下，对事件进行的早期应急控制或处置，最大限度地避免和控制事件恶化或升级的一系列决策与行动。

突发事件的先期处置是应急管理“战时”工作的首要环节。及时、快速而有效的处置可以争取时间，能以尽可能少的应急资源投入，最有效地控制事态扩大和升级并减少损失。先期处置主要包括现场先期处置、应急值班值守、应急督导等内容。

一、先期准备机制

（一）先期准备的含义

应急准备的内容包括应急队伍、应急装备、交通运输、物资、资金、通信保障等准备的总和，为迅速有序地开展应急行动而预先进行组织准备和应急保障工作。主要是围绕应急响应工作所进行的人员、物资、财力等方面的应急保障资源准备。突发事件来临前，做好各项充分准备，包括电网隐患排查、应急资源准备、组织机构准备、预案准备等，有利于防止突发事件升级或扩大，提高应急处置的效率，最大限度地减少突发事件的发生及其造成的损失和影响。

（二）先期准备的目标

应急准备的目标是“防患于未然，有备无患”，强化服从任务需要、快速反应意识、灵活保障意识，做好应急处置任务的服务保障工作。应急准备的内容包括应急体系及运行机制、应急队伍、应急装备、应急物资、资金、应急通信保障等方面。突发事件来临前做好各项充分准备，还包括思想准备、预案准备、组织机构准备、应急保障准备，有利于防止突发事件升级或扩大，提高应急处置效率，最大限度减少突发事件的发生及其造成的损失影响。

（三）先期准备的特征

应急准备集中体现在对突发事件的人力、物力、财力、交通运输及通信保障等方面的工作，保证应急处置工作的需要和灾区应急队伍的基本生活，以及恢复重建工作的顺利进行。应急准备具有以下几个基本特征：

（1）应急资源准备行动的快捷动态性。由于突发事件在时间地点上的不确定性，应急保障资源从资源储备地到事发地，在时间、空间、数量和质量上都要做到准确无误，从而使有效的人力、物力和财力发挥最大的效能。同时还需考虑社会、企业的发展和环境的变化，实现应急保障资源的动态管理。

（2）应急准备方式的灵活多样性。突发事件往往由多个矛盾引起，内部原因和外部环境复杂多变。突发事件规模大小、种类不一，潜在的危害和衍生的灾害难以把握；另外，广东省地理环境、地域因素及周边环境的复杂性，应急准备的方式是多样性的。

（3）应急准备的资源协同共享性。由于突发事件的特点决定了应急资源的稀缺，同时应急资源又是突发事件实施恢复重建的最基本要素。决定突发事件发生后应急组织体系成员在规定的范围和程序下可以使用应急保障资源，避免重复配置减少浪费，以实现资源保障的充分有效利用。所以应急准备工作必须具有较强的协同共享性，要求指挥统一，职责明确。

（4）应急准备的布局合理性。针对不同的电网建设规模、专业、地理位置、自然环境、不同类型的突发事件高发区，应急资源应有着不同的分布。应急资源的布局合理分布，不仅可以降低成本，而且可以保证应急处置工作的时效性。在兼顾全面的基础上，保障应急资源的最佳利用。

案例一：××供电局抗击台风“玛娃”准备工作

一、应急响应总体情况

9月2日，组建以书记、各分管副局长带队的共5个督导组，分别到各县区局进行督导工作，检查各县区局防御台风工作落实情况，并指导、协调各县区局落实省公司对配网工作的具体要求。××供电局9月3日12时已将防风防汛Ⅲ级响应调整为Ⅱ级，已启动应急指挥中心值班。各级领导和生产一线员工取消周末休假，各单位已层层落实各级值班安排。

二、电网运行方面

现110kV××站2号主变压器处于检修状态。220kV、110kV××线路在检修状态进行树障清理（计划2～3h），其他主网设备保持正常运行。××站等片网已通过110kV 线路电磁环网。联系电厂，做好在极端情况下用××电厂用电系统对地区110kV电网送电的预案。9月2日19时30分备调已开始同步值班。

三、设备管理方面

（1）输电专业：共出动397人次，125车次，对83回线路开展特巡特维工作。共清理树障隐患点73处，共81.13亩；清除飘挂物68处，加固杆塔拉线83处，加固杆塔基础1基。对涉及高铁、高速、线线重要交叉跨越点38处开展特巡工作。通过市三防办下令督办清理的重要线路树障隐患点有21处，已处理20处，剩下1处还在处理中。

（2）变电管理所共出动128人次，32车次，完成35座变电站防风防汛特巡及隐患排查工作，共发现并处理隐患23处。省公司督导组在110kV××站提出两个问题已落实整改。已完成8座重点变电站继保室、控制室大面积玻璃门窗用木板临时封堵措施，小面积窗户玻璃加贴封口胶布措施。6座220kV及以上变电站已在2日早上恢复有人值班，其他9座110kV保底变电站也已恢复有人值班。部门管理人员10名，继保专业16名，变电检修专业10名已进驻15座保底重要变电站，全部到位。

（3）配电专业：共出动配电人员699人次，181车次，对210回配网线路及设备进行特巡。加固基础9基，清理树障295处，共115.5亩，处理飘挂物61处，紧固拉线230处，加打拉线35处。

四、客户服务方面

截至目前，向全市市民发送预警短信103万条，其中向重要客户及重点关注用户发送133条。已完成17户重要客户、24户重点关注客户、8个有水浸隐患的大型小区配电房，38个防洪排涝用户现场安全检查工作，发现隐患15个，发出整改通知书7张。已对各区县局一镇四户开展用电安全检查，并建立联系对接。梳理出可能受影响的敏感客户等61户，进行走访或电话沟通，告知客户提前做好防风防汛准备工作。已派出7部应急发电车和4台发电机。更新重要用户、重点关注客户应急供电保障序位表和应急复电序位表。

五、基建工程管理方面

组织各相关参建单位重点排查完毕249个在建项目，共排查加固施工项目部及临时工棚32个、临时打拉线及杆塔基础加固47处、清理地面易飘物129处、脚手架加固3处、深基坑硬围蔽110处，所有基建现场81个已停工，施工班组共1284人已全部妥善安置。

六、应急抢修力量及装备方面

已召集本地内外应急部队伍共1976人，其中内部526人，外部1450人；抢修队伍已按预案预置在驻地待命。应急抢修车共272辆，其中外部184辆，内部88辆。原有12台卫星电话已经分发给输电管理所，其他局支援的27台手机卫星装备支援已到位20台。

七、应急物资方面。

××供电局现有库存物资总量2811万元，包括钢芯铝绞线63.48t，配电变压器40台，低压铝芯线147.6kM，变压器配电箱22台，10kV柱上断路器成套设备7套，水泥杆 164 根随时可调可用。各一二级仓库都已检查完毕，没有发现积水隐患，没有防涝黑点。

八、后勤保障后面

（1）接待方面：已经与全市各接待酒店联系，预留床位 2750 个，可满足 3100 人住宿和用餐。局和各县区局本部食堂储备 800 人 3 天食材。应急值班食品全部发放到位。

（2）物业方面：组织对办公区域物业进行巡查处理。拆除横幅、旗帜、树枝等漂浮物共 15 处，加固高架灯、楼顶构筑物等共 32 处；检查并加固办公楼门窗，准备防水沙袋 300 个。

（3）车辆方面：安排应急车辆 18 部，全部维修好，并加满油，随时待命。预留值班司机 10 人。对生产部门车辆进行检查维修并加满油。公安交警支队针对台风抢修期间车辆通行问题进行沟通，达成一致意见。中石化、中石油同意提供台风抢修后的应急加油。

（4）新闻方面：与党建部、工会等进行联动，组建新闻队伍全部到位。通过官方微博发布四条信息，通过微信推送四条 H5 信息，向省公司报送一条信息和三条视频。做好与政府宣传部门的沟通互动，及时转发我局的信息，做好舆情监控。

九、信息安全方面。

信息专业及终端运维人员按响应级别要求进行现场值守工作；设备、安全设备、重要系统运行正常、UPS 和机房精密空调设备运行正常。

案例二：××供电局抗击台风“天鸽”准备工作

一、台风防御总体情况

按照台风路径预测，台风“天鸽”将以 13 级左右的风力于 23 日中午至上半夜在深圳到湛江之间登陆，可能会对珠海造成巨大影响。我局高度重视，22 日上午 8:40 我局启动防风防汛蓝色预警，郑局及黄局亲自部署台风前隐患排查工作，发出“做好抗击台风‘天鸽’准备工作的通知”，组织落实台风前防灾准备工作。

22 日中午 12:30 时，启动防风防汛Ⅳ级响应，19:00 时调整为防风防汛Ⅲ级响应，22 日下午，召开防风防汛视频会议，局领导班子全体成员参加，全体应急成员部门参加，各区局设立分会场，对之前准备工作进行总结协调，并部署下一步的工作重点。以下是我局目前准备工作完成情况。

二、电网运行方式安排

已做好电网运行方式安排，做好配网调度权下放准备。目前我局：

（1）500kV 正常方式，无设备检修；

（2）220kV 除××乙线、××乙线转检修外，其他设备无检修工作并在正常方式；

（3）××站 110kV ××甲线 179 开关因缺陷转检修外，其他设备无检修工作并在正常方式；

（4）对澳门供电的××条 220kV 电缆线路（××甲乙丙、××甲乙丙线）正常方式，110kV××A、B 空充备用；

（5）珠海属地电厂机组正常。

三、隐患排查情况

截至目前，我局已出动 265 人开展隐患排查，在排查过程中，共发现并处理隐患 55 处，目前我局设备无重大、紧急缺陷。

四、重要用户和重点关注用户应急准备情况

已与所有用户均通过电话、短信、微信等方式开展风险提醒工作，并协助用户做好风险防控。已联系重要用户、防风防汛重点关注用户，做好应急发电机预安排。

五、应急值班安排

无人值守 220kV 变电站已恢复值班，西区和横琴片区已事先派抢修队伍驻守。各部门、区局及输电、变电、试验所已按照防风防汛预案要求做好了值班安排。

六、应急队伍准备方面

经核实，珠海本地共有主网内外部应急抢修人员 300 人，内外部 6 支配网应急抢修人员共 500 人应急抢修队伍，人员已处于待命状态。

七、应急装备准备方面

发电装备：发电车 6 台，10kV 应急发电车 1 台、发电机 42 台均已检查完好，备足油料，随时可调用。抢修装备、通讯装备、抢修车辆均已检查完好。

八、应急物资准备情况

经核对，一级仓库应急物资已按设备部下限要求储备，存储良好。

九、应急后勤新闻保障情况

（1）开展了建筑物防风防汛检查，紧固了各办公场所的门窗。

（2）组织完成了抢修车辆检查，车辆检查及加满油水抢修车辆车况良好。

（3）采购了一批应急食品，有需要确保随时调用。

（4）已做好外部应急队伍预分配方案和住宿安排。

（5）已做好防社会人员触电事件的温馨提示。

案例三：日本“3·11”大地震及海啸应对经验

（一）先进的地震、海啸监测预测体系为及时预警提供技术支撑

日本先进的地震速报预警、海啸监测预测体系在此次应对中发挥了重要作用。数百万民众在地震横波和海啸到来前得到预警信息，为自救、互救、逃生避难提供了机会。特别是生命线工程自动处置措施、列车自动刹车系统，使得东北新干线等灾区运营中想27列高铁安全停车，有效防止了次生灾害的发生。

（二）成熟的安全文化与应急避难体系为应急处置与救援奠定了基础

日本将防灾宣传教育作为重大国策，学校和社区每年均开展多次防灾教育和避险演练。经常性的教育使日本国民树立了忧患意识和自救—互救—公救的意识，普遍掌握了防灾避险和自救互救技能。此次地震发生后，民众沉着镇定，积极开展自救、互救和公救活动，媒体冷静面对，社会秩序总体稳定，展现出可贵的国民素质。同时，日本政府在每个村镇都利用学校、体育场馆、公共建筑等设立了室内避难场所，震后无须搭建帐篷，灾民就得到了及时安置。

（三）坚实的基础建筑和抗震能力减少了人员财产损失

日本具有世界先进的建筑抗震能力标准，在此次地震中发挥了重要作用。此次地震震级高达9.0级，一方面由于最近的陆地建筑距震中也在130千米以上，另一方面，日本建筑的优良抗震能力，使得由于地震受损的建筑不多。日本的高设防标准、高警惕意识有效减少了生命和财产损失。1995年日本阪神大地震造成6433人死亡，其中83.3%的遇难者是建筑物倒塌和火灾所致。在这之后，日本政府连续3次修改《建筑基准法》，不断提高各类建筑的抗震标准，目标是2015年将房屋住宅的耐震率由75%提升至90%，2020年达到95%。

（四）根据灾情适时调整法律法规和防灾对策为灾后科学应对提供了依据

日本政府根据灾害发生后的实际情况，对相关的防灾对策进行了及时必要的修

改，如在此次地震的认定和赔偿方面，首相4月13日决定简化《灾民生活重建支援法》中所规定的补贴金支付手续，政府通过航拍照片确认海啸受灾区域，为灾后生产和生活的恢复提供了便利；

考虑东日本大地震灾区的地表松动情况，气象厅降低了有关地区发布大雨警报、预警和土沙灾害警戒情报、洪水警报预警以及洪水预报的标准；在因地表下沉安全度降低的区域内阁府修改了液状化对策，各级政府与相关省、厅合作，实施建设海岸堤防等防止二次灾害发生的措施；针对地震监测情况，日本政府提出了要强化和促进沿海地区地震。

（五）妥善安置和地震保险等促进灾区恢复重建

此次大地震使以东北三省为中心区域内的很多灾民失去了家园。海啸导致区域浸水，地基下沉，产生了大量的灾害废弃物，致使大量灾民长时间在避难所生活。日本政府根据灾害的实际情况及其发生区域、规模以及时间等特点，明确了确保避难所生活环境的方针及相关措施。特别是对于老年人、残疾人、外国人、婴幼儿、孕妇等受灾人员，明确向其提供灾害情报，帮助其避难等措施。此外，为了确保避难所良好的生活环境和建设长久住宅，日本政府积极推进二次避难，并与灾害志愿者合作，在考虑男女需求差异、灾民心理康复的基础上向避难所分发食物以及物资。

日本政府重视地震保险的作用。1966年，日本政府颁布《地震保险法案》和《地震再保险特别会计法案》，建立由保险公司、再保险公司和政府共同分担责任的地震保险制度。在该结构中，政府承担着最后地震险赔付责任。

（六）将应急管理能力纳入政府官员考核指标

日本政府要求政治家们必须重视提高处置突发事件的能力，并把是否具有应急管理方面的经验作为政府各级负责人提拔升迁和政府考核的指标之一。

二、应急值班值守

（一）应急值守的内容

（1）日常值班。负责本单位的政务值班、上传下达、来访来客接待等工作，保障本单位运转。

（2）协助处理突发事件。接收和处理单位（辖区）各类突发事件或紧急情况相关信息，并及时向相关负责人，按规定向上级单位、政府进行报告。根据突发事件发生、发展趋势，及时提出相关处置建议和措施。综合协调各方处置力量，协助领导同志处置突发事件，并及时反馈处置情况。

（3）组织开展隐患排查等工作。对单位（辖区）内各类突发事件隐患进行排查、登记和分析，并及时做好监测监控和隐患整改，责令相关单位采取防范措施减少突发事件发生。

（4）建立和完善值守应急系统。加强值守应急机构建设，配备相应值守设备和人员。建立和严格落实24h值班制度等值守应急各项制度，定期对单位（辖区）内值班工作情况、突发事件信息报送工作情况等进行通报。

（5）加强对值守应急的督促、检查。对所属各部门、单位的值守应急进行督促、指导和检查，建立健全值班工作、信息报送工作通报制度，定期对单位内值班工作情况、突发事件信息报送工作情况等进行通报。

（6）其他方面。组织本单位内值守应急人员进行业务培训，提升值守应急业务水平。加强与非所属部门的联络，确保联络渠道畅通。

（二）值班值守原则

1. 有情必报

值守应急人员在接收到突发事件信息或监测到预警信息后，必须对相关信息进行初步核实，按照突发事件的性质、严重程度、可控性和影响范围等因素进行分析研判，并按规定报告相关负责人。

2. 运转高效

值守应急人员应拓宽信息渠道，提高突发事件信息报送时效。加强对信息的研判和核实，提高突发事件信息报送质量。规范值班值守，严格落实各项值班值守应急制度，不得迟报、谎报、瞒报、漏报突发事件信息。

3. 反应迅速

值班值守应急人员要时刻保持清醒头脑及较高工作效率，及时妥善处理紧急文件和紧急突发事件，对报告紧急重大事件、事故的电话、传真要认真做好记录，及时与事发单位和有关部门进行核实后按照办理流程逐级报告，并按照领导指示意见和相关工作规程办理。处理来文来电要按照“迅速、准确、稳妥、保密”原则，严格请示报告制度，做到事事有着落、件件有回音。

4. 安全保密

值班值守应急人员要严格遵守各项保密规定，不得向无关人员透露涉密信息。使用电话、传真和计算机网络传递有关信息，要区分明件和密件，密来密送，严禁明密混用。

（三）值班值守作业程序

1. 值班值守作业基本程序

（1）对以电话、电报、传真、呈件等不同方式发来的各种信息做好记录，根据值班室负责人意见提出处理意见并做好记录；

（2）对需多位领导阅批、多个单位参与处理的重要事项，呈批分管领导阅示；

（3）按领导批示办理或催办落实，并记录办理结果。

2. 突发事件信息作业程序

接报突发事件信息后，应立即掌握和核实突发事件基本情况，并及时进行处理。一是立即报告值班工作负责人，并按要求编辑信息，以电话、短信等形式逐级报送分管领导。二是进行研判。对照突发事件信息报送范围和标准，研判突发事件信息是否符合向上级单位报告标准，如符合，应按规定及时上级单位报告。三是向有关单位传达领导批示意见，跟踪督办。四是跟踪、了解灾情、伤亡情况及工作进展情况，汇总整理后报送领导。五是做好承办事项的催办落实工作，并及时向有关领导反馈，对在落实过程中出现的新情况、新问题及时提出参考意见。六是对突发事件处置、领导批示落实等进行总结，并及时反馈。重大及以上突发事件，要对各类材料进行整理，并形成专案归档。

三、应急督导

（一）督导的内容

（1）法律法规监督。在突发事件的应对中，应急管理部门肩负的责任很多，同时也赋予了很多权力。没有良好的监督机制，权力有可能会被滥用。因此，建立更加完善的监督法律法规是应急管理法制化的重要一环。

（2）应急物资监督。突发事件的应对中，必然会遇到应急物质的使用和分配问题，资源分配利用的公平性和有效性会直接影响到突发事件应对的成败。鉴于应急物资分配的严重影响，合理有效的财政监督和物资监督必不可少。

（3）应急技术指导。应急管理中，需要专门对整个突发事件的处理过程进行跟踪和指导，以加强处置过程的科学性和合理性，并对事件的起因、处理、损失和善后进行评估，这就是应急技术指导。应急技术指导人员要具备很强的专业背景、动态跟踪能力、整体评估能力和政策把握能力，才能为应急管理起到相应技术指导作用。

（4）协调管理指导。效率是应急管理的关键，效率的提高离不开有效的协调管理。

应急管理的协调管理工作机制有助于掌控全局，集中应急各部门优势资源应对突发事件。而协调管理指导就是对应急管理中的各部门之间的协调程度进行评估和指导，以提高部门之间的协调度。

（二）督导过程分类

突发事件的督导强调预防督导和应急督导并重，具体可将应急过程督导分为先期应急准备督导、响应督导、处置恢复督导和事后处置督导等。

（1）先期准备督导。主要针对突发事件预防、准备阶段的应急活动进行监督和指导的行为。这个阶段的监督和指导具有预先性，可以提前发现应对突发事件存在的问题，并及时予以改正和处理，有利于杜绝应急资源的浪费，能够有效防止突发事件处置中的意外问题。

（2）响应督导。响应阶段是指突发事件发生后启动应急预案，并对未来应急处置布置好相关工作的一个阶段，对该阶段进行事故情况及发展趋势的准确判断、应急预案科学选择等活动进行监督和指导是必不可少的。

（3）处置恢复督导。主要是指突发事件处置和恢复阶段对应急物资和人员的调度使用、应急人员的工作效率以及各种不合理的行为予以初步处理，并为重建和恢复提供有力的监督和指导行为。

（4）事后处理督导。主要是指应对突发事件处置和恢复阶段后，针对奖励和问责机制对整个突发事件应对过程中先进事件或个人的表彰处理、违法行为或个人的调查处理等进行的监督和指导，同时为各应急阶段工作提出改进意见和反馈建议的行为。

案例： 广东电网有限责任公司先期处置运作模式

广东电网有限责任公司现场督导组由应急指挥中心成立，主要成员为省级公司职能部门和应急专家组成员。按指令进驻受灾地区检查、指导属地单位开展防御准备、灾情摸查、应急队伍预安排、物资装备储备、电网运行等工作，指导属地单位提出需上级单位协调的应急资源支援需求，动态向公司应急指挥中心和应急办汇报督导工作情况。

1. 现场督导组的组成

现场督导组组长由公司应急指挥中心任命，组员由市场、设备、物资、安监、系统运行等专业部门的相关人员构成，专业及人数由公司应急指挥中心确定。在公司启动Ⅰ、Ⅱ级应急响应时，公司应急指挥中心根据实际需要，成立现场工作组，现场督导组人员纳入现场工作组管理。

2. 现场督导组工作职责

（1）督导组接受公司应急指挥中心的工作指令和任务，督导受支援单位应急准备工作开展情况，协助解决有关应急处置工作的问题。

（2）各督导组组长（或指定工作联络人）负责向公司应急办报告出发、到达、返回时间等信息，向公司应急指挥中心报告现场处置的有关问题和资源需求情况。

（3）协调先遣队按职责规定完成处置任务，并督导先遣队与受支援单位应急抢修有关工作。

（4）现场检查、指导各地市局开展防御准备、灾情摸查，应急队伍预安排、物资装备储备等工作。

（5）现场督导组完成督导任务后，相关人员纳入现场工作组管理。

（三）先遣队

先遣队指各支援派出单位按应急指挥中心指令派出赴受灾单位，接受受援单位应急指挥中心任务并协助其完成先期处置、应急处置工作的应急队伍。其中队长由各支援单位应急指挥中心任命，人数根据各支援单位根据实际情况确定。先遣队伍的组建集合及解散，均由应急指挥中心发出的指令决定。

案例：广东电网有限责任公司先遣队运作模式

广东电网有限责任公司自2016年台风“莫兰蒂”开始，优化先遣队伍工作模式。突发事件前期，应急指挥中心在公司层面组织先遣队伍以及地市供电单位层面成立主要应急抢险的先遣队伍，进驻预判受灾地区与属地单位进行工作对接，收集报送应急处置前期应急信息、资源及技术支持需求信息以及后续支援后勤保障准备，协助属地单位做好前期防御工作和后期应急抢险准备工作。抵达受灾地区的各先遣队伍及后续进驻队伍，均由属地单位管理。

1. 公司层面支援先遣队伍的组成

由公司二级机构、单位按公司应急指挥中心指令组建一支应急支援先遣队，其中队长由各支援单位任命，人数由各支援单位根据实际情况确定。

二级机构支援先遣队伍工作职责：

（1）协调搭建现场办公室，收集、报送现场抢修的工作信息。

（2）做好灾情勘察准备工作，统筹公司无人机等装备的需求信息。

（3）研判灾害对电网设备影响，做好大型高压设备事故预想。参与制定设备抢修方案，并提供技术支持。

（4）根据应急通信系统部署预案及无线信号电测报告，制定针对性的通信基站部署方案；搭建应急通信系统；协助完善相关的响应预案和现场操作任务；协同电信企业等保障应急抢修过程中通信不间断。

2. 各地市供电单位支援先遣队伍的组成

各支援单位支援队伍队长由该单位应急指挥中心任命。省输变电公司组建以主网抢修为主的应急支援先遣队伍，包括安监、工程技术、物资、办公后勤等专业管理人员及部分专业抢修人员。各支援地市供电局分别组建以配网抢修为主的应急支援先遣队，每支先遣队包括安监、设备、物资、办公后勤、基建、通信保障等专业管理人员以及部分专业抢修人员。

直属各单位先遣队伍工作职责：

（1）接受受灾单位任务分配。各支援单位先遣队与受援单位基层管理机构（县区局、供电所）对接，共同研究制定抢修支援计划，包括支援队伍数量、装备、物资投入及时间、勘察抢修现场等，由各先遣队队长报受援单位应急指挥中心确认同意。受援单位应急指挥中心负责向公司应急指挥中心报告各支先遣队到达和支援情况，公司应急办负责向各先遣队队长询问、核实、确认先遣队到达和支援情况，各先遣队队长负责向原单位反馈本单位的支援计划。

（2）基础资料准备。受支援的供电局/所应提前准备完整、准确的线路接线图（单线图）、工机器具清单、物资储备清单等资料，统计并提供配网因灾受损和供电电源情况。先遣队伍到达后获取以上资料后，配合受灾单位预估抢修工作量，确定抢修队伍支援队伍专业、人数、工机器具及物资需求。

（3）初步勘查工作开展。先遣队伍中的抢修队伍协助受灾单位进行灾情初步勘查工作并纳入到受灾单位供电局管理。抢修任务由抢修队伍负责人组织开展现场勘查，受灾单位设备运维负责人参加。勘查工作结果按计划按时间段及时反馈回受灾单位及支援单位，同时根据受灾单位物流中心相关型号类型物资储存情况，判决是否需要物资资源。为确定后续支援队伍的专业、人数、物资需求提供决策条件。

（4）后勤工作开展。受灾单位应将当地的交通道路情况和注意事项、食宿、加油站等信息及时告知支援队伍。先遣队伍获取相关信息后，安排好先遣队伍的饮食、住宿，掌握道路通畅和交通安全信息；结合后续支援队伍抢修车辆实际情况，充分考虑交通路况、桥梁、限长/宽/高/重等情况，为支援队伍制定安全、可行的行车路线，减轻受灾单位的工作负担，支援单位应自保证做好抢修队伍的后勤保障工作。

（5）通信保障工作。利用外出灾情勘查工作的条件，可使用个人通信设备进行测试当地通信条件。个人通信设备可利用电话、微信、短信等功能测试通信公网运行情况，若无法保障通信，立即利用卫星电话、对讲机等可通信设备反馈至支援单位现场指挥部；不满足以上条件者，需做无法通信的地点文字记录，返回时及时反馈。

第六章

应急响应

应急响应是在出现事故险情、事故发生状态下，在对事故情况进行分析评估的基础上，按照应急预案立即采取的应急处置措施。应急响应一般由高到低分为四级，即Ⅰ、Ⅱ、Ⅲ、Ⅳ级响应。应急响应级别应综合考虑突发事件的社会影响、政府响应情况及其相关要求、自身应急处置能力，制定应急响应启动、调整和结束条件。

专业应急管理部门根据突发事件初始信息，从事件级别、应急资源匹配程度、社会影响、政府关注程度四方面综合判断，初判突发事件的响应级别。应急响应启动后，应掌握、分析事件突发处置的发展和变化信息，及时调整响应级别和范围。当突发事件应急处置现场得以控制，环境符合标准，导致次生、衍生事故的隐患消除后，经应急指挥机构批准后，应急响应行动结束。后续还因开展恢复重建、总结提升等工作。

第一节 现场指挥部组建

现场指挥部是指在应急决策及处置过程中，由相关部门组织的、临时性应对突发事件的决策、指挥与处置机构。其主要职责为：迅速设立事件应急处置现场指挥部营地，指挥现场应急处置工作；确定应急救援的实施方案、警戒区域、安全措施；向上级部门汇报事件有关情况；根据实际情况指挥救援队伍施救；负责对事态的监测与评估。公司要明确现场指挥部的成立条件、构成要素、职能定位、组织架构、工作流程。建立动态灵活的现场指挥机制，根据“谁先到达谁指挥，逐步移交指挥权”的原则建立和规范现场指挥权的交接方式和程序，提高应急指挥能力。

一、现场指挥部的要素

（1）场所。现场指挥部要根据突发事件的性质、种类、危害程度或实际需要合理选址，原则上应设在突发事件现场周边适当的位置，也可以在具有视频、音频、数据信息传输功能的指挥通信车辆或相应场所开设。一般而言，现场指挥部的场所应该符合如下原则：① 安全。现场指挥部设立的地点应该是安全的，既要保证突发事件的次生或衍生灾害不会波及现场指挥部，又要保证现场指挥部能够在比较安静的场所进行决策。

② 就近。现场指挥部应该接近突发事件发生地，以便能够及时了解事件的动态和及时决策与处置。③ 方便指挥。现场指挥部的场所选择应该更多考虑是否有利于指挥，在安全、就近的前提下，可以忽略舒适。

（2）设备。每一个现场指挥部都应该尽可能地保证具有现场办公设备，包括电话、传真、电脑、打印机、投影仪等必备的办公设备；同时也要考虑召开决策会所需要的基本设备，如办公桌椅、展示平台、信息发布等设备；各种设置要醒目，标志齐全。

（3）人员与车辆。突发事件发生后，应该确认指挥部各成员单位是否到场，并发放各种标志，维持现场秩序，禁止无关人员进出现场。对不同类型人员发放不同的标志，以区别他们与现场指挥部关系的紧密程度，同时也决定不同标志人员能进入现场指挥部的层次。车辆标志要根据应急处置的实际情况，对于不同类型的车辆进行分类标志，以区别车辆在现场的位置。

二、现场指挥部分工

现场指挥部视情况成立若干个工作组，分工协作、有序开展现场处置和救援工作。工作组可根据实际进行增减调整。

（1）综合协调组：负责综合协调、公文运转、会议组织、会议纪要、信息简报、综合文字、资料收集归档，抢修证件印制发放，处置信息调度、汇总、上报，与上级工作组的协调联络等工作。

（2）应急抢险组：负责开展抢修救援、抢修恢复等，对可能造成的次生、衍生灾害，提出相关预控建议，组织相关单位开展次生、衍生灾害的预防和处置工作。

（3）应急保障组：保障停电区域内的治安秩序，现场警戒、交通管控、保障抢险车辆和道路的正常通行；伤员医疗救治和救护，收治伤亡人员信息统计上报，在抢险过程中提供气象、通信、资金等方面的支持。

（4）专家组：对停电事件的发生和发展趋势、处置办法、灾害损失和恢复方案进行研究、评估，并提出决策建议；对应急救援工作进行技术指导，参与停电事件调查，对预案进行修订。

（5）新闻宣传组：研究制订新闻发布方案，协调新闻报道，赴现场媒体记者的接待、管理；网络舆情的监控、收集、研判、引导，公众自救防护知识宣传等。

（6）事件调查组：开展事件调查，分析产生原因，提交调查报告，制订下步防范措施。

案例：广东电网有限责任公司现场指挥部办公室组建情况

广东电网有限责任公司现场指挥部由总指挥、副总指挥和抢修协调小组、安全督导小组、物资保障小组、供电服务小组、通信保障小组、综合援助保障小组等应急工作小组构成，也可由公司应急指挥中心或现场工作组组长根据实际需要进行组建。总指挥由公司领导担任；副总指挥由受灾地市局应急指挥中心总指挥及由公司应急指挥中心任命的人员担任，人员由公司应急指挥中心确定。

广东电网有限责任公司现场指挥部办公室组建见图 6–1。

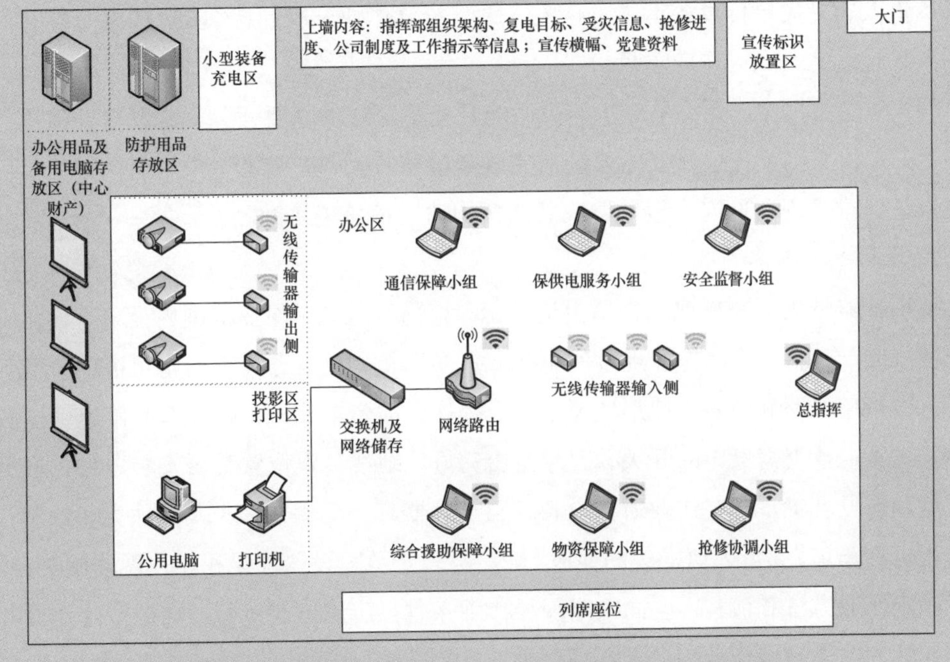

图 6–1　广东电网有限责任公司现场指挥部办公室组建

第二节　灾　情　勘　察

在大型应急抢修过程中，由于先期灾情勘查精确度存在局限，容易造成资源投入不足或过剩等现象。因此在开展跨区域大规模应急抢修前期，安排先遣队提前进驻受灾地区，利用“人巡+机巡”、应急指挥平台 App 等方式进行灾情勘察及技术支持工作，做到先期处置及时、资源调用准确、抢修复电高效，避免或减少因信息掌握不全面导致的应急队伍调用不准确、窝工、后勤保障不到位等现象发生。

1. 现场勘查人员

（1）工作负责人在办理工作票前组织开展现场勘查工作，现场核对电力受灾和安全技术交底情况，掌握灾后施工现场的状况，分析施工作业风险。

（2）抢修作业前，一般抢修作业由抢修队伍工作负责人组织开展现场勘查，受灾单位设备运维责任人参加。

（3）大型抢修作业由抢修队伍总指挥组织现场勘查，参与勘查人员包括：抢修队伍工作负责人、受灾单位设备运维责任人。大型抢修作业一般是指 10kV 线路全停且同时作业人数超过 150 人的作业项目。

（4）应急救援中，受灾单位承担灾区应急处置工作的主要任务，是灾情勘察责任主体。受灾单位原则上在抢修任务分派前完成灾情核查工作，当本单位力量不足时，可由受灾设备运维管理单位向支援单位应急队伍申请灾情核查协助。

2. 现场勘查内容

现场勘察结果应在勘察工作单上进行记录，内容包括：作业范围内设备、设施、标识与图纸的一致性；摸清作业地段的电源侧和负荷侧，以及存在反送电可能的位置，根据邻近的带电线路和设备、地形环境情况、需保留的带电设备，确定作业停电范围和装设地线位置，核查需停电的开关、刀闸是否完好，地线装设位置是否安装方便；根据作业类型和现场环境，确定作业所需设备材料、工器具、车辆、作业人员种类和数量；核查占用机动车道、邻近人口密集的地段，确定交通警示牌设置位置和作业现场围蔽范围；初步确定作业方法和流程；全面核查现场作业条件，辨识作业风险，确定抢修作业项目分类（分为大型抢修作业、复杂环境作业、10kV 架空线路停电更换杆塔、配电变压器停电更换、低压架空线路停电更换电杆以及其他作业项目）。

灾情核查协助工作应做好现场安全交底，并在受灾设备运维班组人员的带领下开展，并填写灾情核查工作单。灾情核查过程中，核查人员应始终认为线路及设备带电，不得擅自处理任何故障；如发现因受灾设备影响，危及人身和财产安全等紧急情况时，应及时汇报并做好临时安全措施，等待处理。

3. 灾情勘察设备

灾后勘察应针对不同地理环境和条件，采用“人巡+机巡”模式。机巡主要分为有人直升机、无人直升机、固定翼无人机、多旋翼无人机等类别。

案例： 广东电网有限责任公司机巡灾情勘察

公司机巡勘灾能力目前达到 1 架有人直升机 1h 勘灾 150km^2，1 架固定翼无人机 1h 勘灾 60km^2，1 人同时操纵 4 台多旋翼无人机 1 天勘灾 20km^2。数据分析能力达到 30 人，12h 分析完成多机种协同勘灾的 2100km^2 数据，次日早上 8 时前可将灾情数据分析结果报送至应急指挥中心，为快速统筹安排应急抢修资源和输电线路应急复电提供决策依据。

2015 年“彩虹”台风中，公司首次采用“有人直升机+无人机”开展灾后巡检，大大地提高了勘灾效率。有人机巡查 9 条线路共 432km，多旋翼无人机巡查 10 条线路共 136 基塔，固定翼无人机巡查 3 条线路共 150km。

第三节 队 伍 调 遣

一、应急支援

不论大型电力突发事件是区域内还是跨区域，一个地区或者部门的资源是有限的，为了更高效地应对电力突发事件，应急支援非常关键。大规模统一调拨应急抢修队伍、大型抢修装备和物资，未受灾地区支援受灾地区、发达地区支援非发达地区，可以快速复电，恢复人民生产生活，使突发事件带来的损失和不良社会影响减到最小。

案例： 中国南方电网有限责任公司台风“天鸽”应急支援

2017 年 8 月，台风“天鸽”横扫广东多地，登陆时中心最大风力 14 级（45m/s），造成珠海市 220kV 变电站停运 11 座、110kV 变电站停运 39 座，受影响用户 69.3 万人，并导致对澳门供电一度中断，对人民的生产生活带来巨大影响。中国南方电网有限责任公司调拨佛山、东莞、梅州等供电局抢修人员共计2.5万人，抢修车辆8000辆、应急发电车（机）超200台，并紧急调配大量角杆塔、避雷器、电压互感器、隔离开关、低压电线、水泥杆等应急物资及大量应急装备，全力支援珠海电网，短短两天，受影响用电客服恢复9成，并第一时间全面恢复对澳供电。

二、应急队伍调配

处置突发事件时，应首先使用本单位内部应急队伍和外部应急队伍。当本单位内、外部应急队伍不能满足应急需求时，应向上级应急办申请，由上级统筹协调应急队伍支援。

（1）各单位应急办公室负责按照公司应急指挥中心的指令，调遣、调换应急队伍执行跨地市区域的应急任务，并协调落实应急队伍行进、返程事项。

（2）应急队伍接到应急调遣命令后，应在3h内完成应急准备。应急准备包括应急队伍成员集结待命、保持通信畅通、检查器材装备和后勤保障物资、做好应急处置出发前的一切准备工作。

（3）内部应急队伍在执行抢险任务时，人员着装、车辆、应急装备、旗帜、标识应符合标准的VI规范。外部应急队伍应统一标识。

（4）应急队伍从接到应急处置命令开始至人员到达应急处置现场的时间原则上按表6-1的规定。

表6-1　　应急队伍到达现场时间规定

里　程	时　间
200km以内	≤6h
200～500km	≤12h
500km以上	≤24h

（5）支援队伍到达事发地后，接受现场应急指挥部的指挥协调，按照统一部署开展应急处置工作。

案例：广东电网有限责任公司应急队伍调遣流程

广东电网有限责任公司应急队伍调遣流程见图6-2。

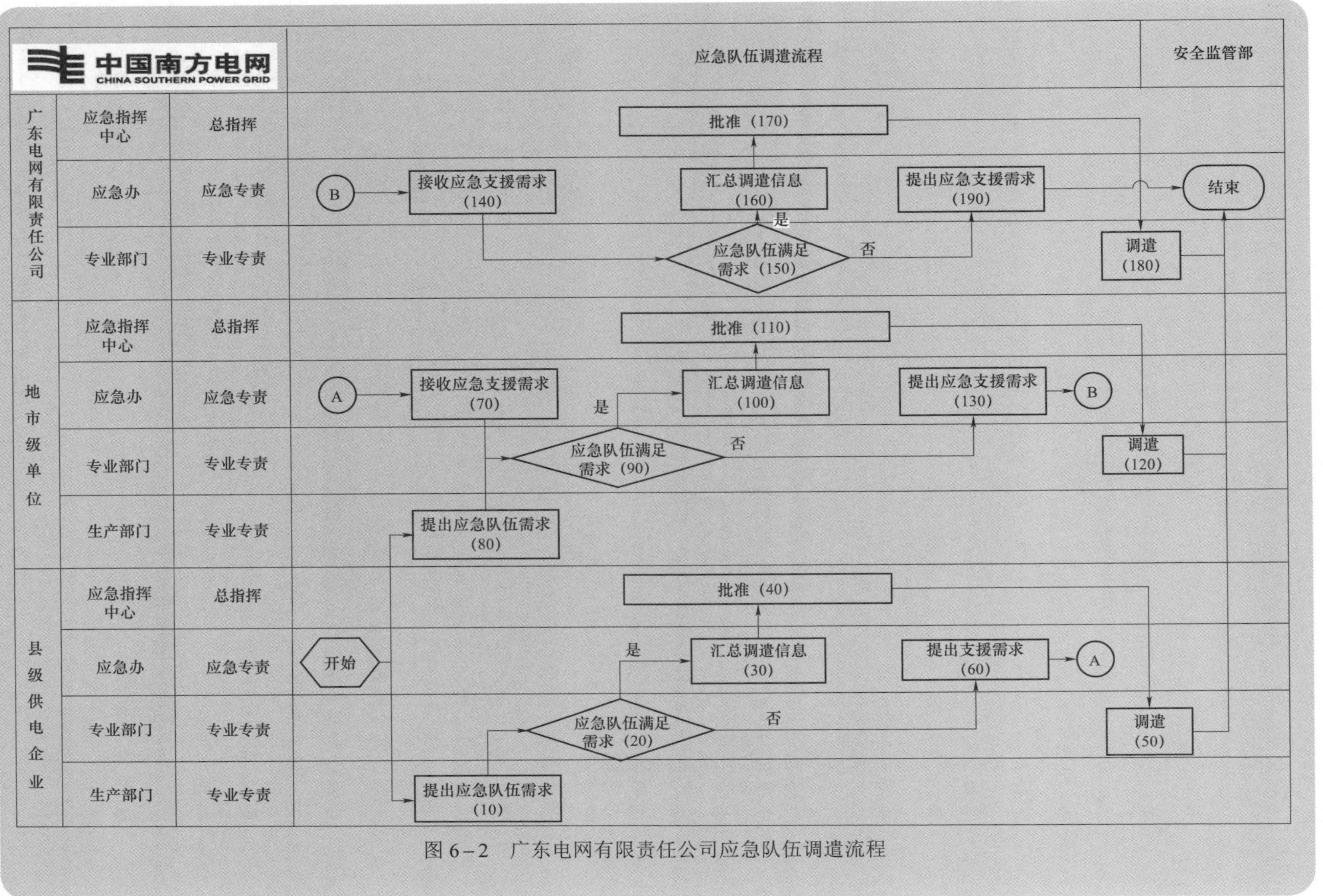

图6－2 广东电网有限责任公司应急队伍调遣流程

流程说明

10. 提出应急队伍需求（县级供电企业生产部门）

◆ 收集电网、设备、用户受灾信息；

◆ 根据受灾情况向专业部门专责提出抢修支援人员需求和抢修工器具需求。

20. 审核应急队伍需求（县级供电企业专业部门）

◆ 组织审核应急支援申请，考虑本单位应急队伍保障情况，包括应急救援队伍专业是否齐全，队伍规模、数量、人员素质、装备水平及响应速度应满足本单位应急处置需求；

◆ 应急队伍不能满足应急需求时，应向上级应急指挥机构申请，由上级统筹协调应急队伍支援。

30. 汇总调遣信息（县级供电企业应急办）

◆ 汇总核实应急队伍清册、应急队伍装备清册，递交分管负责人审批；

◆ 填写应急队伍调遣通知单提交本单位应急指挥中心审核。

40. 批准应急队伍需求（县级供电企业应急指挥中心）

◆ 审核应急调遣申请资料，应从应急队伍组建原则、规模要求、人员配置、人员素质等方面考虑队伍组建是否合理；

◆ 批准签发应急队伍调遣通知单。

50. 调遣（县级供电企业专业部门）

◆ 支援单位接受调配任务后，迅速做好本单位应急队伍及应急装备等资源的统筹协调和组织工作，按要求落实支援任务。

◆ 接受支援单位应根据支援调配通知，提前组织制定支援实施方法，明确抢修复电任务；落实保障支援单位迅速投入工作的各项准备工作，安排联络人、现场勘查、后勤服务等事项。

60. 提出支援需求

◆ 本单位抢修力量或资源不足时，经分管负责人同意，向上级应急办提出支援需求。

70. 接收应急支援需求

◆ 根据支援需求，组织会商，按照就近调配的原则，确定提供应急支援的数量和单位；

◆ 发出调配通知，明确各支援单位抢修指挥部、队伍、装备及到位要求。

80. 提出应急队伍需求

◆ 收集电网、设备、用户受灾信息；

◆ 根据受灾情况向专业部门专责提出抢修支援人员需求和抢修工器具需求。

90. 应急队伍满足需求

◆ 组织审核应急支援申请，考虑本单位应急队伍保障情况，包括应急救援队伍专业是否齐全，队伍规模、数量、人员素质、装备水平及响应速度应满足本单位应急处置需求；

◆ 应急队伍不能满足应急需求时，应向上级应急指挥机构申请，由上级统筹协调应急队伍支援。

100. 汇总调遣信息

◆ 汇总核实应急队伍清册、应急队伍装备清册，递交分管负责人审批；

◆ 填写应急队伍调遣通知单提交本单位应急指挥中心审核。

110. 批准

批准

120. 调遣

◆ 支援单位接受调配任务后，应迅速做好本单位应急队伍及应急装备等资源的统筹协调和组织工作，按要求落实支援任务。

◆ 接受支援单位应根据支援调配通知，提前组织制定支援实施方法，明确抢修复电任务；落实保障支援单位迅速投入工作的各项准备工作，安排联络人、现场勘查、后勤服务等事项。

130. 提出应急支援需求

◆ 判断本单位抢修力量或资源不足时，经分管负责人同意，向上级应急办提出支援需求。

140. 接收应急支援需求

◆ 根据支援需求，组织会商，按照就近调配的原则，确定提供应急支援的数量和单位；

◆ 发出调配通知，明确各支援单位抢修指挥部、队伍、装备及到位要求。

150. 应急队伍满足需求

◆ 组织审核应急支援申请，考虑本单位应急队伍保障情况，包括应急救援队伍专业是否齐全，队伍规模、数量、人员素质、装备水平及响应速度应满足本单位应急处置需求；

◆ 应急队伍不能满足应急需求时，应向上级应急指挥机构申请，由上级统筹协调应急队伍支援。

160. 汇总调遣信息

◆ 汇总核实应急队伍清册、应急队伍装备清册，递交分管负责人审批。

◆ 组织相关单位签订应急联动协议书；

◆ 填写应急队伍调遣通知单，提交本单位应急指挥中心审核。

170. 批准

◆ 审核应急调遣申请资料，应从应急队伍组建原则、规模要求、人员配置、人员素质等方面考虑队伍组建是否合理。

◆ 批准签发应急队伍调遣通知单。

180. 调遣

◆ 支援单位接受调配任务后，应迅速做好本单位应急队伍及应急装备等资源的统筹协调和组织工作，按要求落实支援任务。

◆ 接受支援单位应根据支援调配通知，提前组织制定支援实施方法，明确抢修复电任务；落实保障支援单位迅速投入工作的各项准备工作，安排联络人、现场勘查、后勤服务等事项。

190. 提出应急支援需求

◆ 判别本单位抢修力量或资源不足时，经分管负责人同意，向上级应急办提出支援需求。

三、抢修对接管理

（一）受灾单位对接

受灾单位在接受支援命令后，及时与支援单位的现场总指挥/副总指挥、指挥部办公室及各工作组负责人迅速建立联系，及时获得支援单位支援队伍人员、应急抢修装备种类及数量信息。受灾单位根据自身受灾情况、物资、本单位抢修力量，结合支援单位资源，合理协商安排抢修分工，并及时准备电网接线图册、受损设备清单等资料供应急抢修使用。

（二）抢修过程对接

各支援队伍抢修复电前，与受灾单位就受损设备、受灾区域等信息进行沟通，供电所（生产班组）应将设备因灾损失表（现场）复印件交付支援队伍，安排人员与支援队伍现场交底，并对受损设备拍照存档，做好抢修现场损失、抢修工程量和现场物资管理等工作记录，确保现场“图”“文”“实”一致。

应急抢修应按照“尽快复电”的原则进行策划，能转供电的，根据实际情况及时恢复供电，再抢修受损地段，抢修过程应严格执行十个规定动作、安全规程及两票管理规定，做好抢修现场监管和严防次生灾害的发生，特别是人身安全问题和误操作。

第四节　大规模抢修项目管理

一、灾害发生前准备工作

设备管理部门接到应急预警响应或发生大面积设备受损后，启动大规模抢修组织运作机制，评估可能受灾区域，组织各级项目实施部门人员、年度抢修承包商进驻相关区域待命。同时将应急预警响应通知到财务部门，并协助开展索赔的前期准备工作。

二、灾害发生后现场勘察

现场勘察小组成员应包括项目专业管理部门、项目实施部门、安全监管部门、财务部相关人员、抢修承包商现场工作负责人，以及支援单位（如有）抢修负责人、专业管理人员和检修班组人员，会同保险公司、保险公估公司相关人员进行查勘工作。

现场勘察主要是核对受损情况、统计实际损失数量、鉴定受损程度、制作现场查勘记录、对受损设备（设施）情况拍照留存，照片内容主要反映线路名称、杆（塔）号、设备铭牌、现场地点、受损程度等重要信息。根据现场查勘情况和抢修任务安排，施工管理小组组织项目实施部门会同支援单位明确每个抢修项目的项目负责人负责抢修项目实施全过程管理。

对涉及保险索赔的抢修项目，项目实施部门在出险后及时报案，并在项目立项申报时提供出险通知书。对于因抗灾抢险需要快速抢修完毕，导致保险公司、保险公估公司未能及时进行现场查勘的受损设施，项目负责人做好记录和拍照工作，并尽量保存好受损财产，以备查验。项目实施部门在灾情发生后及时提供经审核的报损清单给本单位财务部。理算工作所需的资料包括预算书、结算书、领料单、发票等。

三、大规模抢修项目立项申报

抢修工作完成后，项目实施部门及时收集整理好项目资料，包括现场勘察记录表、损失清单、抢修前后现场照片、工程量签证单、项目预/结算审定表、出险通知书、竣工图等，编制抢修项目申请表，项目预算应根据电力行业相关法律、法规、标准、企业相关管理制度、定额编制，通过投资计划管理系统的应急项目申请流程，经本单位审批通过后，上报生产设备管理部备案，同时向公司正式行文申请应急抢修资金。

生产设备管理部门对项目建设单位大规模抢修项目备案资料按一定比例抽查，检查资料的完整性、规范性。项目实施部门在抢修项目批复后，完成抢修项目竣工资料整理归档。

四、抢修项目工程量签证管理

所有的抢修工作原则上均需抢修监理单位参与旁站记录。抢修工作完成后，项目负责人组织项目专业管理部门、生产运行部门、抢修承包商进行验收，现场核实工程量，工程量签证由施工单位、监理单位、项目实施部门三方确认签字。发生大规模抢修，施工单位由支援单位组织的，还应由支援单位签字确认。

抢修项目工程量签证内容包含工作地点和设备名称，以变电站、线路、台区为分项目录，列明每条线路、每个台区的详细工程量，并附抢修前后照片，对“拆除重装、拆后重架”等仅凭抢修前后照片难以准确辨析的施工内容，应有拆除前、拆除后、重装（架）后的现场照片，照片内容应能反映线路名称、杆（塔）号、设备铭牌、现场地点、受损程度等重要信息，新修复杆塔没有编号的，应用记号笔临时编杆号后再拍照。技改项目与修理项目应分别签证，中压工程量与低压工程量应分别签证。项目实施部门对签证内容的真实性、规范性、准确性负责，发生大规模抢修，施工单位由支援单位组织的，支援单位对签证内容的真实性、规范性、准确性负同等责任。工程量签证表须填写完整的签证日期，多张签证表需盖骑缝章。

五、应急项目费用管理

应急项目年度投资（费用）从年度应急备用金中列支。项目建设单位在年中计划调整时，将审批通过的应急项目列入调整计划。项目建设单位在年中预算调整后不再列支修理应急备用金，由公司统一预留修理应急备用金。年中预算调整后发生的应急抢修项目，项目建设单位可以在当年的保险赔款资金列支抢修项目所发生费用，若保险赔款资金无法满足抢修项目所发生费用的，经审批立项后，由企业预留应急备用金（技改、修理）进行统筹安排，或下达预安排计划（预算列入下一年度）。

案例：中国南方电网有限责任公司台风抢修预算费用构成

预算费用由建筑工程费、安装工程费、设备购置费及其他费用组成。具体包括：

1. 建筑（安装）工程费

（1）主要材料费：

直接工程费：人工费、消耗性材料费、施工机械使用费。

措施费：抢修调遣费、灾后特殊天气施工增加费、赶工加班增加费、施工工具用具使用费、临时设施费、安全文明施工费。

（2）间接费：

规费：社会保险费、住房公积金、危险作业意外伤害保险费；

企业管理费。

（3）利润；

（4）编制基准期价差；

（5）税金。

2. 设备购置费

（1）设备费；

（2）设备运杂费。

3. 其他费用

（1）现场巡线及清障费。

（2）建设场地租用及赔偿费：场地租用及赔偿费、线路施工赔偿费、拆除物返库运输费。

（3）项目管理费：管理经费、业主调遣费、招标费、工程监理费。

（4）项目技术服务费：工程勘测设计费、结算文件编制审查费。

4. 基本预备费

六、项目档案归档

生产项目档案管理涵盖项目立项至竣工的全过程，按照“谁主办、谁形成、谁归档”的原则，项目文件和项目电子文件的归档必须与项目实施同步进行，分阶段移交。

项目实施部门负责组织、跟踪、监督、接收各参建单位在项目实施的初步设计至项目收尾阶段的项目文件收集、整理、组卷，并督促各参建单位在规定时限向生产运行、档案管理部门移交。建设单位档案部门负责指导、参与生产项目档案交底、中间检查、正式验收工作；组织开展生产项目档案内、外部验收工作。

电子化移交分设备信息和生产项目电子文件两部分。设备信息的电子化移交工作必须在项目验收投产前完成，设备参数与设备台账必须与现场实物一致。生产项目电子文件与纸质资料同时移交。

案例：2015年“彩虹”台风工程量签证

2015年“彩虹”台风中，广东电网公司成立专项审查组，同步介入抢修工程核查工作，及时通报工程量核查和物资管理的有关规定和原则，提醒抢修单位规范运作、同步开展工作量签证、物资实际使用。抢修期间，各支队伍严格按照规定做好现场拍照留底、受损设备清单、物资实际使用、工程量签证等工作，解决了以往抢修结算存在的问题。

第五节 应急物资调配

应急物资调配是研究当事故发生时，应急调度系统如何调度应急物资参与应急的问题。应急物资调配是应急物流的重要组成部分，目的在于灾害行为发生后及时采取有效措施，尤其是物资供给措施，对受灾人群实施救助或阻止灾害的延续，从而尽最大可能消除或减少受灾系统的损失。

一、应急物资调配的特点

1. 复杂性

（1）应急物资种类多。应急物资包括基本生活物资、医疗器材和药品、救援设备等各方面的人力、物力和财力。

（2）需求数量和时间不确定。在灾害发生后，由于通信线路的破损、交通路线的阻断、灾情信息无法全面判断、灾情规律难以把握等原因，灾区往往无法及时将物资需求相关信息完整、正确地报送外部。此外，由于突发事件的类型不同以及应急救援活动阶段的不同，各种需求具体时间无法正确预测。

2. 及时性

物资分配决策基本目标是追求时间效益最大化，在最短的时间成本上实现应急物资的供给，满足受灾群体的物资需求。应急物流若不能及时响应，则会给整个应急活动带来巨大的损失。

3. 高效性

由于应急物资分配的复杂性，且加之事前无法准确预测灾害持续时间、强度、范围以及造成的危害程度等参数，使得决策带来极大的不确定性。

4. 可靠性

灾害时间突发性、信息的高度缺失性以及灾害发展的不可预知性等特点，使得应急物资分配决策极易受系统变化的影响。一旦前期决策失策，重新决策所带来的延误成本是不容忽视的。因此，决策方案必须具备高度可靠性或柔性。

5. 协调性

在物资调度过程中涉及不同的利益集团，对应急响应的需求水平和目标存在差异，协调各方面的利益，考虑各集团的需求，是一个成功应急物资分配决策所必需的。

6. 应急物资的多约束性

（1）信息约束。在突发事件发生后的短时间内，系统不能全面掌握突发事件的信息，造成预测和决策的误差。

（2）时间约束。应急物资调度的目标是指在约束时间内应该实现的目标。应急物资调度都不应该超出约束时间范围，超过了约束时间，调度过程所能实现的价值将大大地降低，应急物资调度速度越快，突发事件的影响后果将越小。

（3）资源约束。资源约束是指应急物资数量和质量的约束。在突发事件发生初期，在有限时间、有限范围内采取有限的筹集方式筹集到的物资数量往往十分有限，质量往往难以得到保证。

（4）运输基础设施约束。由于突发事件可能损毁公路、铁路、港口、通信等基础运输设施，对事发运输环境造成较大破坏，应急物资调度难以正常运行。

二、应急物资调配主要工作内容

应急物资调配包括应急物资装备申报、紧急采购、调拨配送、接收发放、回收退库、信息发布及临时材料站等管理，建设应急物资队伍，设立并管理应急物资专家库，组织开展应急物资队伍的培训及演练等工作。应急物资实行省、市两级储备，根据历年应对自然灾害的物资使用情况，制定集中储备定额，并根据应急指挥机构的指令进行调配，主要用于统筹解决应急响应期间的应急物资需求。

基层单位根据本地区自然灾害特点及近几年应急响应期间物资使用情况，制定应急物资储备定额，解决上级单位调配物资到位前的紧急需求及未集中储备的物资需求，作为应急响应期间自我保障储备。

（一）应急响应启动阶段物资准备

1. 应急项目设立

启动应急响应时，设备管理部门同步组织可能受灾的单位设立应急项目，明确项目名称及编号。在发生应急物资领用时，通过应急项目办理需求申报、采购、领料、退料、付款等业务。结束应急响应后，各单位生产设备管理部门根据项目实际发生情况，在投资计划管理系统中对应急项目原申报信息进行更新，保证应急备用资金使用情况与实际相符。

2. 库存物资、配送及人员准备

（1）启动Ⅳ级应急响应时，物资管理部门组织各单位核实一、二级仓库储备物资库存信息，核实自有及第三方物流的可调用运输车辆、装卸工器具情况，统一发布，并安排人员电话值班。

（2）启动Ⅲ级及以上应急响应时，物资管理部门组织各单位、供应商核实一、二级仓库、施工现场临时仓库、四级供应商仓库可调用物资库存信息，核实自有及第三方物流的可调用运输车辆、装卸工器具情况，统一发布，并安排人员电话值班。

3. 物资存放地点准备

（1）应急物资优先通过一、二级仓库进行接收、保管及发放。抢修单位可根据实际需要提出设立临时材料站申请，由受灾单位提供场所，用于满足抢修单位所需物资的接收、保管及发放。

（2）受灾单位向上级单位反馈各抢修单位临时材料站设立情况，明确到货交接地点、管理人员联系方式等信息。

（二）应急物资需求申报、调配

应急物资需求原则上由物资使用部门选择应急项目申报。在应急响应期间，抢修单位物资人员负责汇总本单位各抢修队伍物资需求，提交受灾单位物资管理部门。

应急物资原则上按“仓库库存物资→施工现场临时仓库物资→供应商物资”的次序组织调配。在跨市调配库存物资时，应优先调用集中储备物资，按照就近的原则，选择最近的单位进行跨市调配。库存无法满足的物资需求，进行紧急采购。

（三）应急物资现场管理

根据物资需求处理结果组织相关单位配送，原则上配送至一、二级仓库或临时材料站，并将车辆、到货及配送人员信息发至物资接收人员。抢修单位根据抢修进度，按天制定应急物资领用计划，并指定专人到一、二级仓库或临时材料站按计划领用物资。

抢修单位可根据工作需要向受灾单位申请设立临时材料站，原则上每个抢修单位设立的临时材料站不超过2个，场所由受灾单位提供。抢修单位应安排本单位物资人员管理临时材料站，设立物资台账，开展物资到货、保管、发放及回收等工作。安排物资装卸及配送至施工现场所需的人员、车辆及工器具。临时材料站管理人员应于将物资接收、发放、结余及回收情况提交上级物资管理部门。

（四）余料、结余及退役物资的回收

（1）抢修过程中产生的余料、结余及退役物资必须全面回收，由抢修单位运至受灾单位一、二级仓库或临时材料站，与物资接收人员共同确认物资清单、数量无误后，双

方签字交接。

（2）应急响应结束后2个工作日内，抢修单位完成物资需求、接收、发放、结余及回收等单据整理，完成临时材料站实物盘点，与受灾单位7100平台共同确认相关单据资料及实物无误后，办理交接手续。

（3）应急响应结束后15个工作日内，受灾单位按照“谁产生、谁负责”的原则，由物资使用管理部门组织回收应急物资余料、结余及退役物资，完成鉴定工作，制定再利用计划，通过物资管理系统办理退库手续。

案例一：2015年“彩虹”台风抢修物资供应和管理

2015年“彩虹”台风抢修中，广东电网公司设置现场物流中心、站点，提高了物资供应和管理水平。每支抢修队伍均配备了物资小组，分区域设置了4个临时材料站，建立了现场、供电局、省公司协同的应急物资调配机制，规范了现场物资需求填报，缩短了二次运输时间，有效提高了物资需求填报和配送效率。

案例二：××供电局支援海南2014年“威马逊”超强台风应急物资保障工作

××局支援海南现场物资供应存在三大困难，一是至海南运输距离长；二是文昌局配送力量不足；三是昌洒供电所工程材料站分散，且物资不齐全。现场指挥部采取了以下措施：一是成立了21人的物资组，并选取木材厂作为物资集散服务站，为物资存放中转提供平台；二是明确物资申报、领用、退还流程，规范物资出入库；三是建立物资供应微信群，收集需求并公布物资库存、需求报表；四是不等不靠，多次自行驱车至文昌局物流中心、输电部、海南输变电等仓库搜集物资。五是加强与兄弟局联系，互通有无。如在10kV京邦、东群双回线跨越双向四车道高速公路需采用15m耐张水泥杆，而昌洒供电所没有该型号杆，了解到中山局有此型号杆剩余，立即联系中山局及海南电网物资部门紧急调用，确保了工程进度。

本次抢修中，物流中心共组织调配了 19 台应急发电机、500 顶安全帽、154 顶帐篷、100 张折叠床以及 500V 铜芯低压电线 1.9km 等近 2000 件应急救援物资到海南，现场配送工程物资总数达近万件。

案例三：广东电网有限责任公司应急物资调配相关方工作内容

广东电网有限责任公司应急物资调配相关方工作内容见表 6–2。

表 6–2　　广东电网有限责任公司应急物资调配相关方工作内容

应急工作阶段	应急工作内容	直属各单位	各供应商
应急响应前（日常工作）	应急储备物资管理	编制 C 类储备物资储备方案，开展 C 类备品的申购、签约、履约、支付、仓储及调拨等管理；定期上报本单位应急备品、应急装备信息；配合开展网、省统筹备品的验收、储备及调拨管理	
	项目物资信息管理	物资系统内记录、完善项目物资信息	
	供应商库存物资信息管理	定期收集本单位负责招标物资供应商库存物资信息	配合定期收集本公司库存物资信息
	“7100”电话的设立及维护	设立、维护本单位“7100”电话，保证电话 24 小时有人接听	
	应急物资调配演练	配合公司物流中心开展应急物资调配演练	配合开展应急物资调配演练
启动应急响应时	编制应急物资调配工作预案	编制本单位应急物资调配工作预案，根据灾害情况及本单位电网特点做好本单位应急物资调配需求预测	
启动应急响应时	安排人员、车辆值班	应急物资调配人员保持 24h 在岗值班，配送车辆到达指定位置，进入随时可进行配送状态，在启动响应一天内将值班表上报公司物流中心	应急物资调配人员保持 24h 在岗值班，必要时派人到中心现场值班，配送车辆到达指定位置，进入随时可进行配送状态
	更新、汇总应急物资库存信息	核实本单位可调库存应急物资信息，上报公司物流中心	配合做好库存物资信息统计
	应急物资的调配	组织本单位应急物资的调配，跟进配送进度，将配送信息反馈物资使用部门，本单位库存物资无法满足应急物资需求时，通过 7100 热线电话及“3127100”OA（如系统具备条件通过系统）上报至公司物流中心应急物资保障一站式平台	调拨前，认真核对调拨信息，如信息需变更应与应急调配人员及时联系；调拨后，配合做好调拨运输跟踪工作，并在运输车辆明显位置张贴指定标识

续表

应急工作阶段	应急工作内容	直属各单位	各供应商
启动应急响应时	应急物资的接收	物资需求单位应做好24h物资卸货组织工作，包括指定固定卸货负责人、配备卸货工器具、指定卸货地点等，必要时，每个县区指定 1~2个卸货点，由物资需求单位指定人员负责每个卸货点的到货接收、登记、发放工作，仓库及卸货点应配备配送力量，负责应急物资的二次运输	
	应急物资调配信息的统计及发布	每天统计本单位调配信息，上报公司物流中心	
应急响应后续工作	应急物资调配清单的统计	核实调至本单位的应急物资清单，并收集本单位内部调配清单	配合核对应急调配物资清单
	完善应急物资调拨手续、采购、签约等手续	配合完善应急物资调拨手续，及时完成应急物资需求上报工作	
	应急响应结束后物资的回收	完成退运物资、工程结余物资及工程余料的回收、鉴定及相关手续，办理入库手续	

第六节　安　全　监　管

一、灾后应急抢修安全风险

灾后应急抢修环境复杂，应急队伍数量多，线路交叉跨越多，工期长，需要针对人员、环境、作业方法、工期等变化情况，开展危害辨识，并根据危害辨识结果开展风险评估，制定管控措施对风险进行充分控制。风险控制的充分性首先体现在全员参与，人人从自身工作出发，人人都有风险意识。其次体现在对各领域各专业风险辨识的充分、全面，确保整个局面安全。

灾后应急抢修存在的常规风险有外力外物致伤坍塌、高处坠落、车辆伤害、人员触电、误操作等风险。电网大规模应急救援抢修中，还存在着以下重点风险：同一线路多个作业点容易发生触电；立、撤杆发生倒杆造成人员压伤、高空坠落；杆上撤线，电杆没有打好临时拉线，杆塔受力不平衡造成倒杆；部分杆塔缺少双编，人员极有可能误登杆塔；多个施工队联合作战，存在倒供电、感应电等风险；租用的大型机械司机大多不熟悉电力施工，作业技能得不到保证；配电变压器台架上作业与上方引线带电部位安全距离不足造成触电；施工后送电时人员未撤离、地线未拆除造成触电、带地线送电。

二、现场安全督查

现场安全监督工作以风险管控为主线，重点关注生产和作业现场，是根据现场作业工作计划和风险评估结果，有针对性地开展现场安全检查和违章纠察等工作。通过督查安全管理制度、标准、流程的执行，推进一体化工作；通过督查“事前、事中、事后”三个环节的工作，促进工作的闭环管控；通过督查人身风险、电网风险、设备风险管控措施的落实，实现安全生产风险的可控在控，从而有效地控制以至杜绝事故事件发生，确保电力生产安全。现场安全督查应遵行以下 4 大原则开展。

（1）基于风险的原则。现场安全督查以安全风险管控为核心，根据风险评估结果确定督查工作重点，按照分层、分级、分类、分专业“四分管控”的原则开展人身、电网和设备风险管控情况的安全督查。

（2）全过程管控的原则。现场安全督查应关注安全生产工作的全过程，既要检查事前策划工作是否全面、严密，也要验证事中贯彻落实是否规范、彻底，还要检验事后总结改进是否及时、有效。

（3）预防为主的原则。现场安全督查要贯彻“预防为主”的思想，为做好安全督查工作，督查前提前分析督查对象可能存在的薄弱环节和主要风险，提前做好督查准备，为安全生产工作把好关。

（4）惩教结合的原则。按照分级管理的要求对本单位安全生产工作开展全过程、全方位安全督查，做到纠正与预防并重、教育与惩戒结合、激励与问责并举、督促与指导统一。

三、跨区域应急抢修安全监督

跨区域应急抢修期间，实行应急抢修安全总督查制度，遵循“谁管理、谁负责”的原则，开展抢修现场安全督查工作。

（1）安全总督查负责人由受灾单位的安全监管部门主要负责人担任，负责统筹、协调抢修期间的安全监督管理工作。各层级的督查人员按职责和计划独立开展督查工作，必要时接受安全总督查负责人的督查统筹安排。

（2）在正式抢修工作开展前，支援单位和受灾单位应将本单位参与本次抢修的安全督查人员名单报对方单位备案。安全总督查负责人要及时掌握各单位的督查力量和安全作业安全状况，各支援单位督查组组织对存在的督查环节进行互动督查，进一步提高现场监督效率。

（3）各安全督查组组长应每天组织总结当天的监督发现，及时向现场总指挥和安全总督查负责人提出抢修安全工作改进意见或建议；根据第二天抢修工作计划，按抢修期间风险分级管控的要求，每个作业至少安排一名安全员进行旁站督查。如人手不足，要及时增补督查组员和施工队伍的专职安全员，严禁在无安全督查人员旁站的情况下开展抢修复电工作。

（4）各级专职安全督查人员，重点指导抢修现场辨识和控制风险，重点督导和指导抢修现场严格落实“十个规定动作”，并做好督查记录，确保抢修现场的安全保障措施充分、到位。

（5）督查人员要及时纠正发现的违章行为，并对违章人员进行教育；如遇具有警示意义的违章行为还应及时报告，由安全督查组长向全施工队伍通报，防止类似情况发生。开展现场安全督查时，安全督查人员应按照要求统一着装，穿戴整齐，并佩戴袖章或肩章。

四、电网抢修现场安全监督、检查要点

（1）调度权限下放：调度权临时负责人资格培训和考核，权限下放时间和范围是否经本单位分管领导审批同意后书面公布，是否开展调度权限下放风险点梳理并制定控制措施，是否根据抢修进度及时收回权限。

调度权下放情形下风险与控制措施见表 6－3。

表 6－3　调度权下放情形下风险与控制措施

风险类别	风险点分析	控制措施
电网风险	线路调度权限下放范围不清，超权限范围调度，违反调度纪律，造成恶性无操作甚至人身事故	1. 梳理配网设备操作权划分清单，严格按清单执行调管范围。 2. 明确调度权的下放执行条件，线路的调度管辖机构变化时，第一时间通知相关人员

续表

风险类别	风险点分析	控制措施
电网风险	下放范围内设备状态的改变或操作对非下放范围设备产生影响（如潮流变化、设备过载等），未提前上报湛江配调，并未得到许可	下放范围内操作供电范围较大、负荷较重的设备时，需要提前上报湛江配调，并得到许可方能操作
	下放范围内设备状态的改变或操作，造成 10kV 系统接地或越级跳闸	1. 要明确操作设备后段线路确无故障，具备送电条件时方可下令操作。 2. 线路支线调度权临时负责人应及时通过能量管理系统线路进行辅助监视，查看对应母线电压是否正常，监视负荷情况，并及时与配调联系
作业风险	外单位作业，现场勘察不到位，作业地段涉及非下放范围设备，办理工作票及执行过程未得到上一级调度许可	1. 做好现场勘察，摸清设备调度权所属范围，正确办理两票。 2. 加强外单位工作负责人技术交底
	调度权下放，停电范围可以进一步缩小，临近带电设备的作业增多	做好临近带电设备的作业现场监督
	下放范围内大型停电设备施工检修工作引发的作业风险	1. 大型设备施工、检修对现场作业环境、作业人员素质、作业风险管控措施等提出了更高的要求，施工检修人员需加强技能水平提升。 2. 线路支线调度权临时负责人需熟悉施工作业安排，小组分工安排等工作
	下放范围内施工作业内容变更带来的作业风险	加强检修现场作业规范，加大安全监督力度，严格把关施工作业任务的变更，杜绝现场违规作业现象出现
设备风险	下放范围内施工质量问题带来的设备风险	加强施工质量管控和竣工质量验收，完善设备现场安健环标志，确保设备台账、图纸和现场一致，确保设备质量合格，具备正常运行条件

（2）大型抢修机械管理：大型抢修机械是否年审；是否与设备所有人或公司签订租赁合同明确抢修期间双方各自的安全责任；作业前是否进行专项安全技术交底；作业过程中是否设专人监督。

（3）支援单位施工队伍编队管理：支援单位现场指挥部是否设立安全督查组，组长由安监部负责人担任；督查组组员是否按每 100 名抢修人员至少配置 1 人且保证每 3 支抢修队伍能至少安排一名督查组员进行督查的标准配置；应急队伍是否按每 30 名抢修人员至少配置 1 人的标准设置专职安全员进行旁站督查。

（4）灾情勘查：灾情核查协助工作是否开展现场安全交底，是否在受灾设备运维班组人员的带领下开展。

（5）支援对接：支援单位到达后，受灾单位是否及时向支援单位明确抢修范围，与支援单位签订安全协议书；支援单位应急队伍是否与相应的受灾单位县区局、输变电所签订安全协议书，规范双方的安全职责；抢修工作正式铺开前，受灾设备运维管理单位是否就抢修范围受灾情况、地理环境、地质情况、气候状况和民风民俗等情况向支援单位抢修队伍进行安全技术总交底。是否提供准确完整的线路一次接线图、地理沿布图、杆塔和导线技术参数等资料。

（6）抢修过程风险管控：对于施工作业人数超过 50 人的单项抢修任务或施工难度大、人身风险高的作业，支援单位应急队伍是否组织编制专项抢修方案，并提交支援单位现场指挥部和受灾单位应急指挥部审批；应急抢修期间，现场施工作业是否按规定办理工作票；施工班组是否严格落实现场作业风险控制措施；各单位是否配备充足的安全工器具和个人防护用品；应急队伍每天作业是否按照总时间不超过 10h、每天连续作业时间不超过 4h 进行节奏控制。

案例一：2015 年“彩虹”台风抢修安全督察

2015 年“彩虹”台风抢修作业点多面广、时间紧、任务重，安全压力大。广东电网公司始终坚守人身安全底线，密切跟踪现场布点，稳妥布置安全监督工作，形成公司督查组加各支援单位的安全监督网，建立 267 人的安全督查工作群，紧紧盯住抢修作业现场。明确抢修现场人身安全管控 5 点要求，督查施工作业点 1733 个，纠正不安全行为 209 起，发出安全警示图片、信息 300 余条，力保抢修现场规范有序，没有发生任何人身事故事件。

案例二：2014 年“威马逊”超强台风应急救援海南东莞局安全监督工作

强化监督，基于风险开展安全督查。东莞局支援海南现场指挥部充分辨识 10 千伏和低压架空线路抢修的风险，特别是人身触电、高空坠落、倒杆、小动物伤害等，制定了《风险管控措施表》《现场风险督查表》和《急修现场工作主要风险控制要点》，提出了 25 项风险管控措施和 54 项现场督查内容。成立了 56 人的督查队伍，每日例会上剖析各类风险点，使用驻点、巡视等方式，基于风险开展督查工作。安全督查组共开展现场督查 527 次，督查施工点 193 个，通报并解决典型违章 6 起，发布安全提示信息 95 条。

重点关注，确保大型器械作业安全。本次抢修施工用的大型机械多，其中本单位吊车12台，高空作业车3台，货车69台。另外租借钩机15台，转孔立杆机1台，且钩机操作人员均不是电力专业人员，作业风险较高。现场指挥部编制了大型器械作业安全技术交底单，固化了大型器械作业流程，明确了安全注意事项。同时针对租借的钩机没有防脱扣装置的风险，采取钢丝绳固定等临时措施，保障施工安全。

第七节 应急信息管理

一、应急信息管理的分类

依照不同的分类角度，应急信息管理有不同的分类：按照信息本身的性质，可将重大事故应急信息分为数据信息和文本信息；按照信息用途，可分为应急管理体系建立过程和应急救援过程中使用的信息；按照信息特点，可分为人员信息、突发事件信息、应急救援信息等。

（1）应急人员信息。指与突发事件应急救援有关人员的信息。主要包括：姓名；所在单位名称；联系方式，包括单位、住宅、手机联系电话等；所在单位和住宅地理信息，包括地理位置、门牌号码等；在应急救援中职责的简要说明。

（2）突发事件信息。主要包括：突发事件的类型；突发事件发生的地点或场所；不同级别突发事件的预警指标；事故可能涉及的机构；可能导致突发事件发生和事件发生后对其发展过程起作用的物质、设备、设施和材料、工具等；突发事件的直接危害范围、可能受到危害的范围以及对突发事件的发展起作用的范围；突发事件造成的后果，如可能的直接经济损失、死亡和伤害人数等；突发事件发展的过程及控制突发事件影响扩大的关键因素。

（3）应急救援信息。应急救援信息包括应急救援力量及其分布信息，具体包括：应急救援力量的构成、能力及其分布；应急救援期间应急救援力量的启动能力；应急救援对可能的突发事件及其类型的适应情况；应急救援力量的组织机构和启动程序；针对可能的突发事件类型、可能的突发事件地点应优先启动的应急救援力量；针对可能地点的突发事件，应急救援力量到达现场的最佳路线和最短时间；全面评估出应急救援力量是否充分、分布是否合理；提出应急救援力量的需求和培训计划；各应急救援力量的地理信息等。

二、突发事件信息管理

（一）突发事件信息的特征

（1）时效性。突发事件本身具有不断变化的特征，突发事件信息也会随之变化，表现出很强的动态性和时效性。时效性往往决定了突发事件信息的价值。

（2）不确定性。由于引发突发事件的原因是多方面的，突发事件的处理方式方法是否得当、及时有效，都会直接影响突发事件发展的方向和趋势。同时，突发事件的暴发和发展是一个过程，突发事件的信息获取也是一个过程，往往需要不断核实、修正。

（3）上报的主观性。突发事件本身是客观的，由于主观认识上的偏差或受交通、通信等因素影响，或为逃避责任，一些地方和部门存在信息迟报、漏报甚至谎报、瞒报的现象。

（二）突发事件信息的意义

突发事件信息对突发事件的预防与应急准备、监测与预警、应急处置与救援、事后恢复与重建环节都具有十分重要的作用。从控制理论角度讲，应对突发事件的过程实质就是社会系统对造成失衡的突发事件的控制过程，也就是对社会系统加以控制，使其恢复原来的平衡状态。控制过程需要通过反馈环节来实现，而反馈主要是信息的反馈，控制的全过程都不能离开信息。只有掌握了充分的信息，才能对突发事件做出准确的预警，才能在突发事件出现后采取最及时最恰当的措施。

（1）突发事件信息是应急管理系统的基本构成要素和有机联系的介质。信息是应急管理的基本要素，又是系统中各要素有机结合和相互作用的介质。离开了信息，既不能有应急管理系统存在，也不能有应急管理活动存在。

（2）突发事件信息是应急管理工作的中心。突发事件预防、预警、处置、恢复的过程，是一个以信息为媒介的过程，表现为信息的不断输入、输出和反馈。因此，应急管理工作实际上是以突发事件信息处理为中心的工作，信息是整个应急管理工作的前提和依据。

（3）突发事件信息是突发事件应对工作中各部门、各层次、各环节相互之间沟通联络的纽带。在突发事件应对工作中，必须通过信息交换使各个部门步调一致、协调配合，实现共同目标，如果没有突发事件信息，就没有部门间的协调联动。

（三）突发事件信息的流程

一般来说，突发事件信息流程包括收集、加工、传递、发布四个环节。

（1）突发事件信息的收集是突发事件信息流程最基础的环节，其主要通过检测网点、仪器等手段获取。各类突发事件产生和表现形式不同，必须建立多种渠道的信息收集途径，才能有效监测各类突发事件，在其发展初期监测其苗头，在其发展过程中及时掌握其趋势。收集过程中需注意：一要全面。既要重视对突发事件现场信息的收集，也要重视对突发事件背景、产生原因、发展趋势等信息的收集；二是要真实。在信息收集过程中要随时注意鉴别，剔除不真实的信息资料。对一些模糊的信息，要追根溯源弄清楚。对一些存在重大疑问的信息，不可急于采用；三是要多渠道收集。既要重视从政府渠道收集，也要注意从新闻渠道收集。既要从当地政府收集，也要从主管部门收集。

（2）突发事件信息的加工就是将杂乱无章的原始信息，按需要进行梳理，剔除次要的、相互矛盾的信息，编辑精炼、准确的信息，然后进行各种信息资料的比较，从中分析突发事件的发展趋势及特征。信息加工贯穿于突发事件应对工作全过程：一是事前信息的加工。如对突发事件易发地区的调查，突发事件趋势和对策分析，风险隐患和危险源排查信息。二是事中信息的加工。分析突发事件发生的原因、危害程度、扩散情况、所需资源等，分析各种处置方案的可行性，估算成本，处置措施的效果等。三是事后信息加工。分析突发事件破坏和损失情况、对当地的影响，应对工作的经验和教训，恢复重建工作等信息。

（3）突发事件信息的传递主要是通过合适的渠道，将加工后的信息传递到应急管理的各个部门。信息传递的渠道主要包括：一是通过政府部门传递。这是突发事件传递的权威渠道，突发事件信息在应急管理相关部门和各级政府中传递，是准确、全面的传递渠道。二是通过新闻渠道传递。媒体是最快捷和覆盖面最广的信息传递工具之一，在传递突发事件预警信息和实况报道中起到了不可替代的作用。三是通过社会公众传递。社会公众通过互联网、收集短信、传言等途径传递突发事件信息。

（4）突发事件信息发布是指由法定的行政机关按照法定程序将其在行使应急管理职能的过程中所获得或拥有的突发事件信息主动向社会公众公开的活动。

三、电力突发事件信息发布

（一）电力应急信息发布依据

电力应急信息的发布和通报，主要依据《中华人民共和国安全生产法》《中华人民共和国电力法》《信访条例》《国家突发公共事件总体应急预案》《国家处置大面积停电事件应急预案》《国家突发公共事件新闻发布应急预案》等有关法律法规的要求，对处置电力生产重特大事故、电力设施大范围破坏、严重自然灾害、电力供应危机、对社会造成严重影响的供电中断、重大群体性不稳定事件等各类突发事件中的信息报告与新闻发布工作。

（二）信息发布要求

（1）信息发布内容。主要包括事件发生时间、发生地点、涉及规模、主要原因、影响和损失、应急处置情况、当前恢复进度等。

（2）信息发布形式。主要包括对外门户网站、报纸、广播、电视、手机短信、信息通报会、新闻发布会等。

（3）信息收集。新闻发布小组经请示应急指挥中心批准，授权主要媒体做好有关事件的文字、图片、音像和影视资料的采写、拍摄、收集等工作。

（4）外部记者的管理。信息发布小组根据需要启动记者采访管理工作机制，安排专人受理记者的采访申请，向记者提供事件报道通稿，为记者采访报道提供方便，同时加强对记者采访的组织、现场管理及引导工作。

第八节　应　急　联　动

影响电力系统的突发事件具有“涉及环节多、灾害源多、损失巨大、影响面广”的特点，仅依靠电网企业自身的应急力量已经无法有效应对复杂的突发事件。应急联动是突发事件应急处置的重要措施之一。电力企业应联合系统外部各种应急力量和资源，开展多机构、多层次、跨地域的突发事件应急处置联合行动。

一、各部门应急联动职责

应急指挥中心负责组织与联动对象建立应急联动机制，应急办负责应急联动工作的归口管理，综合协调本级、监督指导下级应急联动管理工作；牵头负责与当地政府应急办、安监局、电力监管部门、国有资产管理部门建立应急联动管理和开展应急联动工作。专业管理部门负责职责范围内的应急联动管理工作，根据需要提出本部门的联动对象，并与其建立应急联动关系和开展联动工作。

二、应急联动类型

（一）政企联动

与政府有关部门和单位应急联动，利用政府应急指挥平台与电力应急指挥平台的互联互通，共享信息和资源，确保在抗灾过程中能够协调各级政府应急办、公安、交通、路政等重要单位与当地供电企业建立应急联动协同处置，形成合力。

应急办保持与当地三防指挥机构、气象局、地震局等部门联动；办公行政部门保持与当地医疗、交通、消防、保卫、公安机关、新闻媒体、维稳等相关的部门（单位）、机构的联动；营销部门保持与当地重要用户、敏感用户等的联动；生技部门保持与当地环保、消防相关的部门等的联动；安监部门保持与当地政府安全监督管理部门的联动；基建部门保持与当地设计、施工、监理单位、市政建设部门等的联动；物资部门保持与当地物资供应商、主要设备制造企业的联动。各级应急办与政府有关部门开展防风防汛、大面积停电应急综合演练，形成快速响应机制。

（二）行业联动

系统运行部门保持与当地发电企业、其他电网企业等的联动；信息部门保持与计算机网络应急技术处理协调中心、公安网监部门、电监会信息中心、系统集成商和设备供应商、通信企业等的联动。在应急状况下，电力企业需要通信企业提供可靠稳定的应急抢修通信保障，保障应急指挥中心与抢修现场、大规模抢修现场之间指挥沟通；需要石化企业及时提供应急油料，保障应急抢修车辆、装备燃油供给；需要当地医院提供治疗和护理服务，保障应急抢修人员身体健康，等等。

（三）军地联动

在当地政府指导下，建立与当地军队、武警、预备役等的联动机制，实现军地联合应对突发事件。

三、应急联动机制建立

建立应急联动机制需要搭建联动组织架构，并明确双方职责；建立重点目标保障机制，编制通信录、应急装备资源等基础台账；约定启动预警条件及预警准备、启动、结束响应条件和响应处置。并通过平时应急演练、应急处置后评估不断总结和完善应急联动机制。

四、应急响应期间的联动机制

为了快速应对突发事件，电力企业平时应加强与当地政府、行业和军队的联动，直接建立联动机制，实现快速响应、共享资源、相互支援、共同协作，最大限度地减轻和消除突发事件对行业及社会造成的危害和影响。

（一）应急响应（接警）

电力企业各专业管理部门接到突发事件后，要进行初步的等级判断，并将接警情况和等级判断结果报送应急指挥中心，应急指挥中心接到报告后，立即对事件等级进行确认，应急指挥中心相关领导召集会商会议。会议内容包括：突发事件情况及等级通报、需动用的资源，突发事件处置小组的组成，现场指挥部的设立及人员组成，可能出现的意外情况，意外情况的补救措施，财政支持等。重大灾害事件应按照有关规定向相关联动部门传达事件情况，以便联动部门充分准备，快速前往事发现场。

（二）联动部门的应急响应

突发事件发生后，正常生产生活遭到破坏，需要警务人员维护社会秩序，需要医务人员和卫生人员实施救助，需要武警军队参与救灾等。因此，发生重大灾害事件时，需要参与应急响应联动的单位来自各行各业，甚至需要政府作为主体单位，主导处置突发事件。

案例一：2016 年佛山市大面积停电事件功能演练

演练模拟在龙卷风等强对流天气下佛山主要变电站以及配套设施遭到破坏，禅城祖庙街道、南海桂城街道等中心城区遭遇大面积和长达 11.5 个小时的大规模停电，城中心医院、学校、交通以及普通居民用电均受到影响，影响范围约 40 万户。大面积停电发生后，市大面积停电事件应急处置联席会议成员单位联合电力、通信、供水、油料供应等相关单位，在演练场地利用交互式综合应急演练平台进行处置，各部门依据职责分为决策组、处置组等，就应急决策、资源调配等面对面展开协同联动处理。本次演练检验了佛山市处置电网大面积停电事件应急预案的科学性和实效性；检验了在政府有关部门主导下，佛山供电局与通信、供水、供油、交通等单位的应急指挥和协调联动能力；检验了电力系统主网恢复能力、电力企业与通信运营商的应急联动机制。

案例二：2015 年茂名电力与通信应急联动演练

演练模拟超强台风正面袭击茂名，多个 220kV、110kV 变电站因线路中断及洪水等原因停运，各区县出现大面积停电，停电区域同时出现大面积通信中断，影响约 890 个通信基站和 35 万户用户，预计恢复供电和恢复通信的时间超过 48 小时。演练内容包括预警及准备、响应与处置、响应结束三个阶段。演练时，茂名供电局、通信行业及时启动应急联动工作机制开展协同处置，各有关部门积极配合，南方能源监管局、省通信管理局，茂名市应急办、经济和信息化局、安全监管局、公安局、民政局、住房和城乡建设局、城管局、交通局、三防办、林业局，气象局、茂名水文分局、通信保障应急办，中国电信茂名分公司、中国移动茂名分公司、中国联通茂名分公司、广东电网茂名供电局、中国铁塔茂名分公司等 20 个单位 200 多人参加了演练。通过本次演练，检验了广东省电力与通信行业的协调联动能力，进一步提升了电力突发事件应急处置能力，有效检验电力与通信行业应急联动工作机制，最大限度地减轻和消除突发事件对行业及社会造成的危害和影响。

第九节 党 团 先 锋

一、临时党、团组织

各单位根据党、团员参与情况，统筹考虑组建临时党、团组织。大规模应急支援抢修中，各支援单位可发文成立应急抢修队伍临时党支部，临时党支部根据应急抢修现场工作情况设立党小组，各小组组长由临时党支部直接任命。

各单位应收集、统计应急支援抢修队伍党、团员参与情况，协助应急支援抢修队伍临时党、团组织开展组织生活，做好临时党、团组织以及党员突击队、团员突击队旗帜、标语等标识管理。收集先进材料，做好党、团员应急抢修事迹宣传，发挥先锋模范作用。

二、立功表彰

表扬立功评选由各级党建部门牵头组织。各级业务部门严格按照授予条件，进行候选人员的评选和资料申报。党建部门对各部门所提交的资料进行审核，组建评选机构，按照规定程序进行评选。

案例一：2014年“威马逊”超强台风应急救援海南东莞局党团工作

东莞局成立了前线临时党、团支部。经局党委、局团委研究批准，分别成立了东莞供电局赴海南支援抢修临时党、团支部。由前线总指挥担任临时党支部书记，下设八个党小组，由八个分队长担任党小组组长，并召开了前线临时党支部委员会第一次扩大会议，为前线抢修队伍的政治动员工作打下了坚实基础。

党员突击队、青年突击队发挥了重要作用。各单位突击队成员不惧危难，走在队伍最前面，面对急难险重任务，充分发挥聪明才智，想尽一切办法解决问题，高效、高质量地完成组织交办的任务，特别在接到转战任务时，能够坚决服从公司安排，体现了共产党员在队伍中的先锋带头作用，是一支能打战、打胜仗队伍的中坚力量，为能够顺利凯旋起了重要的政治思想引领作用。

案例二：关于成立广东电网公司抗击台风“天鸽”第一现场工作组临时党支部的决定

各级党组织：

2017 年 8 月 23 日，台风“天鸽”重创珠海电网。为了充分发挥党组织在这次抢修复电工作中的战斗堡垒作用和共产党员先锋模范作用，凝聚人心、形成合力，尽快夺取抢修复电的全面胜利，经组织研究决定，成立公司抗击台风“天鸽”第一现场工作组临时党支部。现决定如下：

一、临时党支部组织架构

支部书记：×××

组织委员：×××

宣传委员：×××

成　　员：参加抗击台风“天鸽”第一现场工作组全体 56 名党员

二、临时党支部职责

（1）充分发挥现场工作组党员先锋模范带头作用，树立“一个党员就是一面旗帜”的意识和必胜的信念，在艰苦的生活条件和工作环境中锤炼党性。

（2）深入作业现场扬旗帜，勇挑重担、克难攻坚，做好抢修复电“人到、旗到、电通”，在“急、难、险、重”的任务中彰显党员的先进性。

（3）加强与珠海供电局党委及各支援单位的密切联系，充分发扬公司“特别能吃苦、特别能战斗、特别能奉献”的电力“铁军”精神，以饱满的工作热情和斗志，迎接挑战、勇担责任，圆满完成本次抗灾复电抢修任务。

2017 年 8 月 24 日

第十节 新 闻 宣 传

一、新闻舆情

（一）舆情监测

舆情监测指工作人员利用舆情监测系统、互联网搜索引擎等途径，及时发现各类舆情。该工作可以委托具有资质、保密度、可靠性高的相关单位开展。

舆情监测要实现对企业舆情的全面实时监测。应急响应期间，各单位应落实好值班准备，加强与业务部门间的联系，开展有针对性的舆情监测。如果经研判，舆情可能产生较大负面影响，或者易扩散至上级单位或其他多个单位的，及时向上级单位报告，防止监测不到位及重大舆情迟报、漏报、错报。各直属各单位向新闻中心报告时间为舆情出现后60分钟内。

（二）舆情处置

舆情处置指工作人员采取一系列恰当有效的措施，降低或消除舆情对企业的负面影响。舆情处置要具体问题具体分析，注意方式方法，实现最大程度降低或消除舆情对企业的负面影响，确保不发生因处置不及时或方法不得当而引发次生舆情或突发新闻事件。

针对属实的舆情：制定新闻通稿/应答口径，做好媒体应对准备；与新闻媒体或舆情发布者进行沟通，掌握媒体或发布者意图，为下一步舆情应对提供参考；通过沉帖或其他有效措施降低舆情负面影响。

针对不属实的舆情：及时联系新闻媒体或舆情发布者进行沟通说明，表明态度。同时根据对方态度和意图，妥善制定后续应对措施。若媒体或舆情发布者未及时删除不实舆情或发布更正声明情况下，根据实际采取如下措施降低负面影响：主动发声，进行回应，澄清事实，避免造成误解；按照媒体有关流程进行投诉，要求删除不实舆情；在前期沟通无果后，发单位公函或律师函进行严正交涉。

案例：2014 年东莞局“4.11”大面积停电舆情处置

东莞局重视新闻舆情危机管理。竖立“转危为机”意识，以“3T”原则进行危机公关处置：以我为主提供情况（Tell You Own Tale）；尽快提供情况（Tell It Fast）；提供全部情况（Tell It All）。

2014 年 4 月 11 日 7 时 45 分，由于 220kV GIS 设备故障，导致 4 个 220kV 变电站和 13 个 110kV 变电站失压，425 回 10kV 线路失压。东莞供电局事件发生后 42min，局应急办向省公司应急办汇报事件情况及抢修进度。事件发生后 43min，官方微博发布第一条突发停电信息，并与东莞电台取得联系，及时向社会公众发布停电影响范围及抢修复电进展情况。事件发生后 45min，新闻危机公关应急指挥部启动新闻危机公关事件Ⅲ级响应。应急响应期间，共在新浪微博发布微博信息 8 条，并依托市委宣传部官方微博@莞香花开等市政微博大 V，及时公布抢修复电进展情况。接受了东莞电视台和东莞电台的直播连线采访共 2 次，介绍了抢修复电进展情况。据舆情监测情况，共有 406 条（新浪微博 162 条，腾讯微博 244 条）反映东莞部分地区停电的微博，主要是转发东莞供电局通报的停电及抢修复电情况。目前“东莞供电”发布的相关微博累计转发数 276，评论数 167，阅读量为 15 万，微博点赞数 51。未发现不良影响，总体舆情正面积极。

（三）新闻宣传

1. 预警阶段

与上级新闻宣传主管部门和媒体联络沟通准备。明确对外宣传思路，组织事发单位做好对外新闻发布的准备。安排好前线报道人员做好待命准备。及时掌握应急工作的动态情况，组织传媒公司、事发单位制订统一口径、做好对外发布新闻通稿准备。畅通对外新闻发布渠道，做好在企业自办的对外媒体平台发布信息的准备。

2. 响应阶段

与上级新闻宣传主管部门和媒体联络沟通。编发新闻通稿。根据值班安排表落实好各自值班准备工作，及时掌握防风防汛工作的动态情况，按分工落实好新闻素材收集、采编、后期制作、发布等。安排人员赴前线开展报道工作。

灾害发生后，应及时发布抢修复电的信息及进度，在网站及新媒体上转载受灾情况、发布停电信息。地震震级高、灾害情况重、严重影响珠三角地区或全省范围内多地的，30min 内发布停电信息，并滚动更新。全省范围内多地出现突发性大面积停电的，经研判，30min 内发布停电信息。雨雪冰冻灾害如果对全省电网运行、供电造成较为严重的影响，根据情况及时发布停电信息。各单位可适时开展对外宣传，做好应急经验、先进典型事迹的宣传报道。

3. 新闻发言人及发布会

新闻发言人，其职责是在一定时间内就某一重大事件或时局的问题，举行新闻发布会，或约见个别记者，发布有关新闻或阐述本部门的观点立场，并代表有关部门回答记者的提问。

各级单位应指定并培训新闻发言人。应急处置期间，新闻发言人及时掌握突发事件详细情况及处置进展情况，按照应急指挥中心要求参加应急工作会议，参与新闻应急处置的决策、新闻发布内容和形式的审定。主持召开新闻发布会，代表企业对外接受新闻媒体采访，公开发布声明和有关重要信息，阐明公司立场和态度。负责组织协调对外新闻发布，根据实际情况，应急指挥中心指定相关人员配合对外发布。突发新闻事件发生后，公司可指定具体人员负责对外新闻发布和接受媒体采访事宜。

案例一：2015 年“彩虹”强台风东莞局支援湛江局新闻宣传

东莞局新闻中心牵头成立了 28 人的“1+*N*”新闻宣传队伍。前方人员跟随各自单位深入抢修现场全程采访报道，后方人员负责舆情监测和市内抢修报道，有效应对了点多面广的新闻工作要求。沿用“前方报题、后方引导”的成稿模式，并通过“追风新闻人”微信群，实现了前后方新闻信息的高效共享，确保了新闻报道数量、质量和时效性。按业务指导书要求，及时制作、发布抢修视频，宣传抗灾复电精神。

东莞局共向网省公司和社会媒体报送新闻稿件 187 篇次，相关视频稿件分别刊登上南方电视台 TVS1、东莞电视台，湛江日报、南方日报、羊城晚报、东莞日报，人民网（广东频道）、腾讯大粤网、金羊网、中新网（东莞新闻）、南方网、东莞阳光网以及南方电网官方网站和广东电网 EIP 门户网站，并发布抗击台风“彩虹”手机报特刊两期。另外，东莞局共发出 48 条应急抢修微博，被转发数合计超 220 余次，点赞数 1105 次，被@广东电网采用微博 10 条，@南网 50Hz 采用 10 条。

案例二：危机公关的“空间”（SPACE）原则

（1）速度原则：主体迅速进入危机公关状态，迅速启动危机公关。

操作建议：制定危机公关预案，明确主要的危机并制定应对危机公关的模式化操作。

（2）政策原则：危机公关在法律、制度规定的框架内开展。

操作建议：明确所有的危机公关措施均合法守法；应用政策手段，制裁危机公关中的违法事件，违法必究。

（3）态度原则：主体以服务的态度和服务的行为开展危机公关。

操作建议：危机公关部门应对危机的性质、特点、发生发展规律、危害性以及处理危机的方针、政策、对策和职责范围等有比较清楚的认知，具有危机意识和防范意识；应持积极的心态处理危机事件，以认真负责的态度对待公众、媒体等；应采用更为严厉、更为迅速、更为有力的措施，昭示诚意，赢得信任。

（4）谨慎操作原则：主体谨慎开展危机公关，不扩大危机的范围，不加剧危机的程度。

操作建议：针对方案进行预演，随时审查危机公关中的失误和问题。

（5）效益原则：危机公关以效益为标杆。

操作建议：危机公关要以社会效益为“指挥棒”，强化公关活动的社会形象和影响；要有成本意识，注意投入和产出的比例。

第十一节 后 勤 保 障

一、黄色、蓝色预警期间

1. 物资保障

（1）做好单位后勤应急食品的供应工作；

（2）各基层单位的物资保障组做好物资保障工作；

（3）检查应急医疗药品储备工作；

（4）及时了解和掌握外来支援队伍动态并发布外来支援队伍行动信息；

（5）做好相关 VI 制品材料储备工作；

（6）组织开展对办公生产场所的户外 VIS 标准品进行安全隐患排查，及时拆除或加固存在安全问题的户外 VIS 标准品。

2. 餐饮保障

组织做好应急食品的购置

3. 住宿保障

（1）根据实际情况需要，提前联系可能受灾地区的学校、酒店信息，做好统筹工作；

（2）受灾地区的基层单位做好住宿信息的统计工作。

4. 交通保障

（1）组织车队做好应急车辆的检修、维护保养及加油工作，并集结等待调配；

（2）组织车队司机全部集结待命，随时接受调派；

（3）联系信息组通知基层单位做好交通组相关工作。

二、红色、橙色预警期间

1. 物资保障

（1）开展后勤应急生活物资的购置准备工作；

（2）检查后勤应急通信工具（对讲机）是否正常使用，并做好补充购置的准备工作；

（3）开展后勤应急发电机和抽水机的试运行、燃油的储备工作；

（4）通知各基层单位的物资保障组做好物质保障工作；

（5）负责做好各单位外来支援的后勤保障，并发布有关外来支援队伍后勤接待问题信息准备；

（6）做好相关 VI 制品材料补充储备工作。

2. 餐饮保障

（1）联系厨师团队，做好应急保障；

（2）联系食材、炊具、餐具购买点，确定联系人，收集可安排用餐地点信息；

（3）联系食品配送、水果批发市场，确定联系人，了解蔬菜、水果的库存量；

（4）联系送水单位，确定联系人，做好应急保障期间供餐点饮用水的供应；

（5）联系各基层单位的餐饮组做好用餐保障工作；

（6）联系物资保障组准备一定量的发电机；

（7）受灾地基层单位联系当地政府，安排送餐引路人员；

（8）受灾地基层单位联系当地卫生局（或防疫站），安排人员对用餐点进行食品安全检疫。

3. 住宿保障

（1）组织做好外来支援队伍住宿保障，与当地政府联系，收集可能受灾地区附近学校、酒店信息。做好住宿信息统筹工作。

（2）受灾地区的基层单位做好住宿信息的统筹工作。

4. 交通保障

（1）组织车队做好应急车辆的检修、维护保养及加油工作，并集结等待调配；

（2）组织车队司机全部集结待命，随时接受调派；

（3）联系车辆维修点，为建立抢险车辆维修绿色通道做好准备工作；

（4）组织车队联系中石化，为保障响应行动阶段抢险车辆优先加油做好准备工作；

（5）建立兼职司机和租赁车辆档案；

（6）联系信息组通知基层单位做好交通组相关工作。

三、Ⅲ、Ⅳ级应急响应期间

1. 物资保障

（1）组织检查供应的各类应急食品药品的保质期是否属于安全范畴；

（2）组织做好应急食品、药品的分派工作，保障人员应急食品、药品的供应工作。

（3）根据实际情况需要，办理购置物资资金的借款工作；

2. 餐饮保障

组织做好值班人员用餐安排，以及应急食品的购置，并发布相关信息。

3. 住宿保障

根据需求信息做好住宿安排。

4. 交通保障

（1）组织车队检查车辆车况、油料、停放位置；

（2）报送相关信息；

（3）做好车辆受损统计；

（4）联系车辆维修厂成立应急维修小组，确保第一时间解决应急车辆故障；

（5）统筹车辆调派，确保整个抢修期间车辆的合理、高效使用。

四、Ⅰ、Ⅱ级应急响应期间

1. 物资保障

（1）组织办理购置物资资金的借款工作；

（2）把相关物资统一发放至各后勤保障组成员；

（3）依照应急办发布队伍调遣令，补充购置相应的后勤物资；

（4）联系日常物资供应商做好货品（生活用品、洗漱用品、床品、床上用品）的供应工作，统计了解各个供应商的物资储备情况，根据应急办要求购置；

（5）联合交通组做好社会外界救援物资的分派及运送工作；

（6）联系 VI 制作相关标识牌；

（7）按照需求补充购置医疗药品，如有外部抢修队伍支援，通知各基层单位联系当地各大医院、卫生院，协调开通医疗绿色通道。

2. 餐饮保障

（1）根据相关部门提供的队伍安排信息，组织各应急队伍做好用餐保障；确定配餐点，安排厨师团队准备盒饭，联合交通组做好配送工作。

（2）根据进驻队伍安排信息，补充购置炊具、餐具。

（3）检查并打扫供餐、用餐地点卫生。

（4）联合医疗组对供餐、用餐地点进行消毒防疫。

（5）联系食品配送、水果批发市场购置食材、水果。

（6）联系送水公司，为停水的供餐点提供饮用水。

3. 住宿保障

（1）根据启动信息，联系各受灾地区学校、酒店可用数量，确定是否有水有电，水源是否干净，确定可用房间数量。

（2）安排抢修队伍入住，统筹住宿信息。

4. 交通保障

（1）开展车辆受损统计，联系车辆维修厂成立应急维修小组，确保第一时间解决应急车辆故障。

（2）联系中石化，协调应急加油车，重点保障抢修车辆的油料使用；

（3）联系兼职司机，确保专职司机人手不足时可随时调派；

（4）通过政府相关部门联动开通进出灾区快速通道；

（5）根据需求在灾区设立24h接送点，联系相关小组做好外援队伍的接待、指引以及欢送等工作；

（6）统筹车辆调派，确保整个抢修期间车辆的合理、高效使用。

第七章

应急科技与创新

为有效防范各类突发事件，促进安全生产形势持续稳定好转，必须进一步加强应急科技支撑能力建设，坚持把预防作为应急科技工作的主攻方向，着力提高预防、监测、预警、监控等科技能力，加快应急科技成果转化和先进适用技术试点示范工程建设，推动应急产业化发展。积极推动和建立齐抓共管的应急科技工作新格局，进一步加快以企业为主体、市场为导向、政产学研相结合的应急技术创新体系建设，切实做好已有应急科技支撑项目成果的转化工作。

基于情景构建完善应急“三个体系一个机制”（组织、预案、保障和运转机制），进一步提高电网抵御台风灾害能力，提升防台风应急综合能力；提高应急一体化要求下海量信息的处理效率，打通各部门之间的协作壁垒，发展辅助应急指挥智能决策，深入开展多部门联合应急；配置运用不断涌现的新型救援装备；解决应急抢修及指挥对新技术的需求；应用卫星遥感等广域监测手段，发展多种输变电设备在线监测装置和开展精细化天气监测与预报，提高对频发自然灾害的监测与防护能力；灵活组合多种现代通信方式，有效保证指挥中心与现场的通信畅通，确保重要信息准确传达和实时数据传输，保障应急抢修工作的顺利进行；适应应急保供电预案及演练、评估朝系统化、专业化发展的新形势，需要抓住发展目标，完成创新重点任务。

第一节 应急管理发展规划

一、指导思想

秉承“人民电业为人民”的宗旨，将做好突发事件应急工作作为主动承担政治、经济和社会三大责任的重要抓手，努力杜绝或降低突发事件影响，为经济社会发展大局提供电力支撑；在提高综合防灾抗灾能力方面加大研究，减少因灾经济损失；在重大突发事件面前做到责任在先，快速有序做好应对，着力保障服务民生，维护社会稳定。以保障电力供应为根本，以做好预防准备为主线，以“三体系、一机制”为核心，建立健全统一指挥、结构合理、反应灵敏、保障有力、运转高效的突发事件应急体系，强化应急指挥决策支撑能力和综合保障能力建设，持续提升应急与保供电水平，为公司实现“两精、两优”国际一流电网企业战略目标提供坚强保障。

二、发展目标

（一）总体目标

到 2020 年，基本建成与公司面临风险相匹配，与公司“两精、两优”战略目标相适应，覆盖应急管理全过程的具有电网特色的突发事件应急体系，打造电力应急管理品牌。应急管理基础能力显著提升，突发事件防控能力和防灾抗灾能力切实增强，应急处置和应急救援能力显著提高，员工应急意识和自救互救技能不断提升，应急管理水平再上新台阶。

（二）分类目标

应急组织体系。实现应急组织体系高效运转，提升突发事件的应对能力，有效预防和降低灾害损失。到 2020 年，地市级、县区级和供电所应急专（兼）职岗位实现 100%配置。完善应急指挥体系和机制，研究推广现场指挥长效制度。

应急预案体系。进一步完善“横向到边、纵向到底、上下对应、内外衔接”的应急预案体系，进一步完善专项预案、现场处置方案及应急处置卡。到 2018 年，覆盖不同演练类型的应急演练评价体系有效建立。2020 年，各级单位的各类预案全面完成编制并备案合格，应急演练工作纳入常态化和规范化轨道。

应急保障体系。强化应急队伍、应急培训、应急物资和装备、应急指挥平台和后勤保障等应急保障体系的建设，是不断提升应急保障水平，确保满足突发事件处置需求的根本。到 2018 年，直属应急队伍组建完成率达到 100%，应急专家队伍组建完成率达到 100%，应急物资定额化储备率达 80%，应急装备定额化配置率达 60%，2020 年各级应急队伍组建完成率达到 100%，应急物资和装备定额化储备和配置率达到 100%。应急指挥平台建设方面，分阶段建设覆盖网、省、地、县四级的专业应急指挥平台和场所，2018 年覆盖率达到 60%，2020 年覆盖率达到 90%以上；大规模应急抢险产生的各项费用结算完成及时率达到 100%；后勤保障方面，建成救灾物资储备中心仓库，建成省级综合应急救援基地；启动四级应急通信调度平台建设，逐步实现实时监控和即时调度，逐步形成高抗毁、立体化、主动型的应急通信保障能力体系。

应急运转机制。应急运转机制高效、规范，应急管理水平得到显著提升。到 2020 年，应急值班、应急会商、信息报送机制进一步健全，一般及较大自然灾害发生后导致供电中断时，具备抢修条件的，力争在 2 天内恢复城区供电、3 天内恢复乡镇供电、5 天内恢复村寨供电；重大及以上自然灾害发生后导致供电中断时，具备抢修条件的，力争在 3 天内恢复城区供电、5 天内恢复乡镇供电、7 天内恢复村寨供电（偏远的交通不便及基础设施落后地区可酌情延长）；主要城市城区应力争在 24 小时内恢复供电。（以上均包括发电车、发电机等临时供电方式）。

（三）关键指标

围绕应急管理的价值链，注重指标平衡性，从预案体系、保障体系、运转机制三个维度提取关键指标作为应急工作的抓手，如下表所示。

应急工作关键指标目标示例见表 7－1。

表 7－1　　应急工作关键指标目标示例

指标		2017 年目标值	2018 年目标值	2020 年目标值
预案体系	应急预案编制率	80%	90%	100%
	应急演练完成率	80%	90%	100%
保障体系	应急物资定额化储备率	60%	80%	100%
	应急装备定额配置率	60%	80%	100%
	突发事件多发地区县级供电局专业应急指挥中心场所建设率	50%	60%	90%
	应急指挥平台信息系统数据合格率	80	100	—
运转机制	应急预警发布与响应启动率	80	100	—
	应急与保供电信息报送合格率	80	100	—
	应急准备评估和应急处置后评估完成率	60	80	100
突发事件处置	突发事件应急处置评价优秀率	60	80	100

三、主要任务

以情景构建理论为应急管理工作的业务指导思想，导入精益管理理念，开展“三体系、一机制”的应急体系精益化建设，不断提高应急资源利用效率和管理效率，创造价值、创新发展，形成应急业务精益长效机制，保持南方电网对外形象，提升品牌运营能力，引领应急管理水平提升。

（一）推动应急管理精益化

开展精益管理理论在应急方面的研究与应用，建立精益长效管理机制，推进突发事件情景构建工作，提升应急准备和应急处置能力。

1. 融合精益管理思路，优化应急管理模式

聚焦应急全过程管理环节，导入“消除浪费、创造价值、持续改善、精益求精”精

益管理理念，建立应急能力对标模型和指标体系，全方位开展行业内外应急能力对标工作，优化应急管理模式，加快应急新理论、应急新技术的研究与应用，完善应急物资、应急装备全生命周期管理模式，加快应急平台、应急基地建设，开展应急队伍的标准化建设，加强应急文化品牌运营能力，建立应急管理标准化建设长效机制，推进应急精益化管理水平。

2. 开展情景构建研究，提升应急准备能力

研究不同区域、不同类别、不同等级的灾害影响机理，建立重大突发事件情景分析理论体系，以情景分析理论为指导，全面开展电力应急情景构建工作，优化应急预案体系，制定各种情景下的应急准备策略，建立以情景构建为基础的应急处置机制，对灾害影响下的公司资源配置、管理机制等方面缺陷进行梳理完善，持续改进灾情摸查、队伍集结、装备调运、现场指挥、安全监管、后勤保障、信息报送、抢修督导、项目结算及物资回收等工作流程与标准，组织开展常态化培训演练，提升公司应急准备和应急处置能力。

（二）健全应急组织体系

按照“预防为主、预防与应急相结合”的原则，健全组织体系和工作机制，推动构建“职责明晰、处置高效”的应急组织体系。

1. 健全各级应急机构，制定应急岗位配置标准

推动公司组建安全与应急技术支持机构，为公司安全与应急管理和技术研发提供支持，发挥公司重大突发事件应急处置决策参谋助手作用。

规范公司应急抢修中心设置和职责，明确中心运作模式，丰富应急抢修中心功能，提升应急抢修管理水平和应急处置能力。

推动地市级单位专职、县（区）级单位兼职应急管理人员100%到位；建立省、地、县、所4级应急工作网，完善相关工作机制，形成覆盖全网、职责清晰、上下联动的应急机构网络。

2. 明确各级应急机构岗位职责，实现工作高效运转

全面梳理公司各项制度标准、工作流程、工作职责等文件，明确各级应急指挥机构、临时应急指挥机构（包括现场指挥部、督导组）和应急值班机构的管理职责边界，做到职责明晰。明确各应急关键岗位在应急管理工作中的职责和工作标准，形成标准化工作流程，实现应急管理工作高效运转。

（三）持续优化应急预案体系

强化预案管理工作，健全预案编制、演练、评估、备案等管理机制，通过科学合理

地构建巨灾情景，制定切实可行的应急应对措施和科学规范的处理流程，确保预案的科学性和实效性，用于指导突发事件应对工作。

1. 健全各级应急预案，探索应急管理新模式

结合政府要求和行业实际，吸收国内外先进理念，研究应急预案在公司应急管理体系中的定位，系统性构建公司各层级的应急预案体系结构。全面分析各类风险，根据风险评估结果，构建科学的巨灾情景，进一步完善公司系统各级应急预案，增强预案的针对性和实用性。优化应急预案流程，细化预案操作程序，实现应急预案的流程化、表单化，探索开展应急处置卡编制工作，提升预案的直观性。强化应急预案编制、评审、备案管理工作，研究制定现场处置方案编制标准，应用新技术、新方法逐步实现预案的信息化、数字化及智能化。完善以应急演练检验为重点的应急预案优化机制，反馈修订现有应急预案。

2. 建立演练考评机制，提高演练实效性

完善应急预案演练制度，建立演练考核机制，研究细化应急演练评估标准，实现演练评估考核的全覆盖和系统性。规范应急预案演练操作流程，提高演练管理的精益化水平。要根据预案的实际情况，按照“研讨会、操练、桌面演练、功能演练和全面演练”的顺序，合理安排演练计划，发掘存在的问题，提高参演人员对预案的理解程度，提升演练策划人员的能力。推广计算机仿真演练，实现演练过程的专业化管控。

（四）健全应急保障体系

强化应急队伍建设，建立应急能力培训体系，加强应急装备规范化管理，升级建设应急指挥平台，保证资金投入，加强应急抢险新设备及新技术的研究和应用，完善应急后勤保障。

1. 开展队伍标准化建设，提高队伍处置能力

开展应急队伍标准化建设，建立自上而下、内外结合的应急队伍标准化管理统一机制。内部应急队伍主要为系统内员工，外部队伍主要为基建和技改大修工程的外部施工单位。相关单位要按照“分区域、分灾种、分专业”内外结合的原则组建应急队伍，着力构建规模适用，人员精干，专业全面、能力突出的应急队伍。组建直属应急救援队伍，特别成立“攻坚克难”的攻坚队伍，由技术过硬、经验丰富的输变电工程公司人员组成，承担公司紧急、重点、难点抢险救灾工作。

组建应急专家队伍。分专业、分层次建立公司内外部应急专家队伍，平时为公司应急演练、培训、评估等工作提供专业技术支持，战时为公司应急处置提供专业参谋、指导、监督等服务，协助公司解决各类应急处置难题，提高公司应急处置决策能力。

建立应急队伍能力评估和奖惩机制，加强应急队伍培训考核，完善应急队伍培训考核机制，提高应急团队的积极性和专业化服务能力。建立参与公司重大突发事件应急抢修的外部队伍奖励机制，在基建、技改工程评标中适当加分。

2. 完善应急培训体系，提升队伍技能水平

强化各级应急管理（救援）人员培训力度。基于应急实战需要，针对各类应急人员编制培训课程大纲，设计培训课程，通过理论授课、实训操作、实战演练、模拟推演、参观体验、对外交流等方式分类、分专业开展应急队伍的常态化、规范化培训。同时充分利用现有的信息化手段，在应急救援基地开展将 VR[1]、AR[2]和 MR[3]等网络虚拟与现实新技术引入至应急队伍的体验式培训研究和实践，提升培训的针对性和有效性。强化应急培训设施建设。将应急管理培训纳入安全生产教育培训总体规划，建设应急队伍培训规划和评估考核机制，实现应急培训与评估考核同步开展，提高应急队伍跨区域快速机动能力，保障培训效果。加强应急队伍人身风险管控，强化应急抢修作业安全管理，培养员工“我要安全”的自主安全意识。

3. 加强应急装备购置资金投入，提高应急装备水平

开展应急装备管理模式研究，优化应急装备管理模式，实现应急装备及其所需资金等资源的科学配置和高效利用。以精益管理为路径，加强应急装备规范化管理。按照应急装备的“资产”属性和“应急”属性的双重内涵，明确应急装备全生命周期管理的具体要求。保障应急装备建设投入，优化应急装备配备种类，提升配备的整体性、合理性；建设区域性应急装备储备库，满足应急装备快速配送要求。

4. 深化平台功能应用，提升应急辅助决策能力

继续推进不同平台间网络连通、数据交换、系统对接，加强现场视频图像、地理信息、应急物资队伍数据等信息在应急平台上的逻辑汇聚，深化互联互通。积极推进“互联网+”等相关技术使用，提升第一时间突发事件信息获取、互联网信息动态查询、应急资源可视化展示等辅助决策支持能力，在确保安全的前提下推进平台信息资源在智能手机、平板电脑等移动终端上的实时推送展现。对公司应急指挥平台进行升级改造，健

---

[1] VR：虚拟现实（virtual reality，又译作灵境、幻真）是近年来出现的高新技术，也称灵境技术或人工环境。虚拟现实是利用电脑模拟产生一个三维空间的虚拟世界，提供使用者关于视觉、听觉、触觉等感官的模拟，让使用者如同身历其境一般，可以及时、没有限制地观察三度空间内的事物。

[2] AR：增强现实（augmented reality），也被称为混合现实。它通过电脑技术，将虚拟的信息应用到真实世界，真实的环境和虚拟的物体实时地叠加到了同一个画面或空间同时存在。

[3] MR：混合现实（mix reality），包括增强现实和增强虚拟，指的是合并现实和虚拟世界而产生的新的可视化环境。在新的可视化环境里物理和数字对象共存，并实时互动。

全完善平台体系运行技术保障和业务支撑机制，实现图像传输高清化、视频会商多极化、技术保障多样化、设备操作简单化。

开展应急指挥平台的建设、数据审核以及培训推广等工作。到 2020 年，建成覆盖省、地、县三级的应急指挥平台和专业场所，突发事件多发地区县级供电局建设具备专业应急指挥中心功能的场所。加强应急通信保障能力建设，研发建设融合通信技术的机动应急通信系统，实现“公网”中断时的应急通信支援。加强对各类应急信息的监测、汇集、研判和报送能力，加强政企联动和信息共享，为突发事件预警研判和处置提供信息支持，利用大数据等资源做好跨部门应急业务协作的效率提升工作，充分挖掘应急平台的数据资源优势，全面提升应急指挥决策水平。

5. 开展应急基地建设，加强基地功能应用

结合各地突发事件风险和灾情特点，针对防风防汛、地震、冰灾等应急处置需要，依托现有专业应急抢险救援力量，开展应急救援基地建设。重点加强工程抢险、电网抢修、自然灾害事件救援等方面的能力建设，补充完善必要的应急物资、专业救援装备、培训演练设施和生活保障设施，开展专业化应急抢险和救援能力培训与演练，提高急、难、险、重等条件下的工程抢险与应急救援能力。

6. 开展应急新技术研究，切实推动成果转化应用

开展应急救援装备及新技术研究，探索建立应急研究工作室，开展移动变电站、全地形车、应急发电车等大型应急装备及其关键技术研究，开展灾害全景监测、灾情勘察、大数据综合分析、机器人辅助抢修、应急通信组网等新技术研究。开展应急处置策略等研究，为应急响应及处置过程提供全方位装备支援、通信保障及技术支撑体系。完善建立应急技术标准体系，编制印发应急发电车、UPS 电源车、应急照明装备技术规范。完善应急科技成果转化机制，推动成果转化应用。

7. 加大应急资金投入，确保资金落实到位

从全局和战略高度出发，加大应急体系建设的资金投入，包括应急基地建设、应急装备配置、应急高新技术研发科研项目、保底电网建设、应急平台完善和人员培训应急演练等方面。优化应急抢修项目资金结算标准和流程，做好资金预算，优先保障重点项目投入，推进资金落实到位。

8. 完善应急后勤保障，提升后勤保障能力

公司要结合自身风险实际组建应急后勤保障队伍，明确配备原则和职责分工，根据应急事件类型，合理配置应急后勤保障队伍人员、物资。完善跨区域应急救援队伍的后勤保障机制，明确食宿、交通、劳保和 VI 标识等后勤保障工作标准。

（五）推进应急资源保障能力建设

整合公司应急物资储备、应急物流资源、应急专业服务等保障信息，加强跨部门、跨地区的协同保障和信息共享，提供及时有效的供需衔接、调度指挥、决策参考、科学评估等服务，切实提高各类应急资源的综合协调、科学调配和高效利用水平。提升应急装备保障能力，组织各地市局按照“分区域、分灾种、分档次、分风险”的原则，按照应急装备配置标准，逐步配全配齐配强应急装备。开展应急技术和装备研究工作，推动应急科技成果在生产实际中应用，加大应急科技创新扶持力度。

充分依托“应急一张图”工程，获取政府、其他行业以及社会资源信息，建立社会资源和政府资源的信息数据库，充分发挥各类资源的优势，提升公司应急管理水平和应急保障能力。

（六）建立高效应急运转机制

1. 完善应急管理标准，提升应急执行力

推动灾害多发地区的保底电网建设。完善电网差异化防灾标准，推进防灾工程建设。整合多类预警信息，全面提高预警能力。各下属相关单位要主动联合驻地政府建立电力设施周边环境管控机制。完善应急处置后评估工作标准，确保应急管理的闭环管理。建立健全应急处置奖惩机制，充分运用奖励与惩处具有的激励与控制的双重功能，鼓励先进，警示后进，从制度上促进应急管理执行力的提升。

完善公司应急管理制度的管理标准，系统性搜集制度在执行过程中存在的问题，健全法律法规和国家/行业标准库，识别制度与法律法规、技术标准以及上级相关文件之间的差异，根据具体情况组织相关专家和管理人员进行修订。

2. 深化客户精细服务管理，提升新闻舆情管控水平

提升客户服务应急水平。深化客户服务管理，加快推进重要客户供电电源、自备应急电源配备和管理工作，开展重要用户供电风险分析，开展重要城市客服软硬件系统评估分析，提高信息沟通能力。制定科学合理的重要用户复电序位表，完善大用户沟通协调机制。提升新闻舆情管控能力。完善与媒体沟通联络渠道，优化新闻发布流程，保障新闻发布的准确性与时效性。

3. 加强沟通和协调，健全应急联动机制

加强与政府相关部门沟通协调，按省、地、县三个层级分别与政府建立应急联动和快速响应机制。加强企业间互动，推动行业间合作，为抢修复电争取有力的应急保障。加强与国内外先进企业在安全管理领域的交流，学习借鉴先进经验与成果，与外部救援机构、应急装备供应商建立合作伙伴关系，实现能力优势互补、资源共享。

4. 加强模范宣传工作，树立先进典型

加强各级政工部门协作，组建党员突击队、青年突击队参加抢修救灾工作。建立常态激励机制，对抗灾工作中表现突出的集体和个人，强化宣传报道工作，树立先进典型，充分发挥榜样的力量，传递正能量，提升员工的自豪感，提高公司的美誉度。

（七）加强对外应急机制建设和合作交流

1. 探索对外应急合作新模式

推动公司探索推进“一带一路”沿线国家的相关应急管理合作。不断拓展与港、澳相关政府部门以及企业的应急联动机制的内涵和外延，务实推进合作水平上新台阶。充分运用政府间对外合作的平台，推动应急管理跨区域合作交流项目，开创公司对外应急管理合作、交流的新局面。不断优化“一带一路”涉外企业、项目的应急管理机制，探索跨区域应急合作新方式，提升涉外应急处置能力。

2. 健全对外应急管理机制

在海外项目和企业管理的实践中，针对涉外突发事件的具体风险，编制、修订各级各类涉外应急预案及操作手册，定期开展相关演练。明确涉外突发事件信息报送流程和要求，强化涉外联合研判会商能力。

3. 开展应急管理的全方位对标

组织与国内外、行业内外一流企业开展全方位对标管理，积极参与对外交流，引入国际先进的应急技术及应急管理模式，提升公司应急管理水平。同时，践行“走出去”战略，积极开拓境外市场，加强国际间企业合作，扩大公司应急品牌影响力。组织公司建立健全突发事件电力应急管理对标模型和指标体系，建设统一的应急管理指标报表体系，从管理层和操作层着手，围绕管理职责定位、应急装备物资、应急队伍、应急平台、应急技术、应急培训演练等应急管理维度，与国内外、行业内外一流企业开展全方位对标分析工作，查找自身短板、差距，分析原因，结合实际确定重点改进方向，开展精益改进，总结提炼形成标准化成果，固化到应急管理体系，分阶段推广应用，促进应急绩效指标与管理能力持续提升。

（八）深化政企联动应急机制建设

建立完善政企联动应急指挥系统，推进各级政府应急指挥中心与公司系统相关单位应急指挥中心的音视频互联互通，共享信息和资源，确保在抗灾过程中能够协调各级政府应急办、公安、交通、通信、国土、林业等重要单位与公司建立应急联动协同处置机制。与政府有关部门联合开展防风防汛、地震、冰灾、大面积停电应急综合演练，通过演练推进与政府应急指挥体系的融合，形成快速响应机制。特别加强地、县、乡（镇）

级的应急联动机制建设。

（九）系统研究并落实新《电力法》对应急工作的要求

充分研究新《电力法》中的相关条款，总结法律变化条款，查找目前公司应急体系与其的匹配程度，重点关注灾前清理线行内树木、灾后使用公共或私有资源开展应急抢修等工作，提出针对新电力法的应急工作提升计划。

第二节　应急科技创新发展规划

一、指导思想

以提升应急能力为核心，以加强预防为重点，以强化应急准备为抓手，充分发挥跨部门协调联动机制作用，加大创新力度，加强资源整合，强化精细化管理，夯实基层基础。

可靠安全的应急通信网络是应急指挥工作顺利开展的前提，高效的物资调配是应急指挥的关键实施环节；提高电网灾害监测预警能力，是应急指挥的重要技术保障；高效的应急演练和应急培训是提高电网员工应急反应能力的重要步骤；发展应急新装备和新技术是抗灾应急的最直接手段。

二、发展目标

（一）建立一体化应急指挥技术支撑体系

提出应急物资优化调配方法，建立电网数字化应急预案和应急仿真演练系统，提出战争对电网规划、运行、物资供给的影响及应对策略。

提出应急指挥平台中远期集成发展框架，提出跨专业跨部门协同工作场景及固化相关的业务流程，基于机器学习与数据挖掘提升平台整体智能化水平。

支持配备应急通信技术和产品，形成联动指挥调度平台。提升应急抢险组织作战效率，提出事前、事中、事后三位一体的应急抢险组织及管理评估体系，建立起跨业务部门的业务协同工作流程，辅助应急指挥平台智能决策。

提升对应急抢险业务的支撑水平，通过应急演练和应急培训提高电网抢修工作人员的综合应变能力。建立应急抢险实验室，整合零散的应急装备管理系统、应急通信资源、应急抢险组织演练与培训、应急科技研究、应急指挥平台业务流程整合探索等，成为一个开放的平台。

应急指挥平台系统业务协同技术研究。研究应急指挥平台系统在数据集成、网络集成、应用集成方面的需求，研究符合应急抢修业务未来发展的业务协同工作模式及相应的工作流程，系统程序固化。

应急抢修工作决策智能模块研究。在打通业务工作流程的基础上，研究协同调度、市场、设备、安监、物流等专业的应急实务，打通应急协同工作最后一公里，自动推送应急指挥作战参考方案。

应急业务与微信平台整合应用研究。实现快速收集与共享数据，快速收集报表，实时共享现场队伍任务，装备实际运行情况。研究微信平台整合的信息安全及接入问题。研究与微信平台对接群呼、讨论组信息。

可视化物资调配辅助决策技术。研究多源信息的结合展示，提供可视化决策辅助技术，研究物资系统最优路径规划方法，并实时跟进物资流向和调配进度，一方面可在电力事故事件发生时及时供给，减少电力供应中断带来的经济、社会损失；另一方面，可避免物资分配和配送路线不合理造成的低效配送，从而错过最佳救灾时间。

应急队伍及装备最优调拨及配置方法。建立大型应急装备的管理及监控系统，研究支撑应急队伍实时定位装备，开发按专业特长细分的应急队伍监控模块，开发队伍及装备最优协调调拨模型及优化调度算法。结合抢修实际情况的不同约束条件，得出最优结果。

电网应急决策与快速评估技术。通过梳理电网应急抢修工作的 KPI 指标及关键节点，建立应急抢修工作的决策模型，通过建立的模型供某次具体的抢修工作决策参考。结合应急管理制度，给出预警及相应阶段工作的快速评估参考值，结合 KPI 指标及时提出改善措施及方法。

应急演练及仿真系统。在实战演练的基础上，发展虚拟演练相关技术研究，基于虚拟现实技术，实现设备故障和电网故障的情景模拟，检验应急抢修队伍对于事故事件的反应能力。

（二）完善电力系统灾害全景监测系统

发展多种自然灾害的监测技术，发展地震、气象灾害、地质灾害、水旱灾害、森林火灾等监测预警设备，提升电网设备监测和预警技术水平，实现灾害的监测与准确预警，提供风险管理控制措施，掌握电力系统灾害预警与防护关键技术。

提出自然灾害条件下输变电主设备的故障评估方法，以及风险与可靠性评估方法。

提出灾害条件下电网运行风险量化评估方法，发展灾害损失预测与评估技术。

发展灾害广域监测手段，建设精细化气象监测和预测网络，掌握设备故障机理，建设网级领先电网灾害监测预警体系，实现灾害预测，灾情实时监测和灾后受损评估。在电网防雷、防污、防冰、防风、防汛、防山火等方面达到国内领先水平。

（三）突破应急现场灾情信息收集及灾情勘察技术应用

提出电网防灾及灾情勘察技术总体框架及研究计划。提出应急装备、队伍、物资优化调配方法，建立电网数字化应急预案和应急仿真演练系统，提出战争对电网规划、运行、物资供给的影响及应对策略。

提升应急抢修灾情勘察的总体技术水平，深度整合现有装备的效用，提出灾情勘察技术与应急平台深入融合方案。

提升灾情勘察技术深度应用水平，提升应急组织及工作协同水平，提升应急装备及队伍的精细化管理水平，提高应急指挥平台的集成应用水平及整合能力等方面开展关键技术研究。研发新型的灾情勘察设备、传感设备、数据采集装置。

灾情现场灵活建模技术。通过专业测绘技术与快速建模技术的结合，在最短的时间内把受灾区域的地形地貌复现，快速自动获取电力设施损毁情况，与 GIS 中的坐标及设备资产台账明细结合，及时摸清线路、杆塔、设备的受损数量，提出合适的应急物资及应急装备需求。

电网应急现场信息采集灵活组网方法。现有应急移动集群通信系统、便携式视频采集设备、无人机宽带图传系统、卫星电话设备及智能手机，需要研究一种宽带图像与窄带语音结合的灵活组网方法，使得现场不同制式的离散的设备共同融入同一个系统，成为一个有机的整体，提升通信资源的使用效率。

（四）深化应急通信保障支撑体系建设

提升应急通信保障的联合作战能力，建设统一通信管理与应用模块，与应急指挥业务深度融合，提高应急通信保障的实用化程度，形成更有针对性的应急具体场景的通信解决方案。

（五）开展应急救援装备及新技术

围绕提高个体和重要设施保护的安全性和可靠性，重点发展预防防护类应急产品。发展应急救援人员防护、安全避险、特殊工种保护、应急防护等产品。在设备设施防护方面，发展重要基础设施安全防护设备。

在事前预防方面，发展风险评估、隐患排查、消防安全、安防工程、应急管理市场咨询等应急服务；在救援方面，发展紧急救援、交通救援、应急物流、工程抢险、航空救援、应急处置、网络与信息安全等应急服务；在其他应急服务方面，发展灾害保险、北斗导航应急服务等。

三、应急科技创新重点任务

（一）应急管理信息平台技术创新

1. 应急指挥管理平台业务协同及决策智能技术研究与应用

研究应急指挥平台系统业务协同技术。研究应急指挥平台系统在数据集成、网络集成、应用集成方面的需求，研究符合应急抢修业务未来发展的业务协同工作模式及相应的工作流程，系统程序固化。研究应急抢修工作决策智能模块。研究应急业务与微信平台整合应用。支持配备应急通信技术和产品，形成联动指挥调度平台。

2. 数字化应急仿真系统

基于虚拟现实技术，实现设备故障和电网故障的情景模拟；研究调度员和变电站检修人员故障演练系统架构和功能；研究 3D 可视化应急抢修模拟技术；建立三维可视化应急抢修培训系统；开展数字化应急预案研究，通过研究高智能化的应急处置案例库，分析突发事件发展的某个阶段所应采取的应急处置措施，开发更加精确的突发事件监测和参数提取技术手段，使应用系统中的突发事件模拟更加贴近其真实演化过程。开展电网企业应急能力评估模型研究与应用。

（二）应急指挥及处置技术创新

可视化物资调配辅助决策技术。仓库智能管控技术研究；物资储备定额机制研究；配送网络优化及运输调度策略研究；应急物资管理研究；逆向物流运作机制研究；应急物资车辆调配最优路径规划技术研究；电力应急物资配送网络构建方法研究；电力应急物资需求点和供给点确定原则；物联网技术在应急物资调配中的应用研究；汇聚电力应急抢修物资信息库、设备信息和灾害损失预测信息，研究实时灾害情况下考虑物资规划、选点出车、路径规划、动态调整及故障恢复优先级等因素的全过程智能化物资调配推荐方案计算模型，整合电网 GIS 信息、设备信息、物资信息、灾害损失信息等，打造可视化物资调配辅助决策系统，结合 GPS 定位技术和应急通信网络技术，实现物资路径动态跟踪和实时监控；开展电杆运输装卸专用器具等设备与工器具改进。

（三）电网灾害监测预警技术创新

1. 精细化灾害监测预警技术研究

构建电力气象监测网络，研究精细化气象预测技术，建立气象信息精细化预测模型，为电网设备提供更精细的短时临近预报。

分析精细化网格内灾害活动，实现精细化灾害监测，为电力系统防灾应急管理提供技术支撑。开展输电线路与气象环境关联性的风险评估研究，以网格为基本单元，实现近设备级的灾害监测与预警

2. 变电站灾害防护及电网设备故障预测评估技术研究

开展变电站灾害影响评估方面研究：研究广东电网灾害时空分布特征，台风、暴雨、雷电等自然灾害成因及相互影响，对变电站设备的影响；建立洪涝、地质、大风、暴雨等灾害引起变电站元件失效和引起停电事件的概率分析模型；开展变电站灾害监测预警与防护技术研究；建立从气象信息、环境监控信息到变电站灾害预警方法，提出变电站设备灾害防护方法和措施。

以精细化灾害监测预测技术为基础，实现电网设备的自然环境危害因素预测。

研究极端条件下的设备故障演变特征，以线路山火跳闸机理为基础，建立从卫星遥感热点到线路山火跳闸的完整预警方法，实现山火灾害引起电力系统设备故障的预测模型；建立精细化风场预测模型，实现线路风速精细化预警。

建立防灾预警系统与应急指挥系统的实时接口，实现应急决策的全面支撑。

3. 风灾影响分析模型及决策技术

研究灾害条件下跳闸、断线事故模拟分析和影响分析；进行负荷损失预测和停电事故预测方法研究；建设电网气象灾害辅助决策中心，实现设备气象信息的集成展示；紧急自然灾害条件下事故预决策关键技术研究；开发调度系统与应急指挥系统的实时接口；人工紧急调度与安全自动控制协同决策方法；开展基于智能快速负荷控制的应急指挥平台研发，研究基于实时状态估计的电网模型；研究基于智能负荷快速控制技术的电网调度事故紧急控制系统；研发基于智能负荷快速控制技术的网省地三级协调的应急指挥平台；开展台风期间电网事故预决策关键技术及应用研究；调度移动应急指挥等作业流程改进。

4. 灾害风险评估和灾损预测技术

建立电网因灾损失信息库，划分灾害重点关注区域；提出考虑设备局部气象状况和自然灾害预警信息的设备状态动态评估方法；发展电网自然灾害的大数据分析技术，建立输变电设备灾害损失预测模型。

开展基于多维数据模型的灾情统计分析技术研究；研究灾害范围预测评估技术，研究设备故障对电网安全性和可靠性影响的风险量化评估方法；建立电网灾后损失量化评估模型。

（四）应急现场信息收集及灾情勘察技术创新

1. 基于人工智能的灾情综合建模及分析评估方法研究

研究基于人工智能技术的灾情建模方法、受灾设备的快速识别方法、受灾设备与应

急物资的快速匹配方法、基于灾情建模的受灾情况评估方法、基于灾情评估的应急指挥作战及决策方法。

2. 新型应急抢修数据采集与信息报送技术

研究应急前线指挥部与应急现场指挥中心之间的业务交互流程，开展基于北斗卫星导航系统的应急抢修现场数据采集及传送技术研究；开展北斗数采设备及系统与应急指挥平台的对接，并研究可视化展现方案；开展应用智能穿戴设备，如 GOOGLE 眼镜等先进装备，与应急指挥平台对接，实现装备的轻量化和智能化。实现人员定位跟踪、活动监测、视频监测、信息报送、紧急呼救与报警等功能。

（五）应急通信保障技术创新

1. 基于现场应急抢修预案的应急通信保障技术研究与应用

研究现场应急抢修预案机制，规范信息及时有效传递；研究宽窄带融合通信技术，建设现场应急通信单兵系统；研究应急通信保障快速部署和优化技术，建设仿真实验室；应急通信技术在业务场景综合应用研究。

2. 高可靠性应急网络通信技术

研究应急现场指挥通信场景的业务需求与应急现场指挥通信技术系统解决方案，通过广东电网卫星通信系统构架和方案论证，选择卫星通信应急网络组网方式，确定卫星地面站选址布点原则以及应急通信车车载通信设备；开展基于北斗卫星导航系统的应急通信数据收集技术研究；研究卫星电话的部署原则，卫星通信系统平台建设，高速率应急通信视频、声音和图像传送应用。开展应急通信关键技术应用研究及示范工程建设。完成卫星通信会议系统应用技术研究，实现应急指挥中心、应急通信车和现场指挥车等应急成员之间的高可靠性应急视频通信；优化现有通信网络，开展人员定位跟踪、活动监测、视频监测、紧急呼救与报警等功能研究。研究便捷式一体化应急通信装置开发技术。

3. 基于不确定性的应急抢修组网技术

研究基于不确定性的抢险现场语音、图像、数据的融合通信方法，通过融合不同制式的语音对讲、图像传输技术，充分发挥已有资源的效能，形成一套行之有效的快速搭建前线指挥部基础通信保障的方法。通过协议转换中心，融合窄带语音传送和宽带图像传送，将数字集群对讲系统及无人机图像采集系统有机融合，并实现与应急指挥平台管理系统的对接。实现在应急抢险演练和实战场景中的可视化。

（六）应急救援装备及新技术创新

1. 电网防灾应急新技术

输电线路视频监测技术、在线监测装置取电方式与通信方式研究、电网山火防护与灭火技术、杆塔自动灭火装置研究与应用、无人机灭火技术、无人机灾后影像勘测技术、输电线路风速微型监测装置的研究与应用、开展电网灾害在线监测装置可靠性提升关键技术研究、移动储能融冰装置的应用研究、研究低温冰冻条件下视频监控装置防冻关键技术。

2. 基于静态开关零切换功能的不间断供电系统研究和应用

开展用户不间断保供电需求实现方式研究，基于静态转换开关特性，研发具有供电电源回路自动检测和不间断切换功能、适应多种接口形式、多种接线方式和容量要求的辅助装置，与应急发电装备配套组成不间断供电系统，解决 UPS 电源车购置费用高昂、配置数量较少的问题，满足用户各种接线方式和容量的不间断供电需求。

3. 供用电实时监控和发电车快速接口技术在用户保供电工程中的应用

开展重要客户和经常保供电需求用户供用电实时监控技术研究，实现用户供用电实时监控和受影响信息快速获取；开展多规格发电车快速接口技术在保供电工程中的应用研究，在用户用电设备前端增加快速接口设备，实现与用户产权设备的有效隔离，降低工作安全风险，提高工作效率，节省供电企业的人力成本，提升对重要客户和保供电用户的管理水平。

（七）应急演练新技术创新

1. 建立常态化、一体化的安全学习、教育及培训的演练仿真平台

利用工作流技术建立应急响应的过程模型，深入研究抢修抢险等多种实战事件，分析其最有效的应急处置方法并形成完整处置流程，最终建立起常态化、一体化的安全学习、教育及培训平台。

2. 提高电力安全事故联合应急演练的协同及技术支撑能力

对电力安全事故应急预案进行数字化、结构化分解、预案重构并提供信息关联引擎；通过数据地理空间信息化技术和通用态势图 COP 技术支撑演练的信息流转。

3. 常态化维持员工安全生产、风险防控意识和应急处置保障能力

通过一体化的指挥决策，可以达到高效调度指挥、投资少、见效快的演练效果，低成本、快速地普及安全生产、风险防控意识，以及提高员工的应急处置保障能力。

应急管理过程包含“预防准备、监测预警、处置救援、恢复重建”四个子过程，其中的关键技术包括：

第一，风险评估技术。这是预防准备过程的重要依据，通过风险评估可以确定应急管理的重点目标。通过多因素风险评估和多尺度预测预警，主要关注政府应急能力、突发事件发生概率，有利于事件演化过程的评估指标和评估体系建设，从而更好地预测事件发展，提高突发事件响应和救援效率。

第二，预测预警技术。这是监测预警阶段的重要内容，通过建立预警系统，可以及时捕捉危险征兆，揭示和反映安全隐患等问题。通过预警机制，对外预警社会，提醒相关部门和群众，对内明确重点，及时采取应对措施。

第三，应急决策技术。复杂条件下应急决策的科学问题主要关注多目标、分阶段的应急决策生成、动态调整和评价方法，以提高应急响应和应急救援的效率。

第四，应急演练技术。以开放式演习方式代替照本宣科式的展示性演习方式，通过模拟灾害发生、发展的过程以及人们在灾害环境中可能做出的各种反应，积累应急演习的经验，发现应急处置过程中存在的问题，检验和评估应急预案的可操作性和实用性，提高应急能力。

第五，应急平台技术。应急平台是以公共安全科技和信息技术为支撑、以应急管理流程为主线、软硬件相结合的突发事件应急保障技术系统，是实施应急预案的工具；具备风险分析、信息报告、监测监控、预测预警、综合研判、辅助决策、综合协调与总结评估等功能。

此外，恢复重建阶段实质是新一轮的预防与准备，是更高层次的预防与准备，需要更多、更好、更先进的科学规划、手段和技术。

为有效防范各类突发事件，促进安全生产形势持续稳定好转，必须进一步加强应急科技支撑能力建设，坚持把预防作为应急科技工作主攻方向，着力提高预防、监测、预警、监控科技能力，加快应急科技成果转化和先进适用技术试点示范工程建设，推动应急产业化发展。积极推动和建立齐抓共管的应急科技工作新格局，进一步加快以企业为主体、市场为导向、政产学研相结合的应急技术创新体系建设，切实做好已有应急科技支撑项目成果的转化工作。

为全面完善“灾前防、灾中守、灾后抢”的应急机制，基于情景构建完善应急“三体系一机制”（组织、预案、保障和运转机制），进一步提高电网抵御台风灾害能力，提升防台风应急综合能力；提高应急一体化要求下海量信息的处理效率，打通各部门之间的协作壁垒，发展辅助应急指挥智能决策，深入开展多部门联合应急；配置运用不断涌现的新型救援装备；解决应急抢修及指挥对新技术的需求；应用卫星遥感等广域监测手段，发展多种输变电设备在线监测装置和开展精细化天气监测与预报，提高对频发自然灾害的监测与防护能力；灵活组合多种现代通信方式，有效保证指挥中心与现场的通信畅通，确保重要信息准确传达和实时数据传输，保障应急抢修工作的顺利进行；适应应急保供电预案及演练、评估朝系统化、专业化发展的新形势，需要抓住发展目标，完成创新重点任务。

附　录

附录1　广东电网有限责任公司应急综合演练控制方案

节点	阶段	时间	步骤	情景内容	考题及要点
演练开始	演练开始	9:00	演练开始	【应急办主任】这是演练，我是应急办主任×××，2017 年防风防汛实战应急综合演练准备工作已全部就绪，请总指挥指示。 【公司领导】这是演练，我是演练总指挥×××，2017 年防风防汛实战应急综合演练现在正式开始	
情景 1	模拟台风登陆前，应急响应启动及防御准备	9:01	情景设置	【讲解员】7 月 9 日 9 时，今年第 4 号台风“海霞”中心位于湛江东南方约 400km 的南海东部海面上，中心附近最大风力 11 级（30m/s）。预计，“海霞”将以每小时 20km 左右的速度向西北方向移动，强度逐渐加强，可能于 10 日白天以超强台风级别（14～15 级）登陆湛江地区。受其影响，4 日至 5 日，粤西地区有暴雨到大暴雨和 14～15 级大风，珠三角南部地区有大雨到暴雨。省防总于 9 日上午 8 时启动了防风防汛Ⅱ级应急响应，南方能监局发出了台风预警，要求提前做好防御工作	
		9:03	台风监测预警	【应急办主任】请电科院依据大气象和电网微气象装置监测数据，绘制风场动态分布图，预测台风 12 级风圈范围内的厂站和设备，对湛江地区的设备受损情况进行预评估（汇报时间 3min）	考察电科院研发的台风预警监测系统的功能和台风设备受损的预评估能力
		9:06	防御工作汇报	【应急办主任】请湛江、茂名、江门局汇报响应启动情况和防御工作要点（汇报时间各 3min）	考察地市局汇报响应启动情况及防御工作开展情况： （1）组织会商研判，启动预警响应； （2）制定电网运行方式方案； （3）重点巡维，补充加固，障碍清理； （4）加强客户服务工作； （5）开展应急处置准备； （6）加强值班值守； （7）组织开展应急预想模拟推演
		9:15	研判会商并启动响应	【应急办主任】经公司应急办研判，建议公司启动防风防汛 II 级应急响应。响应范围为湛江、茂名、江门。 【公司领导】同意。请公司应急指挥中心按预案组建现场督导组和应急支援先遣队赴湛江、茂名地区开展应急督导和先期准备工作	考察公司研判会商、响应启动、现场督导组及先遣队组建流程。考察应用应急指挥平台发布响应的功能
		9:16	专业部门工作部署	【应急办主任】请公司系统部、市场部、设备部、安监部、办公室、基建部、物资部、信息部、新闻中心部署防御工作。（各部门发言时间 1min）	考察各专业部门防御阶段重点工作及对地市局工作部署

续表

节点	阶段	时间	步骤	情景内容	考题及要点
情景 2	现场督导组和应急支援先遣队赴受援单位开展督导和先期准备	9:24	情景设置	【讲解员】现场督导组和应急支援先遣队按指定的时间到达湛江、茂名供电局，向湛江、茂名供电局应急指挥中心报到，开展现场督导和应急先期准备工作	
		9:24	先遣队对接工作汇报	【应急办主任】（1）请湛江局应急指挥中心总指挥汇报应急先遣队到位、任务分配与专业部门及基层管理机构（县区局、供电所）情况。（3min） （2）请茂名局应急指挥中心总指挥汇报应急先遣队到位、任务分配与专业部门及基层管理机构（县区局、供电所）对接情况（3min）	考察受援单位应急指挥中心对支援先遣队的对接、任务分配等指挥能力
情景 3	台风登陆后，电网事故处置及信息报送	9:30	情景设置	【讲解员】 台风“海霞”于 7 月 10 日 9 时在湛江徐闻地区登陆，横扫湛江、茂名地区，同时受台风外围环流影响，江门开平市、蓬江区突发龙卷风，具体影响情况如下： （1）湛江地区：500kV 港茂甲乙线相继跳闸、500kV 港城站 2 号母线失压（母差保护动作，暂不允许强送），220kV 港雷线、雷霞线跳闸，雷霞线强送不成功，港雷线强送成功后不久又再次跳闸，故障导致雷州站、闻涛站两个 220kV 变电站停运。 （2）茂名地区：500kV 茂蝶甲乙线相继跳闸，强送不成功，220kV 河东站失压（母差保护动作，暂不允许强送）。 （3）江门地区：110kV 金连线跳闸（强送 1 次不成功，原因待查）。 要求： （1）请中调、地调调度员开展事故处置，40min 后由调控中心负责人向公司应急指挥中心汇报。 （2）请湛江、茂名、江门局：统计本单位因灾损失情况，并在 40min 内通过移动 App 报送。 （3）请市场部汇总客户停电情况，系统部汇总线路跳闸、变电站停运情况、设备部汇总设备受损情况、安监部汇总应急资源投入情况，并在 50min 内在移动 App 上报送	1.考察中调、地调调度员开展事故处置，事故处置结束后，由调控中心指挥官汇报事故处置情况。 （1）通过 DTS 室设备模拟； （2）统计线路跳闸及变电站失压情况； （3）根据负荷情况，调整运行方式，恢复停电设备。 2. 考察应用应急指挥平台报送因灾损失情况：考察市场部统计受影响客户情况，系统部统计线路跳闸及变电站失压情况。考察茂名局、湛江局报送因灾损失情况
情景 4	县城全停	9:33	情景设置	【讲解员】经调度事故处置，恢复了 220kV 雷州站供电，但因 220kV 闻涛站未恢复供电，造成徐闻县城全黑	
		9:34	应急通信保障	【讲解员】因徐闻地区的通信公网全部瘫痪，公司应急指挥中心要求调控中心、通信公司解决受灾现场通信中断问题，调控中心派出应急通信车、卫星便携站、海事卫星数据终端、卫星电话等应急通信装备保障抢修地区的通信，并通过卫星通道实现现场视频、图文实时回传至公司应急指挥中心	考察应急抢修中心现场指挥部组建情况： （1）考察调控中心在电力通信网中断情况下，开通应急通信装备能力及应急通信装备使用效果。 （2）考察受灾现场与公司应急指挥中心应急通信建立情况。 （3）考察移动 App 通过卫星通道传送图文信息
		9:35	要求	【应急办主任】 （1）请调控中心汇报应急通信装备的到位及卫星通道搭建情况（3min）。 （2）请系统部提问（2min）	
		9:40	重要用户保供电	【讲解员】因徐闻县城全黑，二级重要用户徐闻自来水厂停电，徐闻自来水厂请求湛江局派出 10kV 应急发电车	考察应急指挥平台动态跟踪 10kV 发电车实时位置能力

续表

节点	阶段	时间	步骤	情景内容	考题及要点
情景 4	县城全停	9:41	要求	【应急办主任】请湛江局派出 10kV 应急发电车，到达徐闻自来水厂后向公司应急指挥中心汇报保供电情况	
		9:42	调度权下放	【讲解员】针对徐闻县城全黑，湛江局配网调度通过通知发文的形式将徐闻地区 10kV 线路调度权下放至徐闻供电局	考察湛江局调度权下放的情况
		9:43	要求	【应急办主任】(1) 请湛江局配网调度负责人简述调度权下放的原则。(3min) (2) 请系统部提问 (2min)	
情景 5	灾情快速勘查	9:48	情景设置	【讲解员】台风刚过，茂名局派出无人机开展灾情摸查工作，重点巡查 500kV 茂蝶甲乙线（提前设置 500kV 茂蝶甲乙线 6 号塔有雷击故障点，插红旗标识）	
		9:49	要求	【应急办主任】(1) 请茂名局通过公网通道实时回传机巡勘灾的画面，在找到故障点后进行汇报。(3min) (2) 请设备部提问 (2min)	
情景 6	110kV 金连线倒塔	9:54	灾情勘察汇报	【讲解员】龙卷风刚过，江门局使用无人机快速勘察 110kV 金连线。(提前设置 110kV 金连线 23 号塔因龙卷风吹袭倒塌，插红旗标识)	(1) 考察江门局现场勘查能力及传输现场画面的能力。 (2) 考察移动 App 报送图片信息
		9:55	要求	【应急办主任】(1) 请江门局实时回传机巡勘灾的画面，在找到故障点后进行汇报。(3min)。 (2) 请安监部提问 (2min)	
		10:00	物资调配	【讲解员】江门局物流服务中心收到经江门局应急指挥中心审批通过的 110kV 金连线抢修所需的物资需求，开展应急物资申请及调配	考察江门局应急物资调配情况： (1) 考察江门局对启动响应后物资调配准备内容是否熟悉。 (2) 考察江门局物资备货、装车工作是否规范。 (3) 考察江门局物资发运前移交手续是否规范。 (4) 考察移动 App 报送图片信息
		10:01	要求	【应急办主任】(1) 请江门局物流服务中心负责人汇报应急物资申请及调配情况 (2min)； (2) 请物资部提问。(3min) 【应急办主任】请江门局物流中心负责人在物资仓库中找出线夹、绝缘子、接地线、螺栓、悬垂等，并通过移动视频展示 (5min)	
情景 7	应急联动	10:09	现场指挥部保供电	【讲解员】江门市三防办在龙卷风受灾严重地区（开平市排涝站）搭建了现场指挥部，要求江门局派出应急发电车和移动照明灯塔确保三防现场指挥部的供电和照明	(1) 考察江门局对社会突发事件供电保障应急预案的熟悉程度。 (2) 考察江门局应对现场指挥部的应急供电及照明保障。 ① 应急供电的供电时长； ② 现场照明的数量及布点为止； ③ 发电设备的油量保障。 (3) 考察移动 App 报送图片信息
		10:10	要求	【应急办主任】(1) 请江门局保供电现场负责人汇报三防现场指挥部保供电情况。(3min) (2) 请安监部提问 (2min)	

续表

节点	阶段	时间	步骤	情景内容	考题及要点
情景 7	应急联动	10:15	铁路停运联动	【讲解员】由于跨越铁路的 220kV 赤椹线 46～47 号塔间线路掉落在铁路上，导致铁路停运，湛江局和铁路公司开展联动处置工作	（1）考察湛江局联合铁路公司应对跨越线路掉落导致铁路停运的应急处置能力。 （2）考察湛江局新闻舆情处置能力。 （3）考察移动 App 报送图片信息
		10:16	要求	【应急办主任】（1）请湛江局现场负责人汇报与铁路部门联合处置及新闻舆情管控情况。（3min） （2）请新闻中心提问（2min）	
		10:21	重要基站保供电	【讲解员】由于重要基站停电，茂名市铁塔公司向茂名供电局提出应急保供电支援需求	（1）考察茂名局应急保重要基站供电能力。 （2）考察茂名局与通信行业建立联动机制。 （3）考察移动 App 报送图片信息
		10:22	要求	【应急办主任】（1）请茂名局保供电现场负责人汇报重要基站保供电及与通信行业联动机制情况（3min）。 （2）请安监部提问（2min）	
情景 8	重要用户保供电	10:27	重要用户保供电	【讲解员】湛江局应急发电车已到达徐闻自来水厂并开展保供电工作	（1）考察湛江局 10kV 发电车现场保供电能力。 ① 应急发电设备到达保供电现场的所需时间； ② 按照手册中的最佳行车路线行驶； ③ 开展应急发电设备接入设备前的检查； ④ 核对设备的相位，确保与应急发电设备一致 （2）考察移动 App 报送图片信息
		10:28	要求	【应急办主任】（1）请湛江局保供电现场负责人汇报徐闻自来水厂保供电情况。（3min） （2）请市场部提问（2min）	
情景 9	新闻发布	10:33	新闻发布会	新闻中心根据因灾受损恢复情况，编写新闻通告，经省公司应急指挥中心同意后，召开新闻发布会	考察新闻通稿审核及新闻发布会审批流程
		10:34	要求	【新闻中心】根据因灾受损恢复情况，新闻中心编写了新闻通告，现申请召开新闻发布会。 【公司领导】同意召开新闻发布会。 【新闻发言人】对外发布省公司应急处置情况（5min）	
情景 10	调整响应级别	10:39	研判会商并调整响应级别	【应急办主任】经公司应急办研判，建议公司将防风防汛响应由Ⅱ级调整为Ⅳ级。 【公司领导】同意。请公司应急办继续跟进湛江、茂名、江门局的抢修复电情况	考察公司研判会商、响应调整流程。考察应用应急指挥平台调整响应的功能
演练评估	现场点评	10:40	要求	【应急办主任】请评估组点评（7min）	
演练总结	现场总结	11:00	要求	【应急办主任】请演练总指挥总结讲话	
				【演练总指挥】总结讲话	
演练结束		11:10	宣布演练结束	【演练总指挥】我宣布，2017 年防风防汛实战应急综合演练结束	

附录 2　中国南方电网有限责任公司应急能力评估标准

一、应急基础准备评估

应急准备基础评估是按照公司“三体系一机制”的管理框架，对应急工作的日常管理水平进行评估。应急准备基础评估划分为四大评估项目，分别为应急组织体系准备情况、应急预案体系准备情况、应急保障体系准备情况、应急运转机制准备情况。应急准备基础评估指标体系由 4 个一级评估项目、26 个二级评估项目、126 个三级评估项目、240 项评估内容四个层级的指标构成。

（一）应急组织体系

1. 应急指挥中心

（1）机构设置。根据公司应急管理相关规定，应建立应急指挥中心。

（2）人员构成。明确总指挥由本单位主要负责人担任、副总指挥由相关分管负责人担任；应急指挥中心成员应由其他分管负责人、总助、总师及各相关部门负责人组成；应急指挥中心成员联络方式及备案。

（3）职责落实。政府、上级单位及应急管理相关规定对应急指挥中心职责要求的落实情况。

（4）岗位职责。指挥中心指挥人员在岗位责任说明书中阐述主要的应急管理职责。

（5）责任传递。应急指挥中心人员应熟悉本岗位的职责。

2. 应急办

（1）机构设置。根据公司应急管理相关规定，应建立应急办。

（2）人员构成。应急办主任由副总工或安监部主任担任，副主任由行政、市场、设备、安监、系统等相关专业管理部门主任或副主任担任；应急办成员由行政、市场、设备、基建、物资、信息、安监、系统等相关专业管理部门应急管理人员组成。

（3）职责落实。应急办开展关于安全、稳定应急管理和预案制定的监督检查，切实履行了日常和应急状态下的各项应急职责；应急办成员部门切实履行了日常和应急状态下的各项应急职责。

（4）岗位职责。应急办领导在岗位责任说明书中阐述主要的应急管理职责。

（5）责任传递。应急办人员应熟悉本岗位的职责。

3. 应急值班机构

根据公司应急管理相关规定，应设置（专职）总值班室，或指定专人担任 24 小时应急值班联络人。

4. 应急临时机构

各项应急预案中明确应急临时机构的设置原则；明确应急临时机构的工作职责。

5. 规章制度

（1）政府规章制度整理情况。收集完整最新的应急方面的法律法规、部门规章和国家、政府相关预案。

（2）政府法律法规落实。及时转发、提出具体落实措施的；及时组织开展相关培训宣贯，积极开展自查自改，并将法律法规与标准的相关要求有机融入企业管理当中，不断完善本单位应急工作。

（3）企业规章制度编制情况。上级单位规章制度文件收集全面，本单位制度制定齐全。规章制度进行及时更新。

（4）企业规章制度落实。及时传达相关规章制度；开展培训宣贯；组织规章制度落实执行，并对落实情况进行跟踪总结，依据总结及时修编。

（5）建立应急处置案例库。收集齐整了国内外重大应急处置案例纳入分析，并依据统计、分析结果制定自身整改提升计划和预案修编计划。

（二）预案体系

1. 预案日常管理

（1）风险分析。

年度应急总结报告或风险分析报告包含电网、人身、设备安全、现场作业以及四大类突发事件全部分析内容，并且对存在引起人身伤亡和设备事故等隐患场所分析全面；高危及重要用户风险分析合理；对上一年度风险评估和回顾内容。

（2）预案编制或修订识别。

完全按预案修编的 6 种情形制定了预案修编计划，计划明确了预案编制的完成时间、责任部门及人员；

经预案修编识别，未达到修编要求，本年度无须修编任何预案，且经本单位应急办主任同意。

（3）预案编制或修订。

按计划进度和上级要求完成修编工作。

（4）预案编制或修订工作组。

工作组涵盖预案涉及的各层级单位，涵盖涉及的主要专业的情形。

（5）预案编制或修订发布。

修编后及时按照预案审批发布流程进行重新发布并下发涉及部门和关键岗位。

（6）预案评审。

应急办按照应急管理规定开展应急预案综合评审，评审人员中应包含上、下级单位相关专业人员以及政府相关机构人员；

由应急预案编制部门负责，邀请、组织相关专家进行专业评审，涉及网厂协调和社会联动的应急预案，评审人员还应包括所涉及政府部门、电力监管机构和相关单位工作人员以及电力安全生产和应急管理方面的专家；

按照预案评审标准开展评审，并认真对其要素的合法性、完整性、针对性、实用性、科学性、操作性、衔接性等方面进行了点评。

（7）预案印发。

总体应急预案由本单位应急指挥中心总指挥审核签发；

专项应急预案全部由分管副总指挥审核签发，并下发到涉及部门和关键岗位；

现场处置方案全部由编制部门负责人审核签发，并下发到涉及部门和关键岗位。

（8）预案编号。

对总体应急预案和专项应急预案进行统一规范编号。

（9）预案备案。

下级单位的总体应急预案、专项应急预案及本级现场处置方案向本单位应急办审核备案；

包含应急预案评审意见及正式发布的应急预案电子文档；

本单位应急预案经新增、修订、废止等变化后，应急办按照公司要求将本单位当前的总体应急预案、专项应急预案向上级单位应急办备案，并报同级政府及相关部门备案。

2. 预案体系结构

（1）预案层级。

按照公司的预案体系将预案分为总体应急预案、专项预案、现场处置方案层级。

（2）预案类别。

按预案清单和预案编制格式内容要求编制涵盖自然灾害、事故灾难、社会安全和公共卫生共四类突发事件的应急预案。

3. 预案质量

（1）总体应急预案质量。

内容符合企业安全生产和应急管理工作实际，满足基本要求，且总体应急预案内容和格式完全符合公司总体应急预案模板要求；

明确总体应急预案编制的目的和作用；

明确应急预案编制的依据；

明确总体应急预案的适用对象和适用条件；

明确本单位应急处置工作的指导原则和总体思路；

准确描述本单位面临的突发事件风险，针对不同风险制定了专项应急预案清单；

分析本单位的人力、物力资源应急资源；可申请支援、调用的外部应急资源；

突发事件分级标准不低于公司标准；

按公司要求制定预警分级原则；

按公司要求制定响应分级原则；

明确本单位的应急预案体系构成情况；

明确本单位的应急组织体系构成，应急指挥机构、应急日常管理机构以及各专业管理部门的应急工作职责；

预案中规定了预警任务的内容，提出了预警任务的工作要求和责任部门；

包括本单位 24h 应急值守电话、单位内部应急信息报告和处置程序以及向政府有关部门、电力监管机构和相关单位进行突发事件信息报告的方式、内容、时限、职能部门等；

预案中规定了响应任务的内容，提出了响应任务的工作要求和责任部门；

明确应急结束后，突发事件后果影响消除、生产秩序恢复、污染物处理、善后理赔、应急能力评估、对应急预案的评价和改进等方面的后期处置工作要求；

明确对本单位人员开展应急培训的计划、方式和周期要求；

明确应急演练的方式、频次、范围、内容、组织、评估、总结等内容；

明确本单位应急队伍、应急经费、应急物资装备、通信与信息等方面的应急资源和保障措施；

明确应急处置工作中奖励和惩罚的条件和内容；

明确总体应急预案的备案、修订、解释和实施等要求；

预案包含的附件（不限于）：① 应急预案体系框架图和应急预案目录；② 应急组织体系和相关人员联系方式；③ 应急工作需要联系的政府部门、电力监管机构等相关单位的联系方式；④ 关键的路线、标识和图纸，如电网主网架接线图、发电厂总平面布置图等；⑤ 应急信息报告和应急处置流程图；⑥ 与相关应急救援部门签订的应急支援协议或备忘录。

（2）专项应急预案质量。

专项应急预案的内容格式符合公司的预案编制规范，正文内容包含模板所提的全部要素要点；

明确专项应急预案编制的目的和作用；

明确应急预案编制的依据；

明确专项应急预案的适用对象和适用条件；

明确本单位应急处置工作的指导原则和总体思路；

专项预案能承接上级预案、总体预案，能与其他专项预案衔接，能与当地政府预案、重要用户预案衔接；

概述本预案应对的突发事件风险分布、来源、特性等，明确突发事件可能导致的紧急情况类型、影响范围及后果；分析本单位可用于应对突发事件的各类资源。

突发事件分级标准考虑相关法律法规和当地特征，且不低于公司标准；

预案中明确各应急组织机构的应急职责，工作界面清晰，主从关系明确，并明确应急临时机构的责任部门、责任岗位及成员构成；

预警分级条件在上级标准规定的条件上进行细化；

详细描述了持续监测、信息报送、隐患排查、资源准备等预警工作，并明确了责任部门及工作职责；

响应分级条件在公司标准规定的条件上进行细化；

包括相关应急值守电话、单位内部应急信息报告和处置程序以及向政府有关部门、电力监管机构和相关单位进行突发事件信息报告的方式、内容、时限、职能部门；

详细描述了以下响应工作：应急指挥、应急值守、专业处置、资源调配、信息报送等行动要求，并明确了责任部门及工作职责；

明确应急结束后，突发事件后果影响消除、生产秩序恢复、污染物处理、善后理赔、应急评估、对应急预案的评价和改进等方面的后期处置工作要求和可操作性的开展方式；

应急保障内容符合总体预案要求，并明确了以下内容：① 相关单位或人员的通信方式；② 明确应急装备、设施和器材及其存放位置清单；③ 明确各类应急资源（包括专业应急救援队伍、兼职应急队伍的组织机构以及联系方式）；④ 明确应急工作经费保障方案；

明确对本单位人员开展应急培训的计划、方式和周期要求；

明确应急演练的方式、频次、范围、内容、组织、评估、总结等内容；

明确专项应急预案的备案、修订、解释和实施等要求；

按照最新规定编制，应包含（不限于）以下内容：① 应急组织体系和相关人员联系方式；② 应急救援队伍信息；③ 应急工作需要联系的政府部门、电力监管机构等相关单位的联系方式；④ 应急工作所需报表、信息模板等；⑤ 应急工作涉及的关键的路线、标识和图纸、清单等；⑥ 应急信息报告和应急处置流程图；⑦ 与相关应急救援部门签订的应急支援协议或备忘录；⑧ 应急物资储备清单；⑨ 预案清单；

专项预案能承接上级预案、总体预案，能与其他专项预案衔接，能与当地政府预案、重要用户预案衔接。

（3）现场处置方案质量。

现场处置方案的内容格式（形式要素和内容要素）符合公司的预案编制规范；

规定适用范围和条件；

现场处置方案承接总体预案、专项预案，满足总体预案、专项预案及应急管理相关规定的要求；

危险性分析：可能发生的事件类型，事件可能发生的区域、地点或装置的名称，事件可能发生的季节（时间）和可能造成的危害程度，事前可能出现的征兆。

明确基层单位（部门）应急组织形式及人员构成情况，明确相关岗位和人员的应急工作职责。

预案中规定了信息报告、应急响应与处置工作内容，明确应对的具体措施、步骤、程序，应急处置措施明确到具体人员或岗位。

能够清晰描述以下预案涉及的内容：佩戴个人防护器具方面的注意事项，使用抢险救援器材方面的注意事项，采取救援对策或措施方面的注意事项，现场自救和互救的注意事项，现场应急处置能力确认和人员安全防护等事项，应急救援结束后的注意事项，其他需要特别警示的事项。

编制并及时更新了以下附件：有关应急部门、机构或人员的联系方式，应急物资装备的名录或清单，警报系统分布及覆盖范围图，重要防护目标、危险源一览表、标示图或分布图，应急救援指挥位置或救援行动路线图，疏散路线、重要地点等标示，所在场所相关平面布置图纸、救援资源或应急物资分布图等。

（4）应急处置卡。

相关涉及岗位人员（包括领导岗位、管理岗位和生产岗位）均清楚本岗位应急处置卡的应急职责和处置内容。

4. 预案培训与演练

（1）预案培训计划。制定了全面的预案培训计划，培训对象全面涵盖领导人员、管理人员、生产人员、新员工等。

（2）预案培训完成情况。按计划完成预案的培训工作。

（3）应急知识宣传。多渠道开展面向公众的应急知识宣传和教育，三级安全教育应急培训全面有针对性，下发及公开预案并组织员工开展预案学习，访谈人员均能熟悉相关内容。

（4）预案培训效果。领导人员和管理人员应掌握应急管理理论及相关法律法规、应急救援相关知识和专业技能，掌握应急预案的编制方法和要点；生产人员，熟练掌握本岗位应对突发事件的应急处置程序、应急救援相关知识和专业技能；新员工，了解相关法律法规、应急救援相关知识和专业技能。

对预案培训工作开展情况进行了总结，提出了培训的改进建议。

（5）演练计划。

按照公司规定要求和国家要求制定了演练计划，并能够掌握下级单位演练完成情况；

按照规定制定并完成本单位现场处置方案演练计划，演练效果辐射基层全员。

（6）预案演练方案。应急演练方案内容包括：应急演练的目的与要求；应急演练场景设计，包括：模拟假想事件的发生时间、地点、状态、特征、波及范围以及事态变化等情况；参演单位、部门和主要人员的任务及职责；应急演练工作程序；应急演练的评估内容和方法，并制定相关具体评定标准；应急演练总结与评估工作安排；附件：应急演练技术支持和保障条件；参演部门联系方式；应急演练安全保障方案等。

（7）演练评估总结。根据演练记录、应急预案、督导或观摩人员意见或建议、现场点评等内容，对演练准备、演练方案、演练组织、演练实施、演练效果等进行全面评估。

（8）演练整改。对演练中暴露的问题提出的改进措施，制定了整改工作计划，明确责任人、责任部门、整改时限；

按照整改工作计划完成了所有的整改工作，并重新列入演练计划。

（三）应急保障体系

1. 应急队伍保障

（1）应急队伍管理制度。建立应急队伍管理细则，明确了应急队伍的组建要求、日常及应急状态下的管理以及考核要求等内容，并严格按照制度执行。

（2）应急队伍建设情况。

按专业建立包括输电、变电、配电（含应急供电）、通信等的应急队伍；

建立外部应急队伍，与外部应急队伍通过签订协议等方式明确职责；

建立的应急队伍数量满足本区域发生的一般、较大突发事件的应急抢修需要和重大、特别重大突发事件的先期处置需要；

应急队伍分专业进行设置，专业包括变电一、二次、输电线路、配电、通信自动化、信息、土建、发电抢修等。

配置装备状态良好。

（3）应急队伍管理。

明确规定了日常管理、应急状态下管理的责任部门、责任人；

建立电力应急专家组，逐步完善专家信息共享机制，形成分级分类、覆盖全面的电力应急专家资源信息网络；建立专家参与预警、指挥、抢险救援和恢复重建等应急决策咨询工作机制。

（4）应急队伍信息管理。

应急办责任人员了解应急队伍的主要装备、通信联络方式、人员名册、专业信息；

能准确提供最近的更新周期或当前日期的应急队伍数据信息；

应急队伍清册信息准确（人员、部门、职务、联络方式）。

（5）应急队伍培训。

按培训计划开展专业性的培训、训练工作，基本掌握所有装备和突发事件（故）预防、避险、自救、互助、减灾等应急技能，并对培训效果进行了总结，对发现问题进行了整改。

2. 应急物资保障

（1）应急物资管理制度。

根据公司应急管理、物资管理和资金预算管理的有关规定，组织制定本单位应急物资的管理制度；

根据公司应急管理、物资配送管理等有关规定，组织制定本单位应急物资配送管理制度。

（2）应急物资配置情况。

根据本区域突发事件应对需要，结合历史使用数据，制定了应急物资储备方案，可满足本区域发生一般、较大突发事件应急抢修需要和重大、特别重大突发事件先期处置需要；

需求计划满足应急物资储备方案的差额需求，并制定储备定额标准；

应急物资储备（含协议储备）完全满足储备方案和定额标准并足额在库（自购/协议储备）；

应急物资、装备的储备和配置定额标准报上级应急办及专业部门备案。

（3）应急物资保养。

开展日常维护保养，形成相关记录。

（4）应急物资状态情况。

抽查的应急物资全部状态良好，处于可用状态。

（5）应急物资仓储管理。

掌握应急物资仓储地点、交通运输状况、日常维护保养、人员值班等工作。

（6）应急物资配送管理。

相关工作人员清晰岗位职责及配送工作流程；

形成长效或战略合作机制，各流程节点相关岗位人员清晰职责和工作任务，流程运转无阻碍，紧急购置、生产和配送能够无缝连接；

建立了物资监测、预警的信息网络，实现物资综合信息动态管理和共享，能够开展出入库和配送实时动态监测，并能够顺利对应急物资缺少发出预警。

（7）应急物资数据信息管理。

建立针对应急物资台账管理有相关的管理规定，明确了责任部门和岗位；

按照管理规定及时更新应急物资台账，信息完整正确；

主要应急物资账实相符。

3. 应急技术和装备保障

（1）应急装备管理制度。

根据公司应急管理、装备管理和资金预算管理的有关规定，组织制定本单位应急装备的管理细则。

（2）应急装备配置情况。

根据本区域突发事件应对需要及结合历史使用数据，制定了应急装备储备定额标准；

需求计划满足应急装备储备定额标准的差额需求；

按照应急装备动态管理，应急装备年度需求计划及时落实到位，随用随添置。

（3）应急装备运维管理。

应急装备状态良好可用，符合公司规定要求。

（4）应急装备信息管理。

能提供最近的更新周期或当前日期的应急装备台账数据；

应急装备台账数据准确（型号、存放地点）。

（5）应急通信网络保障管理。

按照国家相关应急通信管理要求，制定应急通信管理制度，细化了相关指导书和作业表单，且定期对管理制度进行总结分析；

建立了定期更新应急通信录的机制，通信录全面、真实；建立专业通信日常运维管理队伍，保障通信随时畅通。

（6）应急技术研究。

申报应急相关科技项目，取得研究成果并公开发表文章；

开展了事故事件的预测、预防、预警、应急处置、应急装备相关理论、技术的研究，并且有产品、技术或工艺等成果或专利。

（7）应急指示标志。

显著位置张贴应急疏散路线指示标识，且线路正确，电话正确可用；

显著位置张贴紧急联系电话指示标识，电话正确可用；

组织从业人员学习告知，对存在风险区域全部设立警示标识，并确保逃生通道统筹。

4. 应急平台保障

（1）应急指挥平台管理制度。

明确了应急指挥中心场所软硬件使用和管理要求，管理流程节点清晰，职责落实到对应岗位，相关工作人员熟悉应急平台使用管理工作机制。

（2）应急指挥平台建设情况。

应急指挥中心配备相应的软硬件设施均能正常运行（音视频系统、指挥通信系统等能和政府应急指挥中心及上级部门联通）；

与4A平台、电网GIS平台、海量准实时数据平台、数据中心、物资系统、营销系统、覆冰监测系统、OS2系统、气象信息应用决策系统、资产系统安全生产子系统等信息系统实现对接；

110kV及以上变电站，重要生产场所全覆盖视频系统接入；

与上下级全面建立视频会议。

（3）应急指挥信息系统建设情况。

能够提供以下功能，并具备良好的升级扩展功能：

整合优化应急相关数据信息，并以当前主流的技术手段进行实时、综合、直观展示事件动态和工作情况；

能够进行灾情或事态分析、风险预测预警、应急处置需求分析等决策辅助支撑功能；

能够通过信息系统完组织体系、预案体系、应急保障、应急处置等各项应急业务的管理工作。

（4）应急指挥场所软硬件使用及维护管理。

按规定完全开展了运维，运维工作书面记录齐全并可追溯，应急平台能随时投入使用；

应急指挥中心场所正常访问主要业务系统，主要包括办公系统、市场营销系统、物资管理系统、资产管理系统、调度系统、GIS 系统、变电站视频系统、应急指挥管理信息系统、气象决策系统、相关监测系统。

（5）应急指挥信息系统数据管理。

应急指挥平台信息系统与 4A 平台、电网 GIS 平台、海量准实时数据平台、数据中心、物资系统、营销系统、OS2 系统、资产系统安全生产子系统等信息系统数据传输正常；

应急指挥管理信息系统重要数据（包括应急组织架构成员信息、应急预案信息、演练信息、应急队伍信息、应急装备信息、法律法规、数据报表）准确；

采取完备安全防护措施，记录数据齐全。

5. 资金保障

（1）应急保障资金设置。设置了应对自然灾害等突发事件的资金。

（2）应急资金预算情况。应急管理所需资金已纳入年度投资预算。

（3）应急保障资金使用跟踪。制定了应急保障资金使用跟踪机制。

（4）应急保障资金划拨。制定了应对突发事件的紧急申请、划拨、结算、支付工作机制。

（四）运转机制

1. 应急预防准备机制

（1）风险管理。

定期组织开展应急风险分析、辨识，更新风险库，制定了风险防范措施，并组织分解到各级单位、明确责任人和时间，督办落实；

针对所辨识的应急风险库，建立了应急风险标示图库，按照定义进行了现场标示，组织宣传培训，并已得到广泛认知。

（2）风险监测管理。

建立了分级监测网络，按事件分类（按照专项预案），明确了责任部门、责任人及其职责、范围，并开展了常态监测。

（3）规划管理。

应急管理规划纳入企业发展规划，充分考虑风险因素和管理因素，规划内容科学合理，层次分明，措施重点突出，统筹兼顾，切实全面提升应急能力；

依据可能发生的自然灾害及高危用户的特点，分析发生突发事件的概率，应对重点城市、重要部位开展差异化规划设计；

按规划按时、高质完成，并建立了实施效果的闭环管控机制。

2. 应急预警机制

（1）机制建设及主要内容。

按公司规定和上级要求建立预警管理机制，并明确：预警级别标准及判定程序，预警发布、调整、解除的签发流程等工作内容。

（2）主要工作流程。

按公司规定和上级要求建立预警发布流程，并制定详细的流程图和节点说明；

按公司规定和上级要求建立预警调整流程，并制定详细的流程图和节点说明；

按公司规定和上级要求建立预警解除流程，并制定详细的流程图和节点说明；

相关人员熟悉预警管理流程。

（3）预警工作表单制定情况。

制定预警发布、调整、解除通知单，内容与公司模板一致，并制定使用说明。

（4）机制闭环管理。对整改情况进行跟踪督办。

（5）典型灾害监测预警。按照事件类别，明确部门，完善现有各类在线监测、监控系统，整合利用相关信息，建立健全监测预警系统。

（6）培训或演练开展情况。开展了预警管理培训、演练。

（7）机制建设及主要内容。按公司规定和上级要求建立响应管理机制，并明确：响应级别标准及判定，响应发布、调整、解除的签发流程等工作内容。

3. 应急响应机制

（1）主要工作流程。按公司规定和上级要求建立响应发布流程，流程明确到岗位，并制定详细的流程图和节点说明；按公司规定和上级要求建立响应调整流程，流程明确到岗位，并制定详细的流程图和节点说明；按公司规定和上级要求建立响应解除流程，流程明确到岗位，并制定详细的流程图和节点说明；相关人员熟悉响应管理流程和自身职责。

（2）响应工作表单制定情况。按公司模板要求制定响应发布、调整、解除通知单。

（3）机制闭环管理。对整改情况进行跟踪督办。

（4）培训或演练开展情况。开展了响应管理培训、演练。

4. 应急抢修机制

（1）机制建设及主要内容。按照公司规范和上级要求制定了应急抢修机制，明确了：灾情信息排查、抢修资源准备、抢修过程控制、现场安全措施等内容。

（2）主要工作流程。

按公司规定和上级要求建立应急抢修流程，并制定详细的流程图和节点说明；

相关工作人员熟悉应急抢修工作流程和内容。

（3）应急抢修工作记录单制定情况。

相关工作人员对能熟练、准确使用应急抢修相关表单。

（4）机制闭环管理。

对整改情况进行跟踪督办。

（5）培训或演练开展情况。

开展了应急抢修相关工作机制培训、演练。

5. 人身救护机制

（1）机制建设及主要内容。

按照公司规定和上级要求制定了人身救护相关工作机制，明确：伤情勘察、现场救护、支援请求、现场保护、安全防护。

（2）主要工作流程。

按公司规定和上级要求建立应急抢修流程，流程明确到岗位，并制定详细的流程图和节点说明；

相关人员熟悉人身救护工作流程。

（3）人身救护机制记录表单制定情况。

制定人身救护工作相关表单（电力事故（事件）即时报告单、伤亡人员明细表、伤亡人员汇总表和公共卫生响应信息统计表），内容与公司模板一致，并制定使用说明。

（4）机制闭环管理。

对整改情况进行跟踪督办。

（5）培训或演练情况。

开展了人身救护演练。

6. 应急调配机制

（1）机制建设及主要内容。

按照公司规定和上级要求制定了应急物资调配的相关工作机制。明确：需求排查、支援请求、资源确认、调动程序、调令发布、接收确认；

按照公司规定和上级要求制定了一体化的应急队伍调拨工作机制。明确：需求确认、支援请求、调动程序、调令发布和到位确认。

（2）主要工作流程。按公司规定和上级要求建立应急设备、耗材调配流程，流程明确到岗位，并制定详细的流程图和节点说明；按公司规定和上级要求建立应急装备调配流程，流程明确到岗位，并制定详细的流程图和节点说明；按公司规定和上级要求建立应急队伍调配流程，流程明确到岗位，并制定详细的流程图和节点说明；相关人员熟悉应急调配（应急物资、装备、队伍）工作流程。

（3）应急调配工作表单制定情况。制定应急资源（应急物资、装备、队伍）调配工作相关表单，内容与公司模板一致，并制定使用说明。（当公司没有统一模板时，各单位应自行制定。）

（4）机制闭环管理。对整改情况进行跟踪督办。

（5）培训或演练情况。开展了应急调配培训、演练。

7. 应急信息报送机制

（1）机制建设及主要内容。按照公司规定和上级要求建立应急信息报送机制，并明确：信息收集、信息审核、报送、时限、备案等工作要求。

（2）主要工作流程。按公司规定和上级要求建立信息报送流程，并制定详细的流程图和节点说明；相关工作人员熟悉信息报送流程、岗位职责及工作内容和要求。

（3）应急信息报送渠道。建立社会公众与企业的沟通渠道；指挥中心与下级单位报送渠道；建立企业与上级单位报送渠道；建立调度与电厂信息交流渠道。

（4）应急信息报送表单制定情况。相关工作人员对能熟练、准确使用信息报送模板。

（5）机制闭环管理。对整改情况进行跟踪督办。

（6）培训或演练开展情况。开展了信息管理机制培训、演练。

8. 重要客户管理机制

（1）机制建设及主要内容。按照公司规范和上级的要求制定了信息管理机制，并明确：重要客户用电及自备电源、保供电协议相关信息收集、信息更新、信息记录和备案等工作要求；对供电方式，用电需求，自备电源配置，保供电协议，应急电源接口等内容提出了符合公司规范和上级要求的具体管理要求；按照公司规范和上级的要求，根据不同用户制定了差异化的保供电工作和停用电协调机制，明确：保电需求的获取、优先顺序的制定、调配流程、现场跟踪等方面工作要求，并按照规范执行。

（2）主要工作流程。按公司规定和上级要求建立重要客户信息管理流程，流程明确到岗位，并制定详细的流程图和节点说明；按公司规定和上级要求建立应急保供电，流程明确到岗位，并制定详细的流程图和节点说明。相关工作人员熟悉重要客户管理工作流程和内容。

（3）重要用户管理工作表单制定情况。相关工作人员对能熟练、准确使用重要客户信息管理表单。

（4）机制闭环管理。对整改情况进行跟踪督办。

（5）培训或演练情开展情况。对所有重要用户均制定了计划，并常态化开展了重要用户保供电相关工作机制培训、演练，计划完成率 100%。

9. 应急联动机制

（1）机制建设及主要内容。按公司规定和上级要求建立与能对本单位应急提供支援的社会团体或其他企业的联动机制，对联动协议、联动对象明细、资源清单等内容提出了具体联动要求，并常态化开展联合演练；按公司规定和政府要求，与所涉及的所有政府部门、单位的均建立了联动机制，实现了应急指挥场所的互联互通，明确联络渠道、信息共享、应急资源分享等方面的内容；

按公司规定和上级要求建立厂网协调机制，文件资料齐全，协调任务、职责明确，能根据不同电厂类型和工作需求建立差异化协调机制，制定了快速调解机制。

（2）主要工作流程。相关工作人员熟悉应急联动工作流程和内容。

（3）应急联动信息表单制定情况。相关工作人员对能熟练、准确使用应急联动相关表单。

（4）机制闭环管理。对整改情况进行跟踪督办。

（5）培训或演练开展情况。开展了应急联动相关工作机制培训、演练。

10. 新闻应急机制

（1）机制建设及主要内容。建立和规范本单位新闻发言人和信息公开机制，规定对社会公众及新闻媒体信息公开方式；明确舆论监控和正面引导责任部门和岗位；救灾复电宣传工作管理要求；新闻信息收集整理要求。

（2）主要工作流程。按公司规定和上级要求建立新闻应急流程，流程明确到岗位，并制定详细的流程图和节点说明；相关工作人员熟悉新闻应急工作流程和内容。

（3）新闻应急工作表单制定情况。制定了媒体记者联络表、新闻应急设备清单、应急人员分工表、媒体发稿统计表、舆情监测记录表、信息发布模板和新闻发布通稿模板。

（4）机制闭环管理。对整改情况进行跟踪督办。

（5）培训或演练开展情况。按规定周期开展了新闻应急培训、演练。

11. 应急后勤保障机制

（1）机制建设及主要内容。制定应急后勤保障队伍的人员安排、职责分工及食品等生活物资的供应机制，保障应急抢修人员的卫生和生活需求。建立外援应急队伍后勤保障机制，明确任务分配、环境引导、生活保障、沟通渠道等相关方面内容，确保支援队伍有效有序投入抢修。

（2）主要工作流程。按公司规定和上级要求建立应急后勤保障流程，流程明确到岗位，并制定详细的流程图和节点说明；相关人员熟悉应急后勤保障工作流程。

（3）后勤保障工作记录表单制定情况。制定应急后勤保障工作相关表单，内容与公司模板一致，并制定使用说明。

（4）机制闭环管理。对整改情况进行跟踪督办。

（5）培训或演练开展情况。开展了应急后勤保障培训、演练。

12. 应急总结评估机制

（1）日常总结管理。总结报告内容全面，针对发现的问题提出相应对策和建议，并落实改进；季度、年度报表按照规范格式，及时报送，内容填报准确。

（2）突发事件处置评估。建立详细的应急评估标准，评估流程和职责明确到各部门、各岗位，并制定详细的评估说明和考核要求。按照应急评估机制，规范执行。

（3）整改提升管理。建立了整改跟踪督办机制，整改要求全部纳入工作计划，并建立了整改进度通报机制。

二、专项应急准备评估

专项应急准备评估的对象是某一类专项事件应急准备工作，评估的内容是对专项突发事件应急准备工作情况进行评估。专项应急准备评估指标按突发事件类型划分为自然灾害、事故灾难、公共卫生事件和社会安全事件四大部分。（现阶段仅编制自然灾害分册，涵盖防风防汛、地震、低温雨雪冰冻的专项应急准备评估）。专项应急准备评估指标体系由 3 个一级评估项目、35 个二级评估项目、100 个评估内容三个层级的指标构成。

（一）防风防汛应急准备

1. 防风防汛责任落实情况

按照公司规定建立了应急工作职责，职责中明确了防风防汛工作岗位职责，并对部门及岗位具体职责进行细化落实。

2. 防风防汛应急队伍

建立了应对台风、洪涝、地质灾害的内部应急队伍，主要包括输电、配电、变电、通信、后勤保障等专业队伍，并和外部施工单位签订了协议作为外部应急队伍；

组建了配置洪涝、除障、渡水救援装备，具有防风防汛专业救援能力的应急队伍；

防风防汛应急管理人员能随时获取应急队伍的主要装备、通信联络方式、人员名册、专业信息等。

3. 风险分析与隐患排查

结合防风防汛风险分析工作，对危害因素制定整改方案与计划，并对危害因素已经采取措施进行控制或整改；

全面完成与防风防汛相关的隐患的消除与控制。

4. 防风防汛应急设备、耗材储备情况

建立了防风防汛应急物资（设备、耗材）台账，明确了管理责任部门和岗位，进行专项管理，职责清晰；

储备充足，数量符合公司或上级单位规定；

制定了防风防汛应急设备、耗材调配方案，并明确：物资调用的原则和次序、物资配送的方式方法、责任部门和人员。

5. 防风防汛应急装备

建立了防风防汛应急装备台账，明确了管理维护责任部门和岗位，职责清晰；

按照公司的配置标准配置了专用于防风防汛的突发事件所需的应急装备，主要包括排涝、防涝、清障、发电、通信、照明、工程装备，数量及状态均满足公司规定。

6. 防风防汛应急技术保障

应用了风速监测、降雨监测等防风防汛应急技术，建立了监测系统。

7. 设备、设施防范准备情况

根据设计标准和要求建立抗风等级、防洪能力台账，开展了输变配电设施的实际抗风等级、防洪能力的验证工作，并形成清晰记录；

重要设施的防风防汛基础资料档案齐全，运维资料档案齐全，并根据设施及周围环境的变动情况进行调整补充；

按照计划完成防风加固工作，防风能力达到加固目标；

按计划完成了建筑物及周边环境、设施的防风加固工作，防风能力达到加固目标；

开展了检查工作，防涝、排涝装备配备齐全、运行良好；

特巡特维工作中发现的隐患及问题在台风季节来临之前全部予以解决或得到控制；

台风季节来临之前全面完成清障工作。

8. 电网防范准备情况

制定了电网运行调整方案、黑启动方案和事故处理预案；

电网运行资料齐全，明确了相关资料的责任部门和人员，职责清晰，及时更新变动信息。

9. 基建工程防范准备情况

责任部门开展了对在建工程的防风防汛工作检查，包括对在建工地的建筑工棚、人工构筑物、塔吊、深基坑等设施的检查，及时采取加固措施，消除隐患；

建立了防灾抗灾能力设计规范、原则、指导意见；

制定了防灾改造计划并落实到位；

在建工程按照公司抗灾、防灾及设计标准要求进行设计；

在防灾风险识别或灾后阶段对设计标准进行总结或修订，修订后进行试验验证。

10. 客户管理准备情况

收集、统计了重要客户供电、用电信息，形成文字记录；

掌握重要客户自备电源的准备情况，并形成文字记录；

结合重要客户性质，制定了重要客户保供电安排计划，明确了发电机和发电车数量、使用计划、停放场所等内容；

开展了重要客户隐患排查工作，形成排查记录，提出整改建议。

11. 防风防汛联动机制落实情况

按照公司规定开展了防风防汛、救灾抗灾应急联动工作，有清晰的应急联动联络清单，掌握了联动单位能提供的应急资源信息；

与气象、水利、地质和水文部门建立信息获取渠道和沟通机制，能及时获得气象信息和水情信息。

12. 预案与演练开展情况

及时修编了防风防汛应急预案，开展演练并进行总结改进；

熟悉防风防汛预案，了解本岗位在预案中的主要职责和任务，及预案的主要流程。

（二）地震应急准备

1. 防震责任落实情况

按照公司规定建立了应急工作职责，职责中明确了防震工作岗位职责，并对部门及岗位具体职责进行细化落实。

2. 地震应急队伍

建立了应对地震灾害的内部应急队伍，主要包括输电、配电、变电、通信、后勤保障等专业队伍，并和外部施工单位签订了协议作，外部施工单位为外部应急队伍；

组建了配置了地震救援装备、具有地震灾害专业救援能力的应急队伍；

地震灾害应急管理人员能随时获取应急（内、外部）队伍的主要装备、通信联络方式、人员名册、专业信息等。

3. 风险分析与隐患排查

结合地震风险评估工作，对危害因素或隐患制定整改方案与计划，并已经采取措施进行控制或整改；

全面完成与防震相关的隐患排查，排查出的隐患已全部消除或控制。

4. 地震应急设备、耗材储备

建立了地震应急物资台账，明确了管理责任部门和岗位，进行专项管理，职责清晰；

储备充足，数量符合公司或上级单位规定；

制定了地震应急物资调配方案，并明确物资调用的原则和次序、物资配送的方式方法、责任部门和人员。

5. 地震应急装备

建立了地震应急装备台账，明确了管理维护责任部门和岗位，职责清晰；

按照公司的配置标准配置了专用于地震突发事件所需的应急装备，主要包括生命救助、破拆、食宿、卫生防疫、发电、通信、照明、工程等装备，数量及状态均满足公司规定。

6. 设备、设施防范准备情况

根据设计标准和要求建立抗震等级台账，开展了输变配电设施的实际抗震等级的验证工作，并形成清晰记录；

重要设施（变电站、线路杆塔基础、水厂大坝、办公场所）的设计资料、运维资料档案齐全，并根据风险评估及周围环境的变动情况进行调整补充；

完全按照公司要求的时间完成加固工作；

特巡特维工作中发现的隐患及问题按计划全部予以解决或得到控制；

按计划完成整改措施。

7. 通信网络准备情况

按照公司要求和方案配备集群网、卫星、电台等各种通信设备，运维良好，随时满足中断情况下的通信需求。

8. 电网运行防范准备情况

制定了针对地震灾害的电网运行调整方案、黑启动方案和事故处理预案；

电网运行资料齐全，明确了相关资料的责任部门和人员，职责清晰，及时更新变动信息。

9. 基建工程防范准备情况

责任部门开展了对在建工程的防震工作检查，采取了加固措施，消除隐患；

建立了防灾抗灾能力设计规范、原则、指导意见；

制定了防灾改造计划并落实到位；

在建工程按照公司抗灾、防灾及设计标准要求进行设计；

在防灾风险识别或灾后阶段对设计标准进行总结或修订。

10. 客户管理准备情况

收集、统计了重要客户供电、用电信息，形成文字记录；

掌握重要客户自备电源的准备情况，并形成文字记录；

制定了重要客户保供电排序表，明确重要客户用电负荷、调派计划、所在区域位置等内容；

针对地震灾害，建立了灾区灾民保供电方案，明确了灾民临时救助点供电措施，并配备了相应的发电、充电装置。

11. 防震联动机制落实情况

按照公司规定开展了防震应急联动工作，有清晰的应急联动联络清单，掌握了联动单位能提供的应急资源信息；

建立与地震、地质、气象部门联系的沟通机制及渠道，能及时获得地震灾害信息和气象信息。

12. 地震预案及演练

熟悉地震灾害应急预案，了解本岗位在预案中的主要职责和任务及预案的主要流程；

开展人员地震逃生知识培训；

应急疏散点合理安全，不存在风险因素；

及时修编地震应急预案和开展演练。

（三）防冰应急准备

1. 防冰责任落实情况

按照公司规定建立了应急工作职责，职责中明确了防冰工作岗位职责，并对部门及岗位具体职责进行细化落实。

2. 防冰应急队伍准备

建立了应对冰雪灾害的内部应急队伍，主要包括输电、配电、变电、通信、后勤保障等专业队伍，并和外部施工单位签订了协议，外部施工单位作为外部应急队伍；

组建了配置冰雪灾害救援装备、具有冰雪灾害专业救援能力的应急队伍；

防冰应急管理人员能随时获取应急（内、外部）队伍的主要装备、通信联络方式、人员名册、专业信息等。

3. 风险分析与隐患排查

结合历年的覆冰情况，对覆冰区域的电网、通信网络及电力设施进行风险评估，对危害因素或隐患已经采取措施进行控制或整改；

全面完成与防冰相关的隐患排查，排查出的隐患已全部消除或控制。

4. 防冰应急设备、耗材准备

建立了防冰应急设备、耗材台账，明确了管理责任部门和岗位，进行专项管理，职责清晰；

储备充足，数量符合公司或上级单位规定；

制定了防冰应急物资调配方案，并明确物资调用的原则和次序、物资配送的方式方法、责任部门和人员。

5. 防冰应急装备

建立了防冰应急装备台账，明确了管理维护责任部门和岗位，职责清晰；

按照公司的配置标准配置了专用于冰冻灾害突发事件所需的应急装备，主要包括融冰、防滑、防寒、发电、通信、照明、工程等装备，数量及状态均满足公司规定。

6. 防冰设备、设施准备

根据公司规定，针对冰冻灾害建立覆冰监测设备设施，能覆盖主要线路；

明确了覆冰监测管理的责任部门、责任人员，任务分工明确，覆冰监测装备设施能正常运行；

按公司规定，针对冰冻灾害配置融冰防冰装置，覆盖主要线路的融冰工作；

明确了融冰装置管理的责任部门、责任人员，任务分工明确，融冰装置能正常运行。

7. 电网运行防范准备情况

完全按照公司要求的时间完成电网线路抗冰加固工作；

特巡特维工作中发现的隐患及问题在冰期来临之前全部予以解决或得到控制；

设备、设施的电气接线图准备齐全并能及时更新；

制定了针对冰冻灾害的电网运行调整方案、黑启动方案和事故处理预案；

电网运行资料齐全，明确了相关资料的责任部门和人员，职责清晰，及时更新变动信息。

8. 基建工程防范准备情况

责任部门开展了对在建工程的防冰工作检查，采取了加固措施，消除隐患；

建立了防灾抗灾能力设计规范、原则、指导意见；

制定了防灾改造计划并落实到位；

在建工程按照公司抗灾、防灾及设计标准要求进行设计；

在防灾风险识别或灾后阶段对设计标准进行总结或修订。

9. 客户管理准备情况

收集、统计了重要客户供电、用电信息；

掌握重要客户自备电源的准备情况，并形成文字记录；

制定了重要客户保供电排序表，明确重要客户用电负荷、调派计划、所在区域位置等内容。

10. 防冰联动机制落实情况

按照公司规定开展了防冰应急联动工作，有清晰的应急联动联络清单，掌握了联动单位能提供的应急资源信息；

建立与气象部门联系的沟通机制及渠道，并能及时获得地气象信息；

按公司规定开展了覆冰期天气监测工作，监测记录准确；

按照公司规定和上级要求开展了观冰、融冰工作，并明确责任部门及人员，职责任务分工清晰。

11. 防冰预案与演练情况

熟悉冰冻灾害应急预案，了解本岗位在预案中的主要职责和任务及预案的主要流程；

融冰改造和网架变化后，重新编制或修订融冰方案；

按照公司规定和上级要求开展融冰预案演练，有详细的总结报告，对存在的问题提出整改计划。

三、应急事件整改情况评估标准

（一）总结评估工作的开展情况

（1）总结报告经应急办主任或授权副主任审核后报送至上级单位。

（2）正式印发，并向上级单位和应急办备案。

（二）整改计划制定情况

（1）针对总结发现的问题制定整改措施。全部整改措施均提出了量化目标或成果标志。

（2）针对整改措施制定工作计划。针对整改措施制定的工作计划明确了完成时间、责任部门和量化目标或成果标志，并将整改责任落实到人。

（3）整改措施符合要求。抽查的整改措施实施方案符合公司的规划、设计、施工、管理标准。

（4）整改计划的发布。通过正式文件发布整改计划。

（三）整改计划执行情况

（1）整改工作的监督跟踪：对整改工作进行监督跟踪，并进行通报。

（2）执行质量管控：抽查的整改措施完成记录，对照现场监督记录。

（3）计划调整：经过审批进行调整（经过本单位相关负责人或上级单位批准）

（4）完成情况：按计划完成。

四、应急处置后评估标准

应急处置后评估的对象是某一个突发事件应急处置工作，内容是针对相关各专业，按照“SECP”的思路，围绕应急组织体系、应急预案体系、应急保障体系和应急运转机制四个方面，对突发事件的预警监测、应急响应、专业处置、应急保障、应急信息管理、恢复重建等应急处置过程进行综合评估。

应急处置后评估指标体系由 3 个一级评估项目、16 个二级评估项目、62 个三级评估项目和 150 个评估内容四个层级的指标构成。一级指标按照突发事件发展顺序分成三大指标集，即事前阶段、事中阶段和事后阶段。二级指标是根据公司“三体系一机制”的应急体系框架的构成要素，结合应急处置过程中的关键事项，分别纳入事前、事中、事后三阶段。三级指标是按照层次分析法将预警监测、应急响应、专业处置、恢复重建等二级指标细化，围绕着客户服务质量、供电恢复能力、安全风险管控、协调能力、企业形象等多个维度展开。

（一）事前准备阶段

1. 预警监测

（1）风险监测机制执行情况。责任部门安排专业对口人员负责监测工作；通过网络查询和专业技术手段获取监测信息，并与政府、社会等专业机构建立监测信息分享机制，及时获取监测信息。

（2）监测信息的收集、分析和报送情况。政府有关部门发布的突发事件预警信息；专业管理部门通过风险监测和风险分析获得的数据；上级应急办、专业管理部门向下传达的信息；同级应急办、专业管理部门传达和转送的信息；下级应急办、专业管理部门或生产现场上报的信息；经分析后，风险程度达到中等或以上，并可能导致发生一般及以上事件（公司预案规定），按照公司突发事件信息报送时限要求报送监测信息；发送至所有指定报送人员后，并确认相关人员收到信息。

2. 预警发布

（1）预警级别判断。确定的预警级别综合考虑了当地政府与上级单位发布的预警信息，与实际突发事件级别相匹配，且符合公司应急管理规定及本地预案规定条件。

（2）预警通知单发布。按照公司规定的预警发布通知单形式和流程发布预警；准确将预警事件影响范围内的相关单位纳入预警范围；行动要求全面覆盖相关预案预警行动要求，并针对当期事件的主要风险提出针对性措施。

（3）预警信息的发布。按照专项预案的时限要求发出预警通知单和相关信息；发送预警通知后，并确定所有指定报送人员收到信息；及时报告受影响区域地方政府，并提出预警信息发布建议，并视情通知重要电力用户。

3. 预警行动

（1）应急值守。各重要生产场所根据值守计划进行在岗值班。

（2）预警行动落实情况。通知单要求全部落实到位，并及时汇报到位信息；清楚说明本岗位在应急工作中的全部职责；清楚预案全部内容和流程；清楚与自身有关的应急管理法规、企业制度、标准部分内容。

（3）持续监测。责任部门针对预警事件开展持续监测工作，并定期报送事件发展情况监测信息；责任部门指定岗位负责风险监测信息的汇总分析，能为预警调整、解除或启动应急响应提供支持；发送预警后，并确定所有指定报送人员收到信息。

（4）预警行动信息报送。按公司规定报送预警信息，并确认信息已收到。

（5）应急物资准备。预警期间，主要应急物资统计完毕，实际数量满足定额标准要求；按照应急物资的领用及配送工作流程开展工作，明确各方责任人和联系方式；指定的物资调配人员到岗待命，对应急物资的数量、质量、存放地点清晰，熟悉调配计划的内容和方式，熟悉物资提前部署信息。

（6）应急装备准备。预警期间，应急装备统计完毕，实际数量满足定额标准要求；根据需求，制定了调配计划，明确了应急装备调配的内容和方式；检查确认合格的应急装备能够随时出动调用。

（7）应急队伍准备。根据梳理统计的信息能随时调动应急队伍；提前预判灾情，应急队伍提前安排和部署落实到位。

（8）生产场所及输配变设施防范管理。记录隐患排查结果并及时上报；完成了生产场所及输配变设施隐患排查发现的所有隐患完成整改，或者采取了相应的临时防控措施；明确了重点管控的生产场所及输配变设施及维护措施，制定特巡特维工作计划并落实，形成书面记录；设备台账资料齐全并及时更新。

（9）客户服务。将存在的停电风险信息及时告知重要用户，并及时获取重要用户的保电需求；对预警范围内重要客户用电开展了隐患排查，及时反馈隐患排查情况给重要用户，并报告相关管理部门；签订供电安全保障责任协议并通告相关主管部门，同时指导存在隐患的重要客户制定和落实防范措施，并制定重要客户保供电支援序位表；重要用户相关资料准备齐全。

（10）电网运行应急准备。根据灾情适时完善系统运行方案，合理安排电网运行方式，密切关注电网负荷变化和线路运行情况；电网资料准备齐全；进行了通信网络与设备的检查。

（11）基建安全管理。记录隐患排查结果并及时上报；全面落实了在建工程的安全措施和临时控制措施，加强组织领导，完善现场各种应急预案，做好抢险的各项准备工作。

（12）信息网络与信息系统安全管理。开展了信息网络与信息系统隐患排查工作，并形成记录；按照信息网络与信息系统隐患整改计划完成了隐患整改工作，或者采取了临时控制措施；定期进行信息系统备份和信息灾备系统的检查，并形成记录。

（13）新闻应急准备。对新闻应急进行准备和部署，安排人员待命，提前与媒体沟通；编制了新闻资源清单和新闻发布方案；开展了舆情监控工作，形成舆情监控与报告记录。

（14）后勤保障准备。根据事件发展趋势开展后勤保障需求分析，并提前做好衣、食、住、行的保障计划和安排。

（15）应急联动准备。制定了应急联动清单及联系方式，并根据事件发展趋势形成联动信息记录；制定社会联动资源清单，与有关单位签订应急协议。

（16）应急指挥中心的资料准备。应急指挥中心资料准备齐全、准确；清楚说明本岗位在应急工作中的全部职责；清楚预案全部内容和流程。

4. 预警调整

（1）调整级别判断。确定调整的预警级别综合考虑了当地政府与上级单位发布的预警信息，与实际情况相符。

（2）调整发布。按照规定、预案要求发布预警调整通知。

（3）调整信息发布。在预警调整时间 0.5h 内发布，并确认相关责任人或联系人受到信息。

（二）事中处置阶段

1. 先期处置

（1）初始信息报送。责任部门按照突发事件信息报送流程分别以口头和书面形式提报初始信息，报送时间符合专项应急预案、现场处置方案、应急处置卡的规定，有必要时通报当地政府部门和客户；报送的内容包含突发事件类型，发生时间、地点，对电网、设备、人身、财产等的影响程度和范围，已采取的控制措施及其他应对措施，报告单位（部门）、联系人员及联系方式。

（2）现场处置。现场事态得控制或消除，或在超出能力范围时，最大限度地保障了人员安全。

2. 响应发布

（1）响应级别判断。确定的响应级别综合考虑了当地政府与上级单位发布的响应信息，与实际突发事件级别相匹配，且符合公司应急管理规定及本地预案规定条件。

（2）响应通知单发布。按照预案要求启动响应；按照公司规定的响应启动通知单形式和流程启动响应；准确将事件影响范围内的相关单位纳入响应范围，并向政府及时报告响应通知；行动要求全面，涵盖涉及的相关专业，并对当前事件特点和专业部门提出具有针对性的要求。

（3）响应信息报送。按照专项预案的时限要求发出响应通知单和相关信息；发送至所有指定报送人员后，请确定相关责任人受到信息。

3. 响应调整

（1）调整级别判断。确定的响应级别综合考虑了当地政府与上级单位发布的响应信息，与实际情况相符。

（2）调整发布。按照规定、预案要求发布响应调整。

（3）响应调整信息发布。在响应调整时间 0.5h 内发布，并确认相关责任人或联系人受到信息。

4. 响应结束

（1）响应级别判断。符合响应结束条件，对已经发布的响应予以解除。

（2）响应结束发布。按照规定、预案要求发布响应结束。

（3）响应结束信息发布。在响应结束时间 0.5h 内发布，并确认相关责任人或联系人受到信息。

5. 应急组织

（1）应急值守。应急指挥中心或应急办领导在应急指挥中心带班。

（2）应急组织工作开展情况。召开应急会商，部署要求有文件记录，并落实到相应专业部门；启用指挥中心连线现场听取汇报，并提出工作要求；确认是否组建临时机构派往现场，或部署相关人员现场处置工作。

6. 信息报送

（1）应急处置信息质量。突发事件发生后 1h 内，按照相关要求，向电力监管机构和当地政府报告应急响应的简要信息；按照预案要求和各专业部门的信息报送要求时限内将信息传递到位；按公司规定的统一模板——突发事件信息快速报告单、应急信息报送表单、应急专报（专项预案）要求报送；应急指挥机构和职能管理部门负责报送的本级所辖范围内相关信息，灾情分析到位、内容准确，不出现不一致的情况。

（2）处置信息报送流程。按照信息报送流程报送信息，且按照流程节点要求，明确了报送责任人和职责。

7. 响应阶段保障

（1）指挥人员到岗。应急指挥人员全部及时到位开展工作。

（2）应急物资保障。有专门的部门负责应急物资的综合协调工作，责任人清楚其职责；明确通过请求上级调配、内部协调统筹以及采购等方式来满足应急物资需求计划，妥善安排应急物资的运输、运输工作；按照应急物资调配计划或方案落实物资调配，在时间和数量上充分满足处置需求。

（3）应急装备保障。有专门的部门负责应急装备的综合协调工作，责任人清楚其职责；明确了应急装备运行维护的责任部门、责任人，职责分工明确，定期开展运行维护，相关信息予以记录；明确通过请求上级调配、内部协调统筹以及采购等方式来满足应急装备需求计划；按照应急装备调配计划或方案落实装备调配，在时间和数量上充分满足处置需求。

（4）应急队伍保障。应急支援队伍到达事发地后，服从事发地指挥机构的统一调遣；当应急队伍不能满足应急需求时，由应急办统筹协调或向上级应急办申请调遣应急队伍支援；应急队伍到位率达到 100%；应急队伍成员主动反馈处置信息；每支应急队安排临时安全监察人员，未发生安全事件。

（5）通信保障。通信设备全部处于可用状况；通信设备数量满足实际需求；发生通信网络中断能及时全面恢复音视频、数据通信。

（6）网络与信息系统安全保障。建立了网络与信息系统安全保障机制，指定责任部门负责运行维护，预防和减少网络与信息系统安全事件及其造成的损害和影响。

（7）基础资料保障。图纸、工程等基础资料齐备；基本情况变化后，基础资料及时更新并予以记录。

（8）后勤保障。后勤保障组负责组织、协调现场维稳和安保工作；整理后的保障需求信息向上级部门报送；对现场后勤保障、生活物资供应和调用、医疗卫生保障进行了跟踪、督查、协调。

8. 应急联动

（1）与政府的联动。通过与地方政府的物资保障部门进行协调，掌握可资利用的各种物资和装备信息；处置现场及政府有关部门之间建立每天24h畅通的通信渠道；通过协商，确定本单位的职责界限，清楚了解政府分配的任务；信息报送内容数据完整一致，沟通交换及时，能无延误地从政府相关部门获取灾情信息。

（2）与企业的联动。与相关企业（重要用电客户）签订了合作协议，明确备用电源配置、安全隐患整改、用电安全等方面的责任；与通信、发电、电力设备生产、电力建设企业签订了合作协议，明确突发事件时，相关企业提供支援的范围、方式等内容。

9. 专业处置

（1）系统运行管控处置。定期更新停电损失负荷统计信息；持续监测电网运行风险，快速恢复重要负荷，确保主网稳定运行；持续监测配网及重要用户运行风险，快速恢复重要用户供电，确保配网稳定运行；电力专用通信通道畅通；应急电源正常启动，开展日常维护，运维记录完整。

（2）应急抢修队伍调派。抢修队伍提前携带足额装备到达现场开展抢修工作。

（3）设备抢修管理处置。成立现场指挥机构，有序开展救援工作，与后方指挥部实时沟通；及时收集设备受损信息，开展灾情统计分析工作，灾情统计数据及时、准确，形成灾情统计报表供决策者使用；制订工作计划，有序组织人员开展灾情摸查工作；根据灾情统计、摸查情况，制订抢修工作计划，抢修工作计划明确了任务分工，计划按时完成率达100%；根据受灾情况，针对性地制订了切实可行的抢险工作方案，并经专家充分论证，并有效实施；抢修队伍熟悉方案，相应抢修技能与应急准备使用技能掌握熟练；根据工作计划，持续对抢修进度进行跟踪，安排人员前往现场检查实际进度和工作质量，及时反馈检查情况，并及时收集抢修工作信息并报告有关人员。

（4）客户服务。及时向新闻中心通报客户受灾统计情况；制定应急发电车调配计划，开展应急发电车调配工作；通过引导客户使用备用电源，或提供应急发电车等方式，确保重要客户不断电；对重要客户抢修复电情况进行跟踪，未对计划按时完成率未达100%，但完成率在90%以上；按照公司规定对重要客户建立一户一册；95598能提供专业的对外应答服务。

（5）新闻宣传。应急信息内容全面，能够实现滚动报送，满足相关部门、单位应急信息需求；对外发布新闻通稿，广泛通过各级主流重点媒体开展宣传报道，开展舆论引导；开展了舆情监测工作，形成完整舆情监测报告记录，对舆情信息持续跟踪；采用统一的新闻通稿模板 对外发布，或稿件按流程进行审核。

（6）安全风险管控。制定了监察方案，并指定安全监察人员，对现场抢修工作开展监察；按照公司相关规定配置了现场抢修队伍；事发单位对外现场抢修队伍进行安全风险防范警示，对风险采取技术措施进行风险防范，对安全措施落实情况进行监察；事发单位对停电用户安全管理进行宣传，协助和指导用户进行风险识别和安全防范。

（三）事后恢复阶段

1. 恢复与重建

（1）风险防控。对风险防控进行了分析，提出防范措施，防止发生次生、衍生事件；在风险防控的基础上，制定了防范措施，各项措施落实到具体部门，并对完成时间和任务予以明确。

（2）恢复生产。组织相关专业部门开展事故灾害的损失统计和综合分析；开展事故原因调查工作，评估事故发展趋势，预测事故后果，为制定恢复方案和事故调查提供参考；明确了善后处理、保险理赔等事项；开展了事故保险理赔工作，包括及时清理事发现场，收集整理灾害影响影像资料和相关基础资料；对临时过渡措施进行监控和落实完成整改计划；改造和改进方案落实完成；对开展心理恢复人员恢复情况进行长期跟踪。

2. 总结与评估

（1）总结工作开展情况。事发单位组织各相关专业管理部门、外部专家按照规定在10个工作日完成总结评估，并形成报告提交至上级单位应急办；制订整改方案并落实到具体业务部门，任务和分工明确。

（2）整改落实情况。制订整改计划，包括全部整改要求，并确定了责任人，明确了职责、任务；整改责任人清楚整改任务，制订落实整改措施的工作计划全面、符合实际；针对整改措施的落实情况建立了跟踪机制形成闭环管理。

附录 3　中国南方电网有限责任公司应急处置案例

案例一　台风“天兔”

一、案例简介

2013 年第 19 号强台风“天兔”于 9 月 22 日 19 时 40 分在广东省汕尾市沿海地区登陆，登陆时中心附近最大风力 14 级（45m/s），最大阵风 17 级（60.7m/s），是近 40 年以来登陆粤东最强的台风，也是 2013 年登陆我国最强的台风，对广东电网尤其是粤东电网造成极其严重的损坏。

二、电网受影响

强台风“天兔”给广东电网 15 个地市电网造成不同程度的影响，其中汕尾、汕头、揭阳、惠州、潮州电网受灾最严重，是广东电网有记录以来造成设备损坏最严重、客户停电数量最多的一次，初步统计电网设备受损直接经济损失 3 亿元，具体受影响如下：

台风造成广东电网 500kV 线路跳闸 18 条，220kV 线路跳闸 39 条，110kV 线路跳闸 74 条，35kV 线路跳闸 12 条，10kV 线路跳闸 1852 条；共有 44 座变电站全站失压，13 台主变压器跳闸，1 条 500kV 线路断线，8 基 110kV 及以上线路倒塔，739km 10kV 及以下配电线路损坏，15 635 基 10kV 杆塔倒断斜，430 台配电变压器、184 台开关设备受损，20 983 根低压杆塔倒断斜；累计停电台区 30 983 个，停电客户 282 万户，占全省总用户数的 10.2%，因灾损失负荷 253 万 kW，损失电量 5764 万 kWh。

三、应急处置

（一）灾前防

（1）组织会商部署应急工作。中国南方电网有限责任公司、广东电网有限责任公司先后召开强台风“天兔”防御工作紧急视频会议，传达了省委、省政府主要领导、省防总关于做好防御强台风“天兔”工作的重要指示，对防御工作进行全面的再部署，要求各单位高度重视，做好周密的防御台风、抢修复电准备工作。

（2）高标准做好应急准备工作。2013 年 9 月 20 日，广东电网启动了Ⅲ级应急响应，有关人员提前结束中秋节休假回到工作岗位，各单位充分利用台风登陆前的有限时间对重点区域输变配电设备、生产场所开展隐患排查和整治，检查设备防风、防雨措施，及时整改 389 项安全隐患；对重要用户的供电设施、自备电源完备情况进行全面核查，落实了输电线路快速组装塔、水泥电杆、配电变压器及导线等应急物资的储备；全省输、变、配电专业 107 支共 6455 人应急队伍整装待命；1638 台抢修车辆、612 台应急发电车（机）完成调动前的集结工作。

（3）主要领导靠前指挥。公司主要领导坐镇应急指挥中心，部署灾前防、灾中守和灾后抢各项工作，并成立了由公司有关领导率相关业务人员组成的前线总指挥部，在台风登陆前赶赴受灾最严重的一线，指导抗风抢险，派出 3 个督导组立即赶赴粤东地区协调指导防灾救灾工作。

（4）保持电网全接线方式。提前评估台风期间全省电力平衡情况，制定负荷急剧变化电网应急措施，安排 14 台煤机停机调峰，协调中电调整大亚湾比例分配，协调省内全部燃机开出，调减同塔双回线送出电厂出；谨慎安排停电检修工作，除已开工的检修安排以外，取消原计划台风期间开展的电网设备检修工作，将正常运行方式下部分解环点线路投入运行，提高电网供电可靠性与安全运行裕度。

（5）加强调度运行值班和现场支持力量。督促各地区供电局安排运行人员及继保、自动化、通信等专业人员进站值班待命，并分专业收集专业人员驻站情况及联系方式，建立额外的电网运行专业联系通道，为事故期间快速了解现场各专业信息提供了技术支持。

（6）做好保安电源保障措施。要求相关地区变电站、电厂做好站用变压器、低压备用线路、柴油发电机等保安电源的保障措施，核电站还应安排运行人员在核辅助站值班。要求沿海燃煤电厂提前安排上煤计划，做好因台风导致上煤中断的事故预想。

（7）加强站内二次设备特殊运维。组织地区供电局检查梳理站内保护、直流、通信、远动等二次设备运行状态，安排相关设备的特维机制，确保台风期间各二次支持设备系统正常运行，同时中调继保部与相关地区各保信子站进行了数据联调，确保各变电站已装设的保信系统运行正常，为调度迅速、正确地进行事故处理提供强有力的技术支撑。

（8）保障应急通信通道畅通。应急通信人员及便携卫星站、应急指挥车、现场应急救灾通信系统全面部署到位，确保当地移动通信故障时，为施工救灾人员提供通信保障，保证了抢修复电工作顺利进行。

（二）灾中守

（1）高效指挥应急抢修和有序组织应急值班。时任南方电网公司董事长的赵建国、副总经理王良友亲临广东电网应急指挥中心、调度控制中心，广东电网 3 个督导组提前赶赴粤东地区指导协调防灾救灾工作，省、地、县各级单位主要领导在各地应急指挥中心带班值班，全系统 3 万多名生产人员坚守工作岗位，全省 586 座 110kV 及以上电压等级无人值班变电站派驻人员进站值班，增派的 1513 名继保和检修人员到站值班，随时应对突发事件，实施快速处置。

（2）省调度控制中心密切监视电网运行情况，冷静分析研判出现的突发状况，及时准确处置紧急事件，及时调整电网运行方式，科学调度指挥电网运行。

（3）及时有效报道信息。公司应急指挥中心及应急办随时收集掌握最新动态，每天按时向省电力应急中心、网公司应急办报送信息，并通过视频了解现场灾情、了解应急处置和保障需求、印发抢修信息和防风防汛简报共 13 期，发送专题短信 5000 多条。

（三）灾后抢

（1）9 月 23 日起，广东电网有限责任公司共调用省内应急队伍 5900 多人支援受灾最严重的汕尾、惠州、揭阳、汕头电网抢修复电；及时调用应急发电机、发电车向受灾停电的重要用户供电，避免了重要用户停电。

（2）坚守安全底线，科学调配队伍与物资，有序组织抢修复电。广东电网有限责任公司调配全网资源，以最快速度开展抢修复电工作，按七先七后抢修原则实施抢修（先摸查后抢修，先计划后实施，先高压后低压，先主线后支线，先公变后专变，先集中后分散，先重要后一般）。

（3）截至 9 月 25 日，广东电网有限责任公司累计投入抢修人员 18 216 名、抢修车辆 3933 台、应急发电车 49 辆、应急发电机 178 台；累计调拨线缆、水泥杆、塔材、变电配电设备等物资 532 车次；累计投入 4377 人全力做好通信、交通、食宿等后勤工作，有力保障了前线抢修队伍及后方应急指挥部的高效运转。

（4）台风登陆后 48h，超过 80%的受影响用户已恢复供电。截至 9 月 25 日（台风登陆后 72h）除少量因青赔受阻和水淹地区外，95%的受影响用户已恢复了供电。期间没有发生电网运行稳定破坏事故，没有发生有重大社会影响的大面积停电事故，没有发生县级以上城市的全黑事故，抗灾过程中没有发生人身伤亡事故，把灾害损失和影响降到了最低，为灾区灾后恢复重建工作提供了有力支持。

四、案例启示

（一）应对经验

（1）做好重点变电站的防洪防汛措施。采取电缆层防进水封堵、安装排水泵、沙包封堵等措施，提前做好防洪应急准备工作，有效防止变电站重点部位遭受水浸。汕头海滨变电站是主供城区的变电站（含政府机关），在台风来临前，汕头局提前对海滨变电站地下电缆层采取了防海潮封堵措施，用特种水泥和强力胶混合后对地下室电缆进出孔进行封堵，并安装强力排水泵；准备了充足的沙包，完成高压室通道封堵；在海滨站站外的海滨路水浸前及时处置，排除故障险情，变电管理所人员 20 人在海滨站加强值班监控，严防死守，在站外出现严重水浸情况下，站内无出现水浸和内涝现象。

（2）在直线电杆安装防风拉线是防止配网倒断杆的有效措施之一。在黑格比台风中，茂名局 10kV 没有拉线的直线杆受损 1997 基，占运行中 77 205 基电杆的 2.6%；有拉线的电杆受损 116 基，占运行中有拉线电杆 26 124 基的 0.44%。继续推进直线电杆安装防风拉线工作。

（二）暴露问题

1. 台风多发地区电网结构亟待加强

（1）短时内多个元件跳闸，导致电网结构异常薄弱。共有 57 条 155 条次 220kV 及以上线路故障跳闸，最密集时不到两 min 有 8 个不同设备相继跳闸，导致电网结构异常薄弱，对电网安全运行冲击极大。面对台风可能快速导致多处电网设备故障，事前台风地区主网有足够对外通道且全接线运行是成功抗击台风的基础，而台风地区多对外通道不足，且局部受短路电流限制，被迫采取断线运行方式。因此，需要大力加强台风地区的电网结构及防风等级，增加台风地区对外的 500kV 通道，采取加串抗等措施从规划上就保障台风地区 500kV 主通道能全接线运行。

（2）单一 500kV 站供应整个城市，风险极大。汕尾全市负荷仅由 500kV 茅湖站供应，9 月 22 日 17 时 13 分至 19 时 11 分，茅湖站的 7 条 500kV 出线（榕茅甲乙线、红茅甲乙线、惠茅甲乙丙线）和 2 号主变压器跳闸，汕尾电网仅剩下茅湖站、星云站在运行，汕尾电网随时有全网失压的风险。

（3）沿海地区 500kV 通道不足，布局不合理。沿海地区电源建设条件好，向珠三角输电通道多。但从地理位置来看，上述通道均处于受台风影响较为严重的区域。粤东沿海地区地势相对平坦，中通道、南通道离岸线距离非常近，此次台风期间，500kV 惠茅甲乙丙线、500kV 胪祯乙线跳闸后，粤东电网仅通过 500kV 嘉上甲乙线、胪祯甲线与广东主网相连，联络极为薄弱。若此次台风发生在珠西南地区，将造成该片区损失大量负荷。

（4）城市中心区域仅由单一 220kV 站供应，停电风险高、影响大。汕尾市中心负荷由 220kV 桂竹站供应，台风登陆 2h 之内，茅湖站下送 220kV 线路，220kV 桂星线相继跳闸，桂竹站、虎地站、海丰站 220kV 双母失压，汕尾市中心区域长时间停电。

（5）地区间互供互备能力不足。台风期间最严重时刻，汕尾全市仅 220kV 星云站单通过一条 220kV 星普线（曾跳闸）与主网联系，与其他地区间无 110kV 联络，缺乏灾害情况下的互供互备能力。

（6）部分线路采用旧规程导致防风标准偏低。沿海地区部分线路按旧规程设计建设，500kV 线路最大设计风速折算到 10m 基准高的设计风速为 28.0～30.7m/s；110～220kV 线路最大设计风速折算到 10m 基准高的设计风速为 26.3～33.6m/s。2010 年版《110kV～750kV 架空输电线路设计技术规范》颁布后，南网铁塔标准设计中 500kV 设计风速在 33～37m/s 之间，110～220kV 设计风速在 29～35m/s 之间，较之前已有较大提高。

2. 电源布局和接入系统不合理，管理不到位

（1）沿海地区电源过于集中且防风管理不到位。台风期间电厂因厂房顶彩钢瓦或设备保温铝皮刮落造成短路引发 457 万千瓦机组跳闸（汕头 1 号机、海门 2 号机、4 号机，靖海 1～3 号机共 6 台机）。500kV 红茅甲乙线相继跳闸，红海湾电厂失压，3 台共 186 万千瓦机组全失，若发生在大负荷期间，将极大影响省内电力电量平衡。东西沿海集中大量电源，且多单一通道送出，5～9 月强台风多发期又是负荷高峰期，台风若使大批电源长时间失去，存在区域电力供应受限或全省缺口的风险。

（2）220kV 电网保安电源不足，500kV 电源未能利用电厂保安电源供局部负荷。台风期间最严重时刻，汕尾全市仅 220kV 星云站单通过一条 220kV 星普线（曾跳闸）与主网联系，且全市境内无 220kV 电源，结构异常薄弱。广东沿海地区来看，阳江、汕尾地区大型电源全部接入 500kV 电压层级，目前主要依赖通过 500kV 主网下送功率，220kV 电网层面缺乏电源支撑。本次台风登陆过程中，汕尾红海湾电厂 500kV 出线全跳后，未能发挥本地电源就近对负荷的保障作用。

3. 对重要用户信息掌握不够全面

调度台无法快速准确掌握全省各地区重要用户损失负荷情况、停电重要用户的主供电源路径、备供电源路径、自备电源情况等信息，造成台风登陆时设备跳闸后，无法第一时间掌握停电重要用户基本信息，也造成在台风后负荷恢复阶段，无法指导地调对重

要用户进行快速复电。

（三）建议

1. 加强台风多发地区电网结构

（1）从规划源头保证台风地区主网架完整运行。远近结合，近期加快规划总院批复的500kV纵宝、鹏深双回串抗的建设，2014年度夏前投产；并结合目标网架研究500kV沙荆双回线串抗的实施。远期优化目标网架，加强台风地区结构的同时，采取措施降低短路电流，并从规划上确保台风地区主网可完整运行，提高主网抗击台风能力。

（2）合理规划500kV变电站新增布点，加快台风地区电网建设。按照“适当容量、灵活布点”的思路在沿海地区布局新增500kV变电站，优化完善电网结构。控制沿海（特别是近海）地区单个500kV变电站规模，降低单站失压或出线大面积跳闸的影响范围。加快建设投产珠海500kV加林站（2014年）、茂名500kV电白站、阳江500kV阳西站、汕尾500kV陆丰站、揭阳500kV岐山站和盘龙站等地区第二座500kV站建设。

（3）合理布局新增输电通道。广东省内，多个台风多发地区均仅有两个500kV通道与主网相连，需加强上述地区500kV通道建设，提高该片区防风抗灾能力。考虑结合目标网架及东莞地区500kV沙田站工程，开展中部沿海至非沿海地区通道规划，形成中部沿海地区第二个环网通道的可行性研究。粤西地区考虑规划电白—云浮输电通道，粤东地区考虑规划甲湖湾电厂—演达（城西）输电通道，并开展相关前期工作。新增通道初步按“十三五”末期或“十四五”初期投产考虑，具体时间可结合全省电力需求发展及电源建设情况。

（4）增加城市中心区域220kV变电站布点，开展保底电网规划。台风多发地区的阳江市区、汕尾市区均由单一220kV站供电，存在单个变电站失压将造成城市中心区域全黑风险，在自然灾害多发区域合理规划新增变电站布局，构建坚强合理的电网结构，提高城市中心区域防风抗灾能力。加快推进汕尾220kV东涌输变电工程、阳江220kV登高输变电工程建设，力争在2014年台风季前投产。

（5）加强区域间联络通道建设。2013年底前，完成对台风地区全面梳理，利用现有走廊，加强地区间110kV联络；结合滚动规划，研究加强地区间220、110kV联络方案。

（6）研究沿海地区线路防风标准及相应措施。尽快细化明确广东省风区等级分布图，落实网公司设备部关于提高线路防风能力的设计技术原则，在2013年11月前确定配网工程项目防风等级划分标准。2013年11月前，对2014年拟建的新建及改造配网工程进行全面梳理，对于不符合抗风标准的及时调整设计方案，确保新投产的配网项目满足抗风要求。新增输电通道架空线路路径宜尽量避开离岸线距离20km以内的强风区域。对必须在强风区域走线的通道，以及山区风道、垭口、抬升气流的迎风坡等恶劣微地形区段，按照差异化设计原则，提高局部电网设计建设标准（如设计基准风速提高5%～10%），强化电网本身的防风抗灾能力。

2. 加强电源建设与管理，引导电源规划

（1）优化电源布局和大容量电源送出通道。“十二五”期间，广东沿海地区将有阳江核电、台山核电等大容量电厂相继投产，继续加强珠三角负荷中心地区电源建设，分散省内电源布局，避免电厂集中被台风吹袭直接引起机组大面积跳闸。合理规划沿海地区大容量电厂（尤其是核电机组）送出通道，尽量减轻强台风登陆期间多个大容量电厂相继跳闸对全省电力供应和电网安全运行的影响。考虑强台风等极端气候条件下，有必要控制“点对网”电源规模，避免通道故障对珠三角受端电网造成严重影响。

（2）加强220kV及以下电源建设，提高电源保局部重要负荷能力。对于汕尾、阳江等台风影响严重的地区，建设一批装机容量适中、应急能力强、反应迅速的地方电源，具备带负荷独立运行能力，作为严重事故情况下该地区的保安电源或黑启动电源。并以保城市中心区域供电为目标，优化电源布局。2013年底，完成沿海地区全部电厂的保安电源情况梳理，摸清电厂保安电源接线方式、保护、供电路径等情况。2014年6月前，组织电厂利用保安电源保110kV局部负荷的研究及试点工作。在滚动规划中，研究改接红海湾电厂、阳西电厂部分机组到220kV电网方案。

（3）加强电厂防风措施管理。2013年底，完成沿海地区全部电厂的防风情况梳理，组织发电集团制定电厂落实防风措施方案及开展试点；2014年根据试点情况，制定所有电厂具体实施计划。后续沿海规划或新建电厂均按防风要求落实。

3. 加强重要用户调度管理

2013年底，建立全省19地区重要用户供电信息档案表，实现重要用户基础信息、供电路径、自备电源情况查询，确保调度掌握停电重要用户信息和组织快速复电；2014年底，依托用电调度管理专项工作，实现重要用户实时（准实时）信息管理。

案例二 台风“威马逊”

一、案例简介

2014 年 7 月 18 日至 19 日，超强台风“威马逊”连续三次在我国海南文昌、广东徐闻、广西防城港登陆，登陆风力高达 17 级（60m/s），并伴随 500mm 特大暴雨，是 1973 年以来登陆华南的最强台风。累计全网 21 个地市不同程度受灾，532.7 万用户供电受到影响。造成倒断杆共计 3.4 万余根，最严重区域的倒断杆率达到 30.4%，经济损失 16.19 亿元人民币（2.55 亿美元）。

南方电网有限责任公司密切关注台风动向，早在台风登陆前就两次召开应急会议，全网上下提前调配应急物资，全力应对超强台风“威马逊”。台风过后，第一时间在抗风救灾的第一线组建应急指挥机构，累计调配了 7.1 万人、1.2 万辆车、117 辆发电车、1044 台发电机集中开展抢修复电工作，优先恢复灾民用电。并统筹跨省调集广东、广西、云南、贵州等地 20 多家单位共 8798 名精兵强将、330 台应急发电机，紧急支援海南灾区。10 天内，就恢复了所有用户供电，19 天就完成了全部抢修复电工作，全面恢复灾区供电。

二、案例结构

（一）台风侵袭及受灾基本情况

1. 台风形成及行经路线

“威马逊”台风是 1949 年以来登陆广东、广西的最强台风，是 1973 年以来登陆海南的最强台风，具有强度大、影响范围广、持续时间长的特点。“威马逊”影响下，在海南 10 级以上大风持续了 14h，雷州半岛 10 级以上大风持续了 17h，广西钦北防 3 地 10 级以上大风持续 13h。台风登陆海南和再次登陆广东时，中心附近最大风力均为 17 级（60m/s），在广西第三次登陆时，中心附近最大风力有 15 级（48m/s）。由于台风强度远远超过了当地电网的最大设计风速（35～40m/s），对区域电网及电力供应造成较大影响。

2. 受灾整体情况、各省份和地区的受灾情况

全网 21 个地市不同程度受灾，受灾相对严重的地区为海南文昌、海口、广东湛江，

广西钦州、北海、防城港 6 地，532.7 万用户供电受到影响，全网 220kV 线路倒塔 13 基、110kV 线路倒塔 45 基，35kV 倒塔 121 基，为近年台风灾害历史之最。配网受损最为严重，中低压倒断杆共计 78 235 根，其中 55%在海南电网。

从 7 月 18 日 16 时正式登陆广东起，“威马逊”横扫徐闻、雷州达 12h，致使湛江主电网 220kV 线路倒塌铁塔 13 基，配电网 10kV 线路倒、断、斜杆塔共计 9000 多基，受损线路超过 2000km。

7 月 19 日 1 时起，十级风圈持续冲击广西 29h。广西电网 14 个供电网区有 9 个受灾，受停电影响台区 30 043 个，190.7 万户居民因灾停电。重灾区北海、防城港、钦州近七成用户因灾停电，其中，北海网区停电用户超九成。

三、应急处置

（一）灾前防

早在台风登陆前，南方电网有限责任公司认真落实国务院国资委的部署要求，两次召开应急会议，及早作出抗灾复电工作安排，并成立现场工作组前往一线协调指导。

7 月 18 日上午 10 时，“威马逊”还在离海南 155km 的南海上，南方电网启动防风防汛Ⅰ级应急响应，全网进入临战状态。广东、广西、海南电网公司提前做好抢修人员、车辆和应急物资准备，确保台风后第一时间做出反应，全力做好抗灾复电工作。

海南作为这次台风首次登陆的地区，受灾最为严重。海南电网公司提前调整电网运行方式，实现北部、西部电网分区控制，守住了主网安全，保住了海口不黑。

（二）灾中守

（1）海南电网：对于最先遭受冲击的海南，台风来临时，通过“北部电网与南部电网分区控制、500kV 海底电缆与南网主网零功率联络运行”“隔离出一台机组以保厂用电方式运转以做电网全黑后黑启动之用”等措施，确保主网安全稳定运行和重要用户的安全供电。台风过境前后，超高压海口分局对海南电网与南方电网主网相联的 500kV 海底电缆、西电东送主网架等关键线路和设备开展防风防汛安全隐患排查和特巡特维，确保海南与主网联网 500kV 海底电缆安全运行。

（2）广东电网：台风期间，三个督导组及应急抢修中心提前集结，进驻湛江、茂名、阳江。对于这次台风的监测，分布在全省 12 个沿海城市输电线路上的微气象在线监测装置全程运作，广东电网还将电网地理接线图、电网拓扑图与台风路径图、厂站实时监测以及新研发的微气象实时监测结合起来，打出了一张台风路径与电网结构、实时数据的复合信息图像，能够准确并迅速判断受影响的电网线路和厂站，可以快速获取受影响重要用户的重要信息，及时采取措施恢复重要用户供电。

（3）广西电网：在台风肆虐路径最长的广西，当了解到北海电网平阳、墩海两座重要的 220kV 变电站失压，造成全市停电停水情况后，广西电网领导即刻顶风冒雨前往现场，研究制定抢修方案。经过高效抢修，仅用半天时间，就恢复了水厂供电。广西电网董事长、党组书记于培双全天候坐镇应急指挥中心，其他班子成员分别赶赴北海、防城港、钦州、崇左一线靠前指挥。95598 供电服务热线也 24h 接受市民咨询。调度人员与“威马逊”展开“运动战”，密切监视台风动向，根据线路跳闸情况及时调整运行方式，多次化解危情险情，特别是通过强送 500kV 久玉线、邕海线等措施，避免了钦北防电网与主网的解列。

（三）灾后抢

台风过后，7 月 21 日上午，公司召开党组会研究抢修复电事宜，对抢修复电工作提出了具体要求，时任南方电网有限责任公司董事长对抗灾复电工作作出批示，要求以恢复人民用电为目标，不惜代价，动员全网员工确保 24 日前恢复供电。当日下午，根据公司党组安排，公司副总经理一行赶赴海南，成立现场指挥部统筹指挥抗灾复电工作。

7 月 21 日、22 日，公司结合受灾情况、抢修需要、资源配置、交通路径等多种因素，在广东、广西基本完成抢修任务的基础上，两次发出应急队伍调集令，跨省统筹广东、广西、云南、贵州电网公司，以及广州、深圳供电局等 6 家单位应急队伍，共 8798 人、应急发电机 330 台，发送物资 389 车次，全力支援海南抢修复电工作。高峰期间，公司系统投入在海南开展抢修复电工作的抢修人员有 14 767 人，抢修车辆 3007 辆，应急发电车 26 辆，应急发电机 313 台。

7 月 26 日，时任南方电网有限责任公司总经理深入海南灾区，到灾情最严重的海口、文昌等地了解抢修复电情况，看望慰问奋战在一线的干部员工，检查指导灾后抢修工作。公司各级指挥机构全部靠前指挥，各级领导分片包干，全网力量统筹调配。

（1）广东抗灾复电情况：台风登陆后 72h，96%的受影响用户（含重要用户）恢复了供电；7 月 27 日 23 时，全面恢复了受影响客户的供电。

在徐闻灾区，按照“保民生”的复电原则，湛江局通过调整供电线路、提供应急发电机和应急发电车等方法，优先确保和恢复医院、水厂等重要民生客户的供电。7 月 19 日深夜 1 时起，供电部门就启用发电机，保障了三防办、医院、水库等重点单位的供电，以及全县的抗风救灾指挥工作。

经过近 10h 的奋斗，终于赶在 7 月 19 日 18 时左右，24h 内，成功恢复了徐闻县城城区供电的 80%；7 月 20 日晚，湛江所有城区复电；7 月 22 日晚，所有镇圩复电；7 月 27 日 23 时，全面恢复全省受灾用户正常供电。

（2）广西抗灾复电情况：于 7 月 23 日 20 时全面恢复线路供电，于 7 月 24 日 12 时全面恢复了受影响客户供电。

（3）海南抗灾复电情况：台风过境后，立即组织对重要用户进行抢修，当晚即恢复了省委省政府等重要用户的供电。7 月 20 日凌晨 4 时，全面恢复海口 4 个水厂供电，海口实现正常供水。7 月 23 日 23 时，经全力抢修，海口市停电的 1452 个小区全部恢复电力供应。同时，全网紧急调配购买 600 多台发电机支援海南，对部分不具备恢复条件的行政村进行供电，实现了海南省政府 7 月 24 日前村村通电的目标。

四、案例启示

（一）坚强的电网是有效抗击台风的根本

公司持续加大对电网防风加固方面的投入，2014 年上半年，全网累计投入防风加固资金 13.9 亿元，重点对沿海地区的主网线路进行加固改造及防风偏整治、配网线路进行基础加固及防风拉线安装，电网抗风能力大大提升。以广东为例，湛江电网在实施防风加固项目后，与 2013 年登陆汕尾的台风天兔（14 级）相比，设备受损率明显降低。天兔在汕尾地区造成的 10kV 杆塔倒断杆率为 8.3%，而威马逊在湛江地区造成的 10kV 杆塔倒断杆率仅为 2.1%。

（二）科学的组织是保障应急抢修工作快速有序的前提

一是应急支援队伍管理科学有序，按照抢修任务的强度和特点，迅速部署了 1 万多人抢修队伍分赴各受灾地点；科学管理，确保了抢修工作的安全、优质和高效。二是应急物资调配保障有力。2.5 万支电线杆、1368 批次金具和配件迅速有序的配送至抢修现场，有效解决了因材料不到位而造成的待工情况。三是后勤服务通过了考验。超前准备，联系了各类宾馆和校舍安排抢修队伍住宿，建立后勤保障基地，安排专职后勤队伍，解决了大会战期间 1.4 万多人的食宿问题。

（三）充分依靠政府和社会力量能够提升应急抢修效率

协调政府向抢修复电车辆发放特许通行证，派出医疗小分队为抢修队伍提供现场医疗服务，免费提供灾区学校的校舍和场地供使用，充分发动群众协助抢修队伍开展工作，大大提升了应急抢修效率。

五、建议

(一)加快推进电网防灾能力建设

优化电网结构，确保主干输电通道的安全。通过加大投入，系统开展沿海 20km 地区防风加固工作，提高电网的抗灾能力。

(二)提高综合应急能力

一是按照“队伍驻扎集结、应急技能实训、物资装备保障、响应快速有序”的目标，加快各省（区）应急救援培训演练基地建设。二是科学购置应急装备，针对地域和突发事件特点，合理配置通信、照明、排涝设备、野战生活车以及先进实用的抢修施工机具等装备。三是修编完善各级应急预案，提升应急工作的水平。

(三)加强客户服务应急管理

一是开展对水厂、城市居民小区等民生用户的用电风险评估，促请政府督促用户制定并落实风险管控和隐患治理计划。二是促请相关省（区）政府尽快出台全省统一的电力设施配套费政策和相关规定，督促用户合理建设居民小区地下配电设施，避免小区配电房建于地下室最底层。三是加强城市配网管理，加快推进各省会城市和中心城市营配信息集成建设工作。

(四)完善政府、企业、社会联动的应急机制建设

一是主动配合各级政府完善应急预案，由各级单位促请当地政府将电力应急纳入政府应急体系中，完善政企联动的应急机制。二是逐步推动公司各级应急指挥平台与政府应急指挥平台的互联互通工作，建立实时沟通协调的通道，实现信息的共享。三是探索加强应急处置过程中与社会力量的联动，充分联合各类社会团体、企业和社会民众的资源和力量，密切联系群众，取得信任建立感情，互帮互助形成合力。

案例三　台风“彩虹”

一、案例摘要

2015 年 10 月 4 日 14 时 10 分，强台风“彩虹”在湛江坡头区登陆，对湛江地区电网造成了严重的破坏。“彩虹”登陆后，造成广东电网（含广深）3 座 500kV 变电站（广东 2 座、广州 1 座）、14 座 220kV 变电站（广东 9 座、广州 5 座）、83 座 110kV 变电站（广东 69 座、广州 14 座）、3 座 35kV 变电站停运，49 基 220kV 线路杆塔、35 基 110kV 杆塔受损，10kV 电杆倒断/倾斜 9063 根，低压线路电杆倒断/倾斜杆 9692 根，324.4 万户（广东 281.5 万户、广州 40.9 万户、深圳 2 万户）电力用户受到影响。经抢修人员全力抢修，10 月 7 日恢复了湛江市区的电力供应，10 月 11 日全面恢复受灾用户的供电。

二、台风对电网造成的影响

强台风“彩虹”具有强度大、移动快、降雨强度大、影响范围广、破坏力强等特点，给全省电网特别是湛江地区电网造成严重影响，突出表现在：

（1）110kV 及以上的主网设备受损严重，为历史上罕见。广东省范围内首次出现因台风导致三座 500kV 变电站失压停运的情况。广东电网 110kV 及以上变电站停运 80 座，为去年“威马逊”15 座的 5.3 倍。110kV 及以上线路跳闸 123 条，为“威马逊”30 条的 4.1 倍；110kV 及以上倒塔 83 基，为“威马逊”16 基的 5.2 倍。

（2）湛江市，特别是主城区受到严重影响。由于台风正面袭击湛江、穿过市区，湛江地区范围内失压的 110kV 及以上的变电站达到 74 座，其中中心市区 12 座。10kV 及以下倒断/倾斜杆 16 636 根，受损线路 1388km。受影响台区 12 789 个、用户 180.9 万户，其中中心市区 22.8 万户。

（3）影响范围广。台风除了严重影响湛江地区，对广州、深圳、茂名、阳江、云浮、佛山、江门、东莞、中山等多地也造成了不同程度的破坏，受影响用户共 324.4 万户。

三、复电节奏

在南方电网有限责任公司的统一指挥部署下，系统各单位立即行动，在台风登陆后

3h，恢复了湛江 500kV 主网架供电能力和对宝钢湛江基地的供电，10 月 4 日当晚广州、深圳全部恢复供电，10 月 6 日除湛江市区部分恢复供电外，全省其他地市全部恢复供电，10 月 7 日湛江市区全部恢复供电，10 月 11 日广东全省全部恢复供电。

四、应急处置

强台风“彩虹”生成后，广东各级党委、政府先后做出了一系列重要指示，各级领导亲赴一线指导抗灾救灾工作，为公司抢修复电工作指明了方向和重点，增强了战胜台风的信心。书记、省长指示，强调把确保人员安全放在首位，要求全力以赴做好抗灾救灾复产工作。省长亲自赶赴粤西一线，坐镇指挥抗风救灾工作。邓海光副省长深入受灾严重的湛江地区察看灾情，并对公司抢修复电工作给予高度肯定。南方电网有限责任公司董事长周密部署台风应对工作，总经理率队抵达湛江指导抢修复电工作。在省委、省政府和南方电网公司的坚强领导下，公司坚持“灾前防、灾中守、灾后抢”的工作机制。

（一）灾前防

2012 年以来，公司针对沿海地区台风多发的特点，安排了 33.3 亿元资金用于输配网线路防风加固工作，夯实电网安全基础。

台风来临前，广东电网有限责任公司主要负责人提前部署防灾抗灾的各项工作，组织召开会商会，按照“最恶劣情况”部署防御台风工作措施。各级负责人及有关人员中断国庆休假，公司及受台风影响地市局均由主要负责人带班值班，恢复主网全接线运行，恢复粤西地区 110kV 及以上无人值班变电站派驻人员进站值班，做好方式安排及现场人身风险防控，增派继保和检修人员到站值班，落实防风加固措施，加强各方联动，按预案要求做好应急抢修准备。

根据台风的变化情况，及时组织召开会商会，明确按照“最恶劣情况”部署防御台风工作措施，要求各单位取消休假，回岗工作，并做好支援准备。公司及受台风影响地市局均由主要负责人带班值班，组织了输、变、配电共 125 支应急队伍集结待命。

广东电网公司派出现场工作组于 10 月 3 日下午抵达湛江，督导粤西各地市局抗风工作。10 月 4 日 11 时，公司将防风防汛响应等级提升为Ⅰ级，全面落实各项防御措施，全力开展抢修复电。

（二）灾中守

强台风登陆期间，广东电网公司系统省、地、县各级单位主要领导在各地应急指挥中心带班值班，各级生产人员坚守工作岗位，恢复粤西地区 110kV 及以上无人值班变电站派驻人员进站值班，增派继保和检修人员到站值班，随时应对突发事件，实施快速处置。

调度人员通过对因灾停运设备的状况进行全面分析和评估，果断采取强送的方式，迅速恢复了 500kV 港茂甲乙线、港岛甲线的供电，恢复了 500kV 港城站及东海岛的全部电压；试送 220kV 岛宝乙线成功，使宝能电厂具备了发电送出的条件。在设备受损的情况下，优先考虑宝钢的安全用电，通过 500kV 港城站及东海岛站，把电送到了宝能电厂，并派出了技术人员协助宝钢处理设备故障，恢复了宝钢的主网供电。10 月 5 日凌晨顶风冒雨现场勘察并组织清除倾倒在粤海铁路上的输电设施，及时抢通了粤海铁路通道。

此外，广东电网有限责任公司克服灾区通信不畅的困难，派出工作人员主动了解涉及民生的重要用户的用电需求，有效保障了湛江市政府、水厂、石油公司等 15 户重要用户安全可靠用电。与兄弟单位保持密切联动，全力抵御台风灾害。

（三）灾后抢

10 月 4 日晚上，在 7 级风圈尚未离开的情况下，广东电网有限责任公司立即组织人员实地勘察灾情，第一时间摸清设备受损情况，同时组织全省资源开展抢修复电工作。

广东电网有限责任公司根据湛江灾情，于 10 月 4 日跨区域调动第一批先遣抢修队伍 220 人和应急发电设备 61 台连夜驰援湛江。风速稍缓，湛江局生产人员及先遣队伍采用实地巡查、直升机协助等方式摸清设备受损情况，迅速组织开展抢修复电。

在工作现场，共组建了 375 个党员突击队和 60 个临时党支部共 5596 名党员，充分发挥党员的先锋模范作用。

截至 10 月 7 日，广东电网有限责任公司共投入抢修人员 15 980 人、抢修车辆 3260 辆、应急发电装备 279 台，其中从广州供电局和佛山东莞等 11 个地市局、省输变电公司跨区域共调动 7475 人、车辆 1614 辆、应急发电装备 199 台支援湛江。在抢修复电过程中，优先保障主网架和市区的抢修资源，10 月 5 日陆续恢复湛江地区重要用户的供电，6 日晚上恢复了湛江市区部分供电，7 日晚上恢复了湛江市区全部供电。

广东电网有限责任公司加快抗灾新科技的应用，派出两架直升机和 16 架无人机对线路进行勘查，这也是广东电网有限责任公司首次使用直升机进行台风后勘灾，明显提高了工作效率，为抢修赢得了宝贵的时间。

抢修复电过程中，广东电网有限责任公司主动向各级党委、政府汇报工作，得到了政府和有关部门的大力支持，省公安厅协调做好了电力抢修应急物资运输工作；湛江市委、市政府开辟绿色通道，对跨区域运输抢修物资、设备的车辆予以优先、免费通行，并协调市内加油站优先满足抢修车辆用油。湛江各级党委政府派出专人积极协调解决抢修过程中遇到的青赔、施工受阻问题，帮助外来抢修队伍解决驻地和物资临时囤放用地问题，并充分发动当地群众协助供电部门清理树障、协调民事、保护电力设施等。各级宣传部门在当地主流媒体上呼吁民众节约用电、携手保护电力设施，营造了良好的抢修复电氛围。中石化、三大通信运营商、中国建设银行、光大银行等企业也为公司抢修提供绿色通道，有效加快抢修复电工作进度。

五、启示

（一）成功经验

1. 调度运行应急处置得当，电网管控模式规范高效

（1）前期优化电网运行方式安排，保供电期间广州电网未安排设备检修，保持全接线运行，结合全省电力平衡结果，安排展能等部分机组节日调峰消缺，珠江、瑞明等机组停备调峰，系统运行事故备用合理，满足运行要求。

（2）“集中调控、主配协同、营配联动、厂网协调”高效处置电网故障。当值调度员准确判断故障，快速分析电网运行结构，利用 3 个运行通道快速恢复电网，利用调度遥控手段 80min 内即恢复了 220kV 主干网架，故障后 236min 恢复全部 110kV 失压变电站 10kV 母线供电，同时在电网恢复过程中，密切监控关键稳定断面，不断调整负荷分布和电厂出力，有效避免了次生故障的发生。主配网调度紧密协同，遥控对赤岗站、茗望站共 17 回 10kV 馈线（约 27MW）进行强制错峰限电，确保主网断面不超稳定极限运行。根据主网复电过程及负荷裕度情况，优先恢复南洲水厂等重要用户及居民、民生用电，并适时控制工业负荷，通过遥控操作有序恢复 17 回强制错峰馈线及其他失压馈线正常供电。

（3）现场复电操作“零失误”。迅速摸查情况，商定复电方案。根据应急预案立即启动应急响应，相关变电巡维中心、500kV 变电站各级值班人员迅速到位，按照事故预案分工要求，及时收集保护动作信息，检查设备受损情况，及时向当值调度汇报情况，并在调度的统一指挥下进行复电操作。确保现场安全，复电操作迅速准确。

（4）调度权限下放。2015 年“彩虹”台风抢修中，湛江供电局在工作票办理方面，提前下放部分调度许可权，派出调度员分片驻点供电所，根据现场作业量情况，全面下放调度许可权，有效提高了工作票办理效率。在现场交底方面，供电所人员、抢修队伍负责人、抢修队伍各班组集中交底，抢修队伍负责人与各班组现场交底，提高了工作效

率，具体管理范围和职责如下：

1）对10kV线路及设备进行划分，明确线路调度权下放范围。

① 10kV线路调度权可下放范围Ⅰ——单辐射型线路。

a. 下放对象：配电部、运维中心、供电所。

b. 下放条件：预测热带气旋会严重影响湛江，最大风力10级及以上；市局应急办已发布Ⅲ级及以上防风防汛应急响应；7级风圈进入湛江地区。同时满足以上三条件或市局应急指挥中心研判有需要时。

② 10kV线路调度权可下放范围Ⅱ——非单辐射型线路。

a. 下放对象：配电部、设备部

b. 下放条件：台风严重影响湛江，登陆最大风力12级及以上；市局应急办已发布Ⅱ级及以上防风防汛应急响应；区县局馈线停电率达30%及以上；同时满足以上三点条件或区县局与调度端通信受阻，或者市局应急指挥中心研判有需要时。

③ 10kV线路调度权非下放范围。

a. 所有10kV线路站内馈线开关间隔；

b. 涉及不同区县局的10kV成环线路的联络解环点开关间隔。

任何情况下都不下放，线路调度权由湛江配调负责。

2）相关部门及角色职责划分，保抗灾抢修期间任务落实到位。

① 应急办公室。

a. 负责对10kV线路调度权调整变化的申请研判、批准；

b. 负责对区县局提出的调度工作增援申请研判、批准。

② 安全监管部。

a. 履行安全综合管理职责；

b. 负责组织梳理配网线路调度权下放作业风险部分。

③ 生产设备管理部。

a. 履行两票、设备管理职责；

b. 负责组织梳理配网线路调度权下放设备风险部分。

④ 调度控制中心。

a. 履行调度运行管理职责；

b. 制定及实施10kV线路调度权下放管理规定；

c. 负责组织梳理配网线路调度权下放电网风险部分。

⑤ 各运行单位。

a. 负责梳理及上报相关报表及信息；

b. 负责检查、监督调度权限执行情况；

c. 调度权限下放的线路设备服从 10kV 线路调度权临时负责人调度指挥，非下放线路设备服从配调统一调度。

⑥ 10kV 线路调度权临时负责人。

a. 负责受理由所属运行单位提出的检修申请；

b. 负责按检修申请要求核对线路工作票或紧急抢修工作“工作要求的安全措施”是否正确完备，是否符合现场条件，是否与检修申请单一致；

c. 负责调管权限范围内所有设备的停送电、布置安全措施等操作，需湛江配调配合的加强沟通配合操作，按电气逻辑顺序填写操作票，并将倒闸操作指令下达操作人员。

3）梳理各县区的下放与非下放线路清单：运行单位负责梳理管辖范围内 10kV 线路调度权划分范围清单，上报调度控制中心。由调度控制中心核实后统一公布。

2. 设备健康水平提升至关重要，快速修复发挥关键作用

（1）一二次设备确保故障快速切除。

此次事件引起大量设备跳闸，共涉及 35kV 到 500kV 电压等级共 96 个断路器（广南站 54 个），动作 166 次，所有断路器均满足从保护动作到开关分位的时间小于 60ms 的要求，在整个动作过程中没有发出任何“低气压闭锁分闸（或分合闸）”“SF_6 气压低告警或闭锁信号”或其他异常信号。保护动作后开关一次设备检查无异常。

继电保护装置正确动作，故障快速切除 55 次，累计保护动作 283 次，其中 500kV 电压等级动作 69 次，220kV 电压等级动作 214 次，继电保护正确动作率 100%，所有保护均正确动作，有效避免了电网事故范围扩大；同时，故障未造成直流系统闭锁，确保了南方电网主网安全稳定运行。

（2）备自投装置正确动作。

故障发生后，所有 9 套 110kV 及以上备自投装置正确动作 26 次，正确动作率 100%，关键时刻合计挽救负荷损失 35 万 kW。所有故障全部快速正确切除，有效减少了停电范围。

3. 客服与生产联动运转高效，成功避免大范围客户抱怨

服务调度接到广州中调关于广南站失压信息后，按有关要求立即将客户受影响情况上报值班领导，并组织协调做好客户服务应急处置。同时，95598 服务热线启动应急值守，增派话务人员进行应急值班，应对话务高峰。及时联系地铁及南洲水厂等大客户，跟进客户受影响情况，指挥用检人员核查海珠、番禺、荔湾、黄埔局重要用户停电情况。

4. 多样采取配送方式，24 小时应急值守显成效

人员及时到岗、到位，并增派 5 倍应急抢修值守车辆到黄石、钟村仓库待命，第一项应急物资需求在收到需求后 1 个多小时后快速送达现场。在自主配送仓库定额物资的基础上，主动出击积极应对，开展到供应商仓库自提，机场提货，兄弟单位取配件等配送任务，全面快速配送，将应急抢修物资及时准确送抵抢修现场。抢修过程共派出抢修配送人员 65 人次、抢修配送车辆 45 车次、吊车 12 车次，完成 43 项需求配送任务和 2 项专项配送任务。

（二）存在的不足和原因分析

1. 系统运行管理方面

（1）故障信息自动统计功能实用化水平待提高。在大范围停电情况下，故障跳闸信息统计、损失负荷统计、损失用户数统计功能没有充分发挥作用，相关信息及数据统计花费了一定时间，在一定程度上降低了故障处置及信息传递效率。

（2）变电站时钟不同步问题造成故障分析滞后。广南站内自动化系统及各站间的各保护时钟不一致，导致保护动作时序梳理困难，只能采用后台信息及录波器信息结合的方法测算相关保护动作时序，造成事故分析及处置速度滞后。

（3）后备保护对电网运行方式的适应性有待增强。电网出现复杂故障导致运行方式发生较大变化时，主保护能否正确动作对电网安全和事故后能否快速复电至关重要，后备保护难以实现配合，如主保护拒动存在失配的风险。

（4）针对有限复电资源的高效、优化配置原则以及调度侧快速复电操作方式有待研讨完善。在电网故障处置过程中，缺乏针对有限复电资源的高效、优化配置指引，制约了快速复电效率。应急发电车、发电机的调配缺少明确指引和统筹安排。此外，按照现行规程规定，所有失压开关均须断开，恢复过程中须逐个开关逐级送电，制约了电网故障后的恢复速度。

（5）电网严重故障情况下调度员人力配置问题。通过紧急加派休班调度员支援，有效加快电网恢复速度，再次印证调度员的人力资源配置是电网操作及故障处置的基础。

2. 客户服务应急管理方面

（1）话务系统处置能力不足以应对大面积停电下客户来电集中爆发。发生大面积停电后，客户纷纷拨打 95598 服务热线（停电期间涌入的来电约 10 万宗），超过 95598 语音系统处理能力。

（2）内部客服应急处置流程有待优化。本次应急处置存在信息报送对象不明确，发电车跨区调度流程不清晰、电子服务渠道远程信息发布不及时等问题。

（3）复电原则和机制需进一步明确和细化。本次大面积停电涉及地域广，受影响变电站和客户多，紧急情况下复电的原则和机制需进一步优化。

3. 物资调配管理方面

（1）存量主设备品类较多，不利于全网及时调配。

（2）一级储备物资品类及储备策略需要优化。此次抢修中，协调主网备品备件效率较低，需要多头向兄弟单位、设备厂家询问备品情况，缺乏完备的定额储备和调拨管理。

（3）储备物资台账不完备，调配查询等信息化支持手段不足。目前仅能通过后台导出的 excel 表查询，且无法查询电气参数等详细信息，还需仓管人员找到实物翻查设备说明书后再反馈，降低了抢修效率。

4. 应急综合能力方面

应急条件下暴露出部分生产装备管理存在不足。抢修过程中，暴露出日常用装备，如对讲机、手电筒、雨衣、方便食品等准备不足，需要临时调拨补充。吊车、高空车等生产车辆及其驾驶员的应急调配存在困难。现场抢修的部分雨衣无反光条，灯光不足时难以识别，且使用不便。支援湛江发电车，出现车辆离合器故障率高（由于车辆重载长途行驶）。发电车接入时，低压电缆放线、汇流夹钳等配置不足，难以做到快速接入。

（三）建议

1. 建议完善公安、交通部门、供电企业等重要单位之间的救灾协作机制

在抢修复电过程中，大量抢修物资、设备需紧急跨区域运输。一方面存在部分超长超重物资、设备可能无法提前办理相关手续的情况，在运输过程中受到限制；另一方面灾后易出现公路严重损毁、交通中断受阻的情况，影响了运送效率和抢修进度。这次抢修过程中，邓海光副省长亲自协调，各级公安、交通部门全力配合，省公安厅还专门下发《关于协助做好台风“彩虹”抢修复电工作的通知》，极大方便了抢修物资、设备的运输，切实加快抢修进度。建议在政府的主导下，完善公安、交通、路政、供电等重要单位的救灾协作长效机制：一是将特殊情况下抢修复电物资、设备的跨区域运输列入相关制度条款或应急方案；二是在道路抢通时，优先考虑打通抢修路线，为全面加快灾区抢修进度奠定良好基础。

2. 建议督促协调供水、通信、医院等重要单位加强自备电源配备和管理

台风袭击后，受灾地区普遍出现停电、停水和通信中断等情况，既给人民群众生产生活带来了极大不便，也在一定程度上影响了抢险救灾工作的正常开展。建议政府督促协调全省，特别是台风多发地区的供水、通信、医院等重要电力用户，按照国家相关规定和标准合理配置供电电源和自备应急电源，并由政府牵头加强对配置和运行情况的监

督管理，确保所有重要电力用户在各种灾害和应急状态下不中断供电，更好地维护社会公共安全。

3. 建议建立地方政府对供电部门抗灾、救灾工作支持协调的长效机制

面对重大灾害，在尽快抢修复电的过程中，一方面可能出现因青赔受阻等各种原因导致抢修受阻等问题，另一方面可能出现不法分子趁火打劫盗窃电力设施的案件。本次抢修过程中当地政府专门成立小组，派出专人对接电力，协调民事青赔等各类问题；公安部门派出专人加大巡查力度，并对灾区发生的电力设施被盗案件开展了立案侦查工作；廉江市政府通过电视台积极呼吁民众不要阻工，支持抢修，都取得了很好的效果，为加快抢修复电提供了有力支持。建议建立灾后抢修复电时期，政府及相关部门与供电部门共同抗灾、救灾的应急长效机制。

参　考　文　献

[1] 闪淳昌，薛澜. 应急管理概论—理论与实践［M］. 北京：高等教育出版社，2012.

[2] 夏保成，张小兵，王慧彦. 突发事件应急演习与演习设计［M］. 北京：当代中国出版社，2011.

[3] 李尧远. 应急预案管理［M］. 北京：北京大学出版社，2013.

[4] 唐伟勤，唐伟敏，张敏. 应急物资调度理论与方法［M］. 北京：科学出版社，2012.

[5] 唐钧. 应急管理与危机公关［M］. 北京：中国人民大学出版社，2012.

[6] 游志斌. 应急规划、预案与演练：借鉴与思考［M］. 北京：国家行政学院出版社，2013.

[7] 李雪峰. 应急管理演练式培训［M］. 北京：国家行政学院出版社，2013.

[8] 苗金明. 事故应急救援与处置［M］. 北京：清华大学出版社，2012.

[9] 贾群林，刘鹏飞. 突发公共事件的应急指挥与协调［M］. 北京：当代世界出版社，2011.

[10] 陈兆海. 应急通信系统［M］. 北京：电子工业出版社，2012.

[11] 张欢. 应急管理评估［M］. 北京：中国劳动社会保障出版社，2010.

[12] 王抒祥. 电力应急管理理论与实践［M］. 北京：中国电力出版社，2015.

[13] 杨建华，贺鸿. 电网企业应急管理［M］. 北京：中国电力出版社，2012.

[14] 托马斯·D. 费伦. 应急管理操作实务［M］. 林毓铭，陈玉梅，译. 北京：知识产权出版社，2012.